친환경차
구조 이해 및 실습

박규열 · 송현섭 지음

UUP

친환경차 구조 이해 및 실습

- 2016년 12월 05일 초판 인쇄
- 2016년 12월 13일 초판 발행
- **지은이** 박규열 · 송현섭
- **펴낸이** 오연천
- **펴낸곳** **UUP**(울산대학교출판부) 680-749 울산광역시 남구 대학로 93(무거동) 울산대학교 출판부
- 전화 (052)259-2488 팩스 (052)277-3011 ▪ **홈페이지** http://uup.ulsan.ac.kr
- **출판등록** 제370-1996-000001호(1996.3.13)
- ₩ 10,000

이도서의 국립중앙도서관 출판도서목록(CIP)은 e-CIP 홈페이지(http://www.nl.go.kr/ecip)에서 이용하실 수 있습니다.
(CIP제어번호: CIP2016029673)

ISBN 978.89.7868.398.2 (93570)

머리말

현대의 실용적 자동차는, 약 120년 전 유럽에서 등장한 이래 오늘날까지 많은 기술자들의 끊임없는 노력에 의하여 인간에게 가장 유용한 기계장치 중 하나로 발전을 거듭해 오고 있으며, 미래에도 유용한 수송기관인 동시에 생활공간으로서 더욱 발전 해 나아갈 것이다. 그러나 현상적으로는 자동차의 이와 같은 유용성에도 불구하고, 해결해야 할 심각한 사회적 문제들이 존재한다. 그 첫째는 자동차 기관의 에너지원으로 사용되는 석유자원의 고갈이고, 둘째는 기관으로부터 배출되는 공해가스 때문에 우리의 생활환경이 위협받고 있다는 사실이다. 따라서 미래의 자동차는 단순한 교통수단에서 에너지 경제성이 높고, 무공해의 안전한 생활공간을 제공 할 수 있는 친환경 지능형 자동차로의 개념 전환이 이루어지고 있다. 현재, 친환경차의 기술 개발 트렌드는, 내연기관의 기술혁신이 가속화되는 가운데, 전동 시스템을 이용한 차세대 친환경차 기술의 접목이 본격화되는 것으로 요약할 수 있다. 친환경차 기술은 시장진입의 기본 조건인 배출가스 및 연비 규제를 충족시키기 위해 필수적일 뿐만 아니라, 향후 미래 자동차산업의 핵심 경쟁력으로 평가되고 있어 갈수록 그 중요성이 커지고 있다.

이 책에서는 친환경차에 관한 내용을 이론위주의 학문적 접근방식을 지양하고 실제 차량에 적용되는 기술이 가급적 많이 포함될 수 있도록 집필 하였다.

이 책의 특징으로는 다음과 같은 사항들이 있다.

- 친환경차의 작동원리나 각 구성부품의 이해를 향상시키기 위해 많은 그림과 표를 삽입하여 설명하였다.
- 기존 내연기관의 개선, 변속기 기술의 발전, 전동시스템, 배터리에 대해 기술하였다.

■ 불필요한 이론은 배제하고 실제 현장에서 취급하는 내용을 중점적으로 다루었으며, 엔진 및 자동변속기의 분해조립을 실습할 수 있도록 했다.

이 교재가 나올 수 있도록 방대한 자료를 제공해준 현대자동차 관계자 제위께 깊은 감사를 드리며, 교재의 세세한 부분까지 교정 및 편집해 주신 울산대학교 출판부의 관계자들 덕분에 출판되게 됨을 머리 숙여 감사드린다.

2016. 10월

저자 일동

목 차

제 1 장 … 친환경 자동차 개요 _ 9

1. 친환경차 개요 …… 9
2. 주요 친환경차 기술 …… 13
3. 친환경차의 변화동향 …… 22

제 2 장 … 친환경 자동차 종류 _ 23

1. 친환경 자동차 개요 …… 23
2. 친환경 자동차의 종류 …… 25
3. 전기자동차 …… 33
4. FCEV (Fuel Cell Electric Vehicle) …… 42

제 3 장 … 엔진분해조립 _ 57

1. 엔진 분해 조립 시 주의사항 …… 57
2. 엔진분해 순서 …… 58
3. 엔진조립 순서 …… 66

제 4 장 … HEV 엔진 _ 71

1. Nu-2.0 엔진 개요 …… 71
2. Nu-2.0 엔진 특징 …… 74

제 5 장 … DCT(Double Clutch Transmisson) _ 83

1. DCT 개요 …… 83
2. 수동변속기의 자동화 기술 변천 …… 84
3. DCT 작동원리 …… 85
4. DCT 주요구성 …… 86
5. DCT전자제어시스템 …… 90

제 6 장 … 자동변속기 분해조립(A6GF1) _ 91

1. 동력 전달 경로 (POWER TRAIN) 91
2. 분해 시 주의사항 92
3. 구성부품 93
4. 분해 95
5. 조립 102

제 7 장 … AHB (Active Hybraulic Boost) _ 109

1. 개요 110
2. 시스템 구성 113
3. AHB 시스템 작동원리 119

제 8 장 … 주행 안전 시스템 _ 123

1. 주행 안전시스템 개요 123
2. ASCC(Advanced Smart Cruise Control) 123
3. LKAS(Lane Keeping Assist System) 주행 조향 보조 시스템 128
4. AEB(Autonomous Emergency Braking System) 자동 긴급 제동 시스템 132
5. ABSD(Active Blind Spot Detection) 후측방 충돌 회피지원 시스템 134

제 9 장 … 배터리 _ 139

1. 고전압 배터리 개요 (HVBS : High Voltage Battery System) 139
2. 시스템 구성 141
3. BMS(Battery Management System) 142
4. 배터리 냉각 시스템 148
5. PRA(고전압 릴레이, Power Relay Assembly) 150
6. 배터리 장치 실습 151
7. 서비스 데이터 154
8. 작업 주의 사항 158

제 10 장 … LDC(Low DC/DC Converter) _ 161

1. LDC 원리 161
2. LDC 역할 163
3. LDC 작동 원리 164
4. LDC 구조 165
5. 전압제어 165

제 11 장 … HEV 모터 시스템 _ 167

1. HEV 모터 개요 …… 167
2. HEV 모터 …… 171
3. 모터 제어기(MCU) …… 178

제 12 장 … 공조 시스템 _ 185

1. 공조시스템 개요 …… 185
2. 시스템 구성 …… 187
3. 전동식 컴프레서(Electric Scroll) …… 189
4. 주요단품 점검 …… 196
5. 정비시 주의사항 …… 199
6. 에어컨 작동회로 …… 200

제 13 장 … VESS (Virtual Engine Sound System) _ 201

1. 개요 …… 201
2. VESS 동작조건 …… 202
3. 통신 구성도 …… 202
4. CAN 데이터 상세 내용 …… 203
5. 효과 …… 203

제 14 장 … AFF(Active Air Flap) _ 205

1. 개요 …… 205
2. 주요 기능 …… 206
3. AF 입,출력 블록 다이어그램 …… 207
4. 시스템 주요 제어 구성요소 …… 208
5. 경고문구 및 경고등 …… 208

제 15 장 … HCU (Hybrid Control Unit) _ 209

1. 개요 …… 209
2. HCU 냉각 …… 211
3. HCU 주요 기능 …… 212
4. 브레이크 스위치 …… 213
5. 클러치 압력센서 …… 214

제 1 장
친환경 자동차 개요

1. 친환경차 개요

1) 서론

자동차 산업의 발달계기를 살펴보면 환경 제약과 에너지 제약이 강화될 때 항상자동차 기술혁신의 계기가 되었음을 알 수 있다.

최근의 친환경차 관련 개발 시나리오를 보면 내연기관 기반의 하이브리드차로 시작하여 배터리 기반 전기차와 수소연료 전기차로 발전 경로로 개발되고 각 업체별 친환경차의 개발 방향은 기존의 기술 및 미래를 보는 시각에 따라 각각 다르게 추진하고 있는 현실 과정을 볼 수 있다.

친환경차의 기술적인 사항을 분석해 보면 기술 관련성, 원가구조, 성능기여로 분석되며 주요기술은 모터와 인버터, 배터리, 충전인프라로 분류할 수 있다.

내연기관의 엔진을 대신하는 전기 모터는 핵심기술에서 기존 내연기관보다 우수한 출력 확보와 기존 차량의 신뢰성 수준을 보장하는 기술이 요구되고 있으며, 모터의 출력을 결정하는 기술은 모터의 강판 및 소재에 의해 결정되고, 모터 수명을 좌우하는 발열 문제의 해소는 인버터의주요 부품인 전력반도체 성능에 의해 결정된다.

또한 가솔린, LPG, 경유를 대신하는 배터리는 친환경차의 주행성능을 결정하며, 친환경차용 배터리는 배터리 출력, 항속거리, 수명 등 주요 항목별 개선 여지가 큰 리튬 이온 배터리를 중심으로 개발이 진행되고 있다.

충전 인프라는 친환경차의 확산과 운전자의 편이성에 중점을 두고 추진하는데, 충전 인프라의 구축에서 충전기의 표준화, 충전시간 단축 및 관련 사업자의 투자 참여가 중요한 요소가 되므로 추후 전기차 운전자의 운행패턴에 따라 다양한 충전방식이 제공될 것이다.

친환경차의 출현에 따른 자동차 산업의 변화되는 시사점은 기존 자동차산업의 생산방식, 제품구조, 서비스 형태, 포지션의 변화가 예상이 되며 이러한 변화에 대한 다양한 형태의 경쟁이 나타날 것으로 예측된다.

2) 친환경차의 필요성

친환경차의 규제와 대응 분석

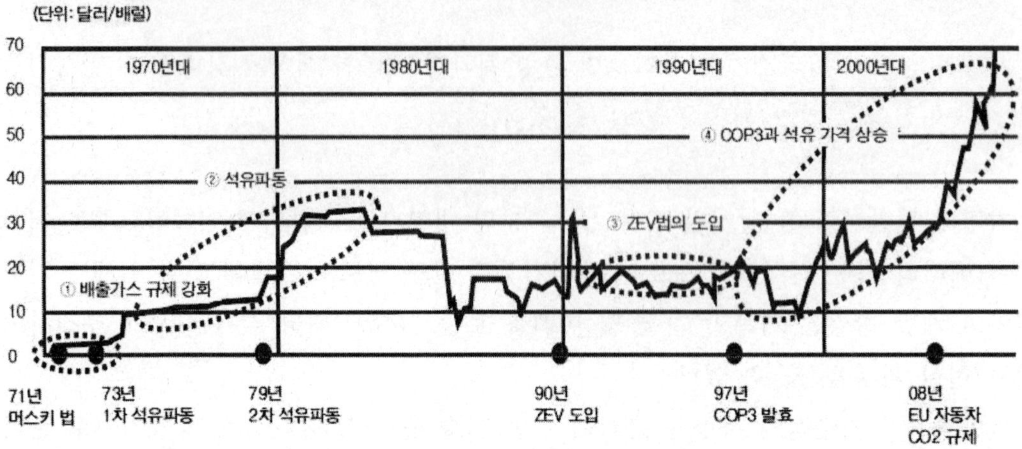

자동차 업체의 대응	• 삼원촉매의 개발 • 전자 제어 기술의 발전	• 전륜 구동화 • 소형화의 발전 • 터보 기술의 발전	• EV, HEV의 개발 개시 • EV의 시판화	• HEV의 양산 시판화 • FCEV의 개발 개시 • 연비 개선 기술의 발전

(1) 환경 규제 및 에너지 제약은 항상 자동차 기술 혁신의 계기가 되었다.

(2) 교토 의정서, ZEV 및 탄소 배출규제는 친환경차 개발의 시발점으로 출발함.

* 최근 자동차 업계는 클린 디젤차, 하이브리드차, 전기차, 수소연료차 개발에 집중하고 있음

■ 용어

① 머스키법 : 탄화수소와 질화산화물을 1/7로 수준으로 대폭 저감, 가솔린 금지법으로 알려짐 (미국 1970년)

② ZEV : (Zero Emission Vehicle) 1990년 캘리포니아를 중심의 완전무공해 차량판매 의무화

③ COP3(교토의정서) : 2012년 자국내 배출량을 90년 대비 5.2% 감축 결의(1997년)

3) 친환경차의 진화단계

(1) 현재 친환경차 관련 개발 시나리오는 ICE와 HEV에서 시작하여 BEV와 FCEV로의 발전 경로를 따르고 있음

친환경차 진화 단계

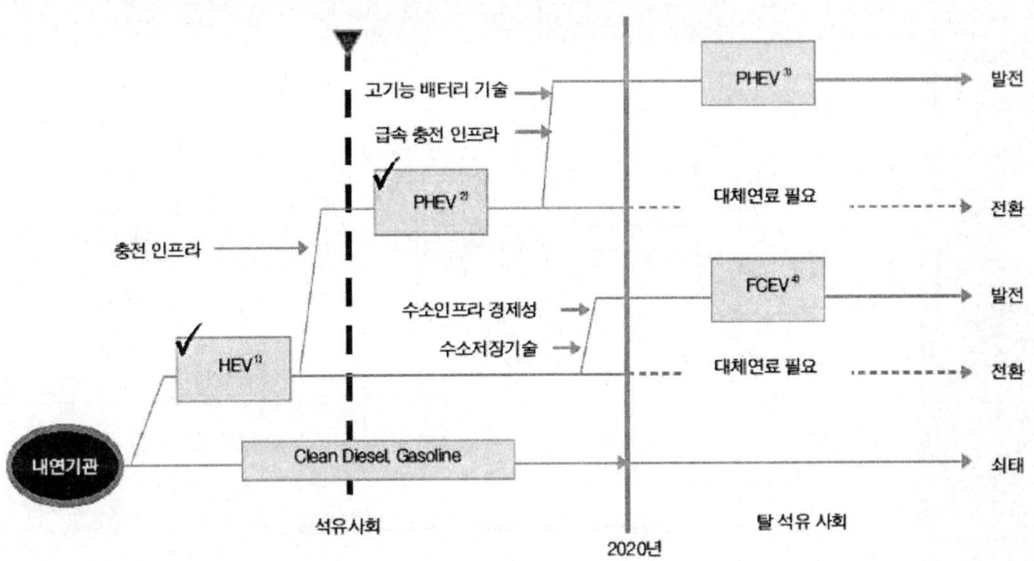

(2) 기술의 가용 수준이 PHEV의 초기 시작 단계이며, 기술 및 인프라 발전에 따라 EV, FCEV로 발전

① Hybrid Electric Vehicle (HEV)

② Plug-in Hybrid Electric Vehicle (PHEV)

③ Battery-based Electric Vehicle (BEV)

④ Fuel Cell Electric Vehicle (FCEV)

⑤ Interated Cooling Engine(ICE)

4) 친환경차의 분류

(1) 개발 중인 친환경차는 사용연료와 충전방식에 따라 구분됨

친환경차 분류 및 특징비교

구 분	클린 디젤차 (Clean Diesel)	하이브리드차 (HEV)	플러그인 하이브리드차 (PHEV)	전기차 (BEV)	수소연료전지차 (FCEV)
개념도	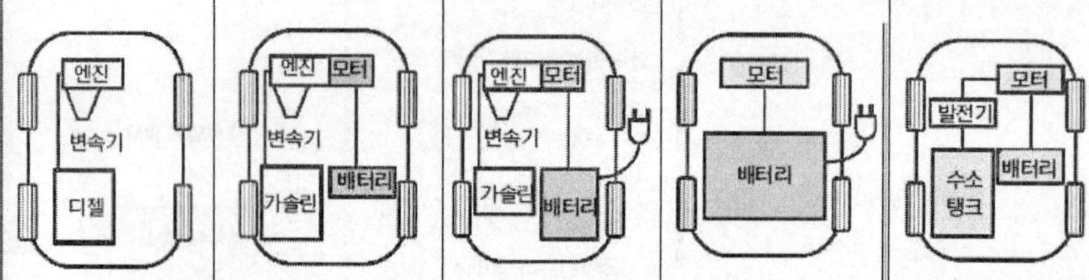				
사용 연료	디 젤	가솔린 / 전기	가솔린 / 전기	전 기	수 소
배터리 용량	-	小 →		大	小
주요 메이커	폭스바겐, 아우디	도요타, 혼다	도요타, GM	닛산, 미쓰비씨, BYD	도요타, GM
주요 차종	제타, A3	프리우스, 인사이트	프리우스(PHEV), 볼트	리프, i-MIEV, e6	시험운행 중

2. 주요 친환경차 기술

1) 친환경차의 기술

(1) 개요

친환경차의 기술 관련성, 성능 구조, 원가 기여 측면을 분석하여 주요 기술을 모터와 인버터, 배터리, 충전인프라로 정의함

■ 인버터는 전력반도체가 주요 기술임

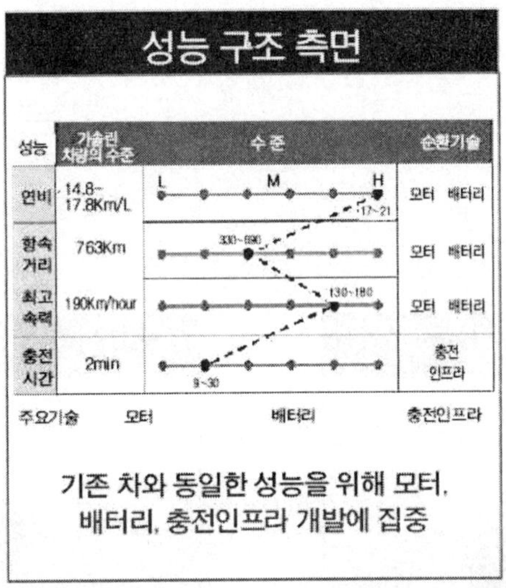

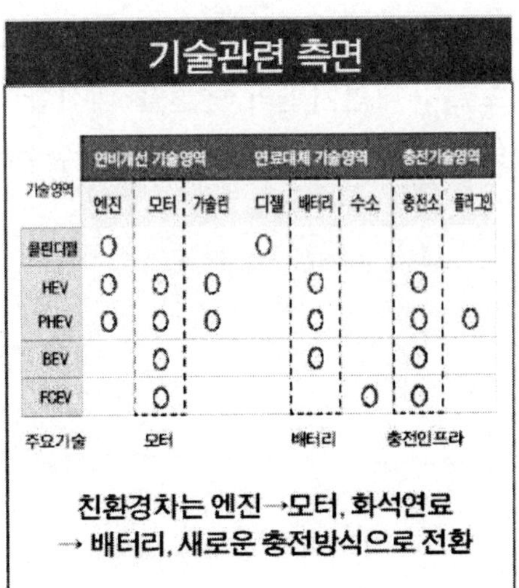

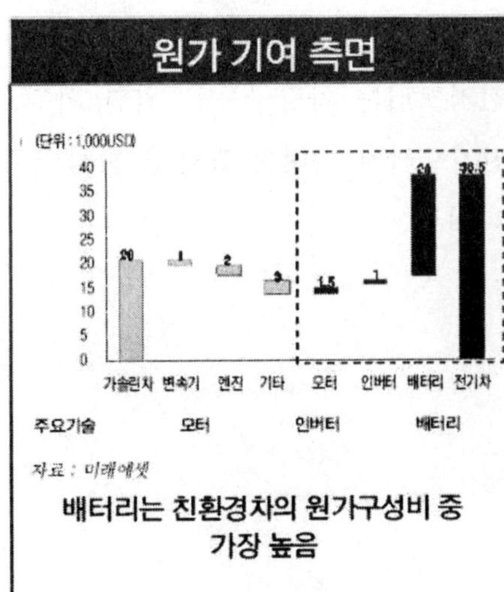

2) 모터와 인버터 기술

(1) 모터역할

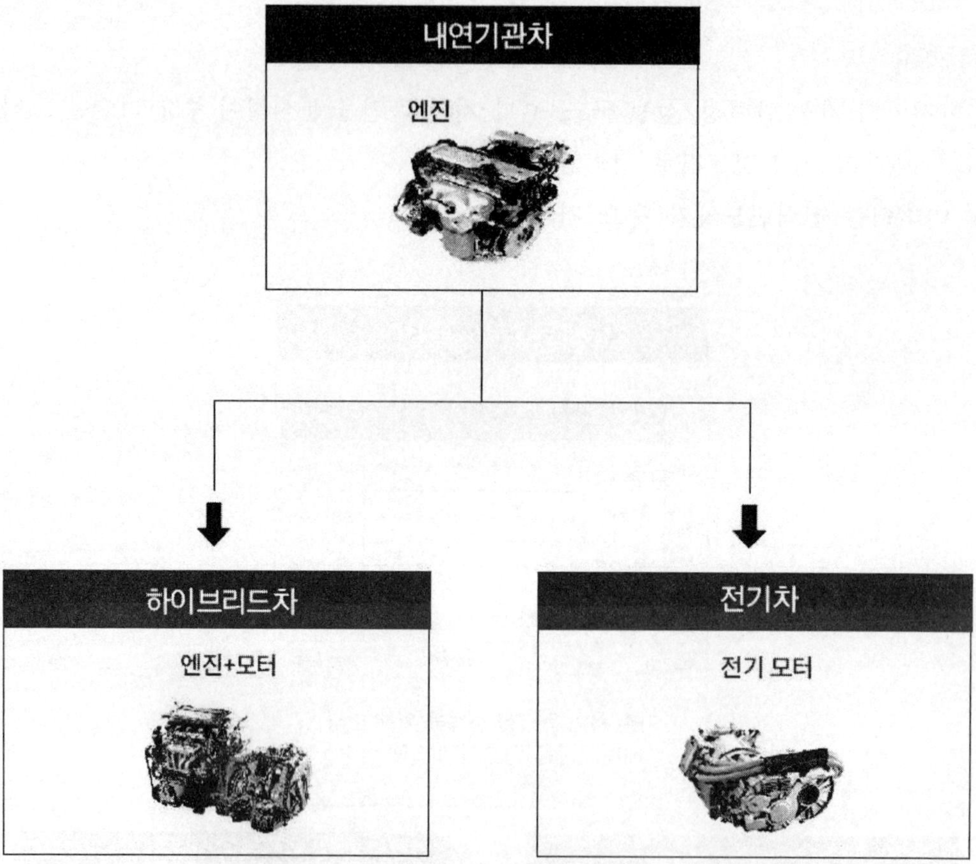

① 전기모터는 차량구동을 위한 파워트레인으로서 내연기관의 엔진을 대신함.

② 전기모터의 에너지 효율을 차량단위로 비교시 내연기관 대비 약 5~6배 우수하게 나타남.

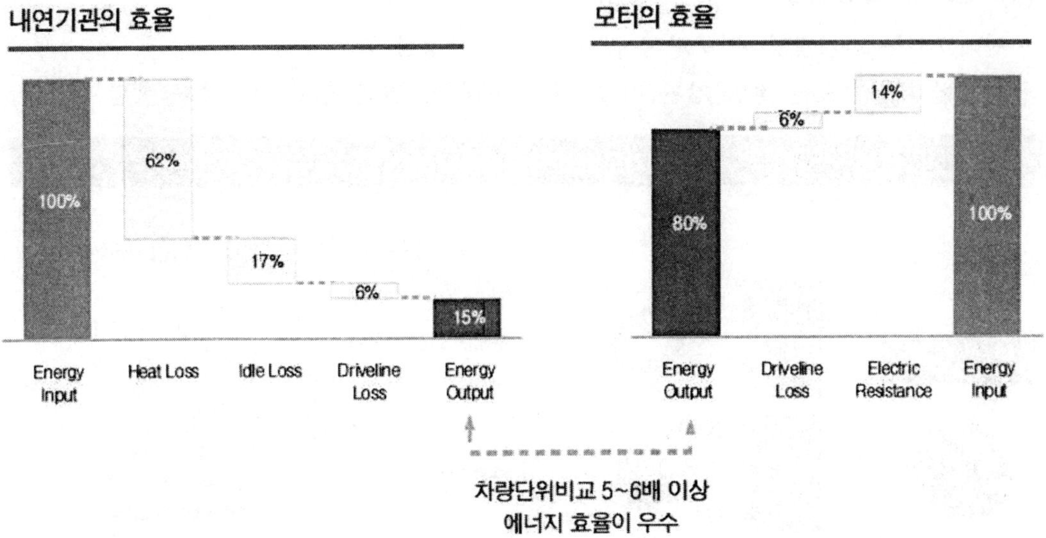

(2) 모터기술 구분

* 모터 기술은 핵심요소기술, 적용기술, 통제 및 관리기술로 구분될 수 있음.

모터 기술의 구분

구 분	역 할	내 용	추구방향
통제 및 관리기술 (Control & Management)	• 모터의 상태를 보호하고 감시함	• 인버터 - 제어 알고리즘 + 전력반도체	• 안전성과 효율성
적용기술 (Application)	• 모터를 차량에 배치하고 역할을 구분하는 기술	• 모터 구분(동기, 유도모터) • 모터 배열(직렬, 병렬 배열) • 모터 역할(구동용, 발전용 등)	• 효율성
핵심요소기술 (Core Technology)	• 모터를 생산하기 위해 필요한 교유의 기술	• 모터 구성요소의 핵심 기술 - 강판, 영구자석, 권선 기술	• 소형/경량화 • 高토크화 • 高회전화

(3) 모터의 핵심기술

* 전기모터는 전기강판, 영구자석 및 권선으로 구성됨
* 영역별 핵심기술은 정밀 강판 가공, 자성 확대 및 권선 도포 기술로 구분됨

■ 로터 및 스테이터로 구성

(4) 모터의 성능 요소

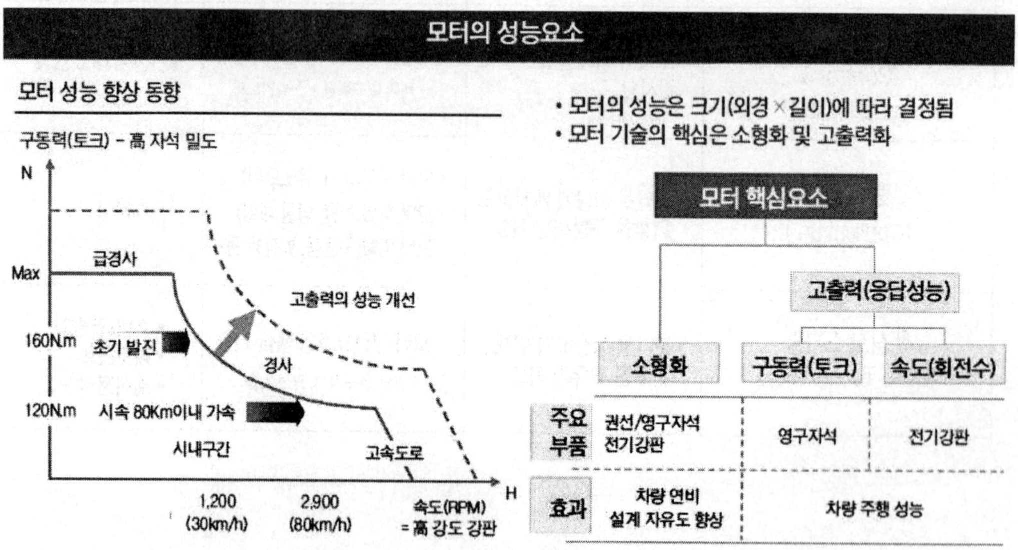

① 모터의 성능은 영구자석에 의한 토크의 성능과 전기강판에 의한 회전수에 의해 정의됨

(5) 모터의 인버터 공급 구조

① 현재 모터 및 전력반도체 모두 일본 부품업체 중심으로 공급이 이루어지고 있는 현실속에 동력원에 해당하는 주요기술인 모터와 전력반도체 기술 선진화가 신속히 이루어져야 한다.

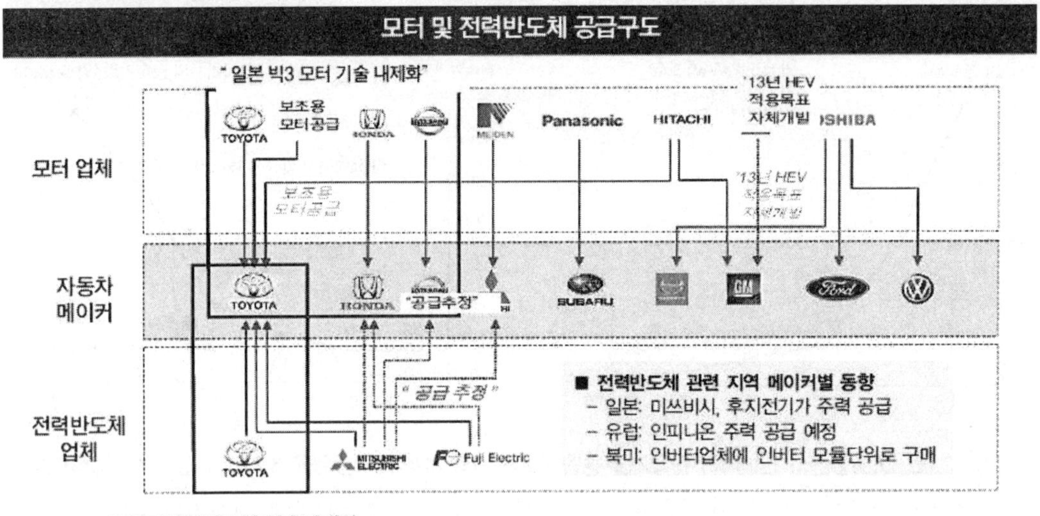

■ 인버터의 경우 히로세 공장 내 자체생산 및 일부 덴소로부터 공급 받음

3) 배터리 기술

(1) 배터

① 배터리는 내연기관차의 화석연료를 대신하고, 친환경차의 주행성능을 결정함

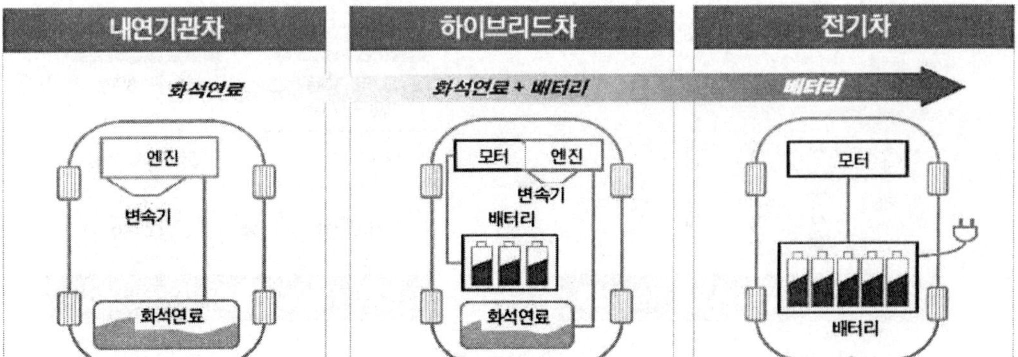

(2) 목표수준

① 리튬이온 배터리는 추후 2030년경에 기존 가솔린차의 가격 수준과 항속거리 요구 수준 확보 가능

리튬이온 배터리 비용 및 성능 요구 수준

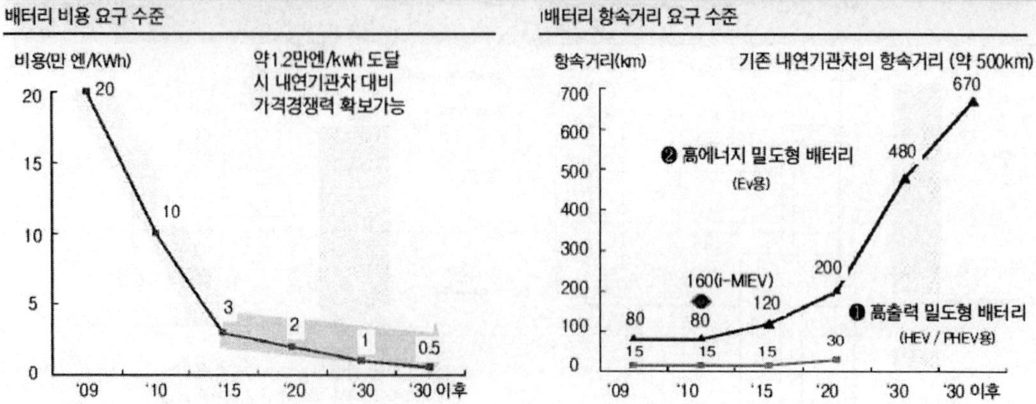

자료 : NEDO(일본의 신에너지 산업기술 종합개발기구)의 차세대 자동차용 배터리 개발 로드맵(2008년)

※ 미쓰비시 전기차 i-MiEV와 가솔린차 i 모델 비교(배터리 가격 204만엔, 항속거리 500km 기준)

(3) 배터리와 차량운행

① 기존의 배터리는 주행 시 배터리 성능 저하 또는 차량 무게 증가 등의 새로운 문제를 유발

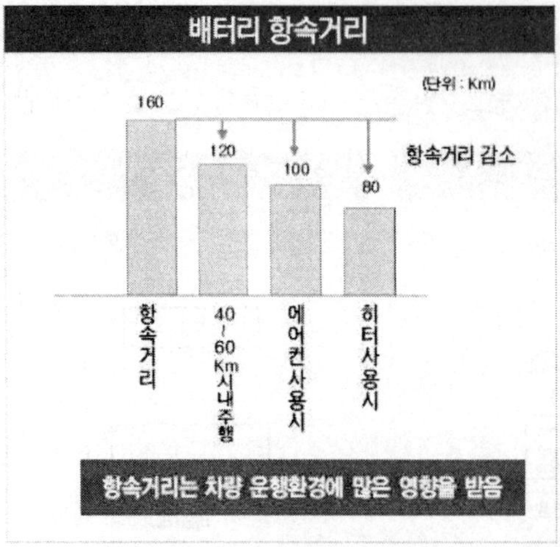

미쓰비시 전기차 i-MiEV 모델 기준

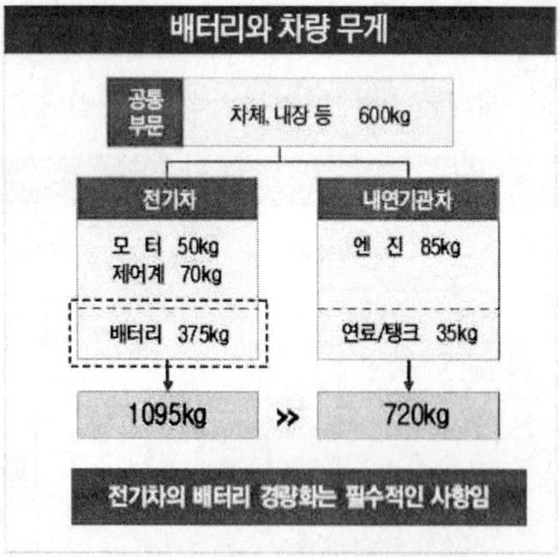

다이하츠 전기차 하이젯 모델 기준(경차)

(4) 배터리의 비교분석

① 친환경차용 배터리는 배터리 출력, 항속거리, 수명 등 주요 항목별 개선 여지가 큰 리튬이온 배터리를 중심으로 개발되고 있음

배터리의 비교분석 (Ricardo(2008), 산요전기 발표자료(2009)

배터리 구분

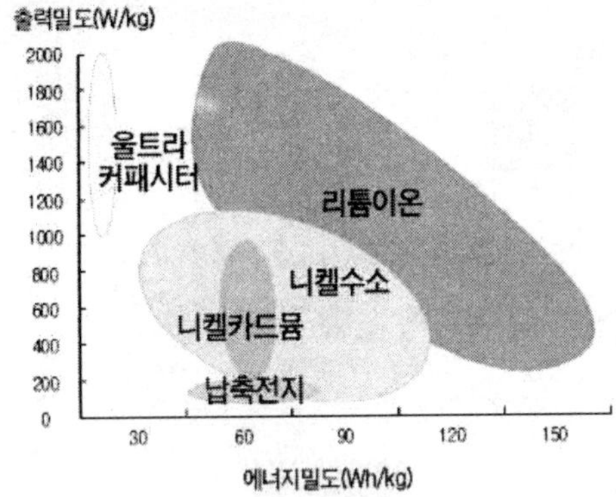

※ 출력밀도-얼마나 큰 힘을 낼 수 있는지의 기준(예-제로백 성능), 에너지밀도-얼마나 힘을 오래 유지할 수 있는지의 기준(예-항속거리)

리튬이온 vs 니켈수소 배터리 성능 비교

니켈수소	항목	리튬이온
에너지밀도(Wh/kg)	주요적용	전기차
100%	주행성능	230% ↑
100%	수 명	125% ↑
100%	에너지 회수능력	300% ↑
125%	가격(천엔)	198% ↑
보 통	컨트롤 요구수준	매우 높음 ↑
특허(일본업체 독점)	이 슈	희소금속(리튬 등)

※ 산요전기의 하이브리드차용 니켈수소 및 리튬이온 배터리 성능 비교(현재 아우디 하이브리드 모델에 공급중)

(5) 차세대 배터리

① 2030년 이후 리튬이온 배터리를 대체할 高에너지 밀도의 전고체 및 금속 공기 배터리 등 차세대 배터리의 선행개발 진행

차세대 배터리 개발 내용

• 성능 요구 : 가솔린차 수준인 약500km 이상의 주행을 위해 약1,500Wh/kg 이상의 高에너지 밀도 달성 필요

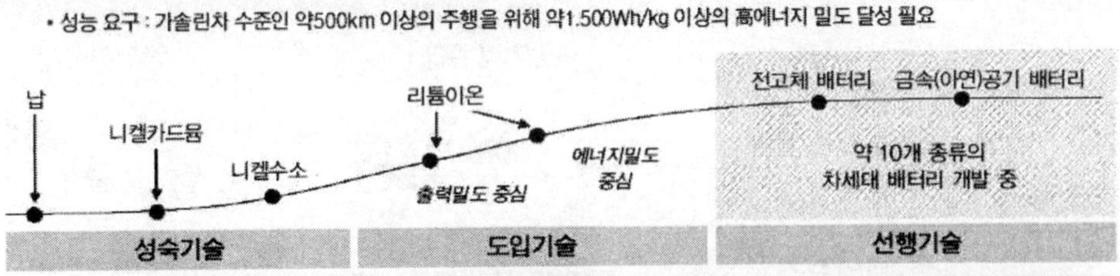

	전고체 배터리	금속(아연) 공기 배터리
장점	• 高에너지밀도 : 리튬이온 대비 약 7.6배 향상 • 폭발 위험성 해소	• 高에너지밀도 : 리튬이온 대비 약 40배 향상
기술 난점	• 고체전해질의 음극-양극 이온 전달성능 개선 필요	• 高에너지 밀도인 반면에 低출력밀도의 문제 해결 필요 • 전기 충전 불가능에 따라 별도의 충전기 필요
동향	• 이차전지의 소형화, 高에너지밀도화, 低폭발성을 구현할 궁극의 전지로 간주	• 도요타는 리튬이온 배터리를 대신할 차세대 배터리로 주목하고 '08년 '전지연구부' 발족 후 선행개발 중

4) 충전 인프라 기술

(1) 충전인프라 운영 구조

① 전기 충전인프라는 전기공급자, 충전사업자, 충전기기 및 이용 차량으로 구성됨

② 효율적인 충전인프라 운영을 위해 중앙 통제 및 정산 시스템이 필요함

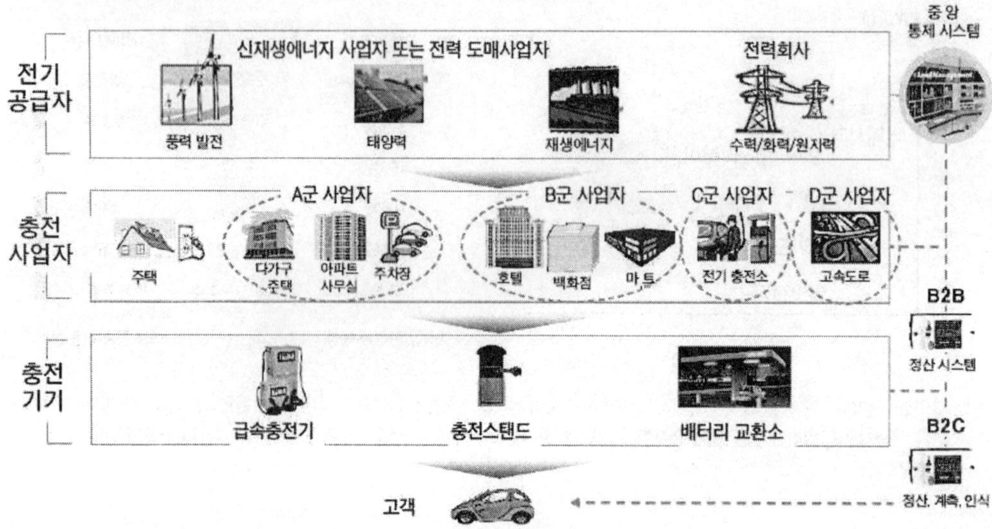

(2) 충전인프라의 이용 형태

① 전기차를 운전하는 운전자의 운행패턴에 따라 다양한 충전방식이 필요할 것임

운전자의 패턴에 따른 충전방식 구분

	단거리 주행	중거리 주행		장거리 주행
운행 패턴	EV 주행거리 운행거리(1회 충전) 이내에서 왕복 운행	가정 EV 충전소 목적지에서 재충전하여 귀가 운행		EV 충전소 충전소 목적지 중간에서 재충전하여 계속 운행
충전유형	일반 충전	일반 충전	준급속 충전	급속 충전
충전기 종류	완속충전기(주택용)	충전스탠드	충전스탠드	급속충전기
소요 시간	14시간 이내	3~6시간	30분~3시간	3분~30분 이내
충전기 가격	500달러/대	500~5,000달러/대	5,000~8,000달러/대	40,000~80,000달러/대
주요 설치장소	가정, 직장	직장, 마트, 백화점, 공용주차장, 쇼핑몰, 도로 등		전용 충전소, 고속도로 휴게소 등

※ 미쓰비시 i-MiEV 모델 충전 기준

(3) 충전방식

① 충전방식에 따라 충전시간의 차이가 나며, 충전시간과 충전환경 등을 고려한 다양한 충전방식이 실험되고 있음

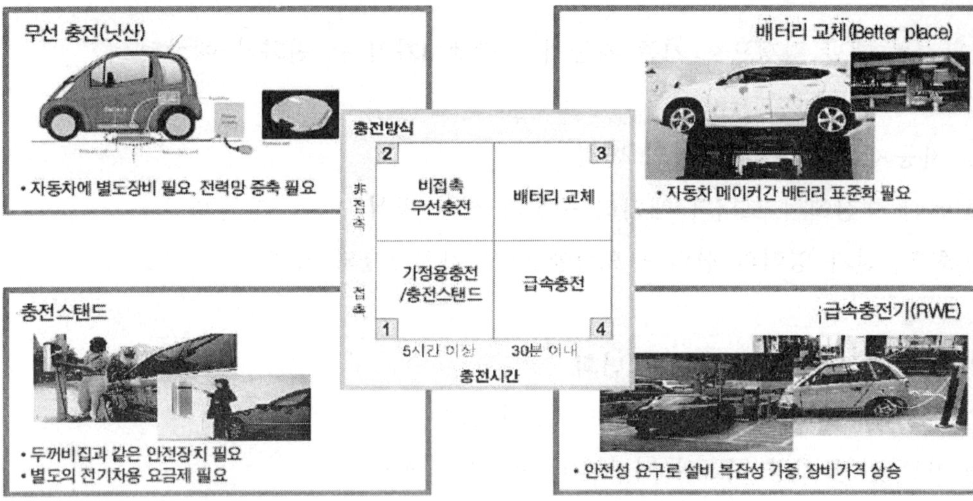

(4) 표준화

① 충전인프라의 표준화 영역은 크게 인터페이스 부품과 충전방식에 대한 표준화로 구분

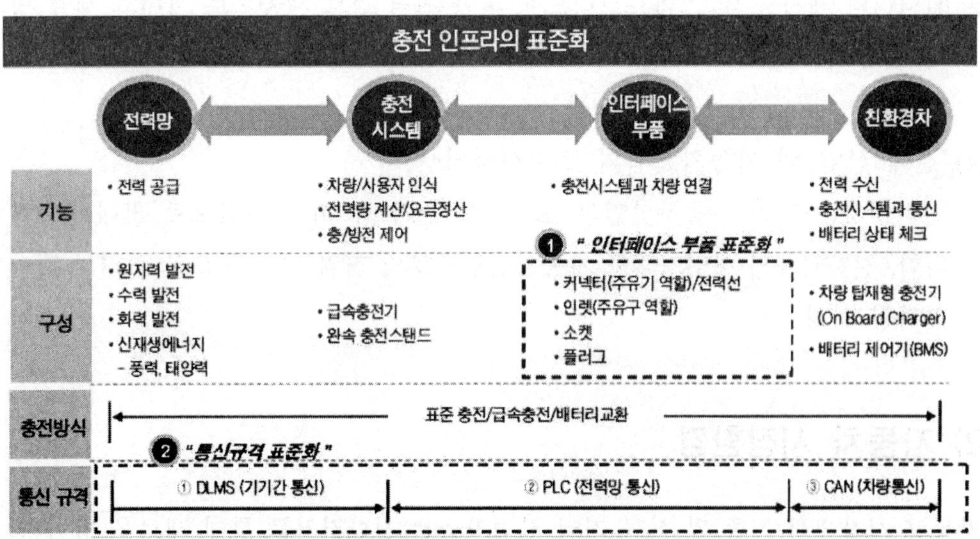

- Device Language Message Specification
- Power Line Communication
- Controller Area Network

3. 친환경차의 변화동향

1) 친환경차 개발에 따른 시장변화

친환경차 개발 경쟁으로 기존 자동차 시장에 4가지 큰 변화가 예상됨

(1) 자동차를 만드는 방식의 변화

① 엔진 중심에서 모터와 배터리 중심의 생산 방식

② 화학, 전자 영역의 협력 필요성에 따른 가치사슬의 확대

(2) 자동차라는 제품 구조의 변화

① 엔진이 제거되고 관련된 차량 구조가 변화

② 이로 인한 차량 구조와 디자인의 변화가 발생

(3) 운전자에 대한 서비스 방식의 변화

① 주유소를 통한 기존 서비스는 집이나 백화점에서의 셀프 서비스로 전환

② 배터리의 재사용 및 스마트그리드에 의한 원격 정보 제공으로 서비스 제공 형태의 변화

(4) 전체 산업 내 자동차산업의 포지셔닝의 변화

① 친환경차는 기존 자동차산업의 포지션을 전자 및 화학 산업으로 확대시킴

② 화학, 전자업계의 사업자들도 자동차산업으로의 진입 시도 등으로 산업의 경계가 완화될 것임

2) 자동차 시장환경

자동차 시장에서 기존 및 신규 진입 사업자들은 친환경차를 통해 새로운 방식의 경쟁에 직면할 것임

제 2 장

친환경 자동차 종류

1. 친환경 자동차 개요

고대 그리스의 탈레스로부터 시작된 전기의 발견은 이후 1000년이 지난 1500년대에 이르러 본격적으로 연구되기 시작했다. 이렇듯 기술 혹은 과학의 진보에 있어 획기적인 사건은 오랜 연구 시간을 기반으로 비로소 잉태된다.

친환경차 역시 마찬가지. 1800년대 세상에 첫 선을 보인 전기차 이후로 친환경차에 대한 연구는 조용히 이뤄져 왔다. 그러나 바야흐로 21세기, 기후변화와 온실가스 문제로 세계가 들썩이는 가운데 친환경차는 비로소 새로운 자동차의 대안으로 각광받고 있다.

자동차 회사 간 경쟁이 가속화되고 있는 친환경차 시장 속에서 경쟁력을 보유한 브랜드는 연구에 연구를 거듭한 완성차 업체뿐이다. 먼 미래를 내다보고 독자 기술과 저만의 노하우를 보유한 브랜드만이 친환경차 시장에서 주목받고 있다

크게 4가지 타입으로 나눠지는 친환경차들의 행보는 그야말로 다채롭다. 엔진과 모터를 함께 사용하여 화석연료의 소비를 줄인 하이브리드카(HEV)와 플러그인 하이브리드카(PHEV), 배기가스 제로 에미션(Zero Emission)을 구현한 전기차(EV)와 궁극의 친

환경차로 불리는 수소연료전지차(FCEV)가 그 주인공이다, 어떤 기술이 친환경차 시장의 핵으로 자리 잡을 것인가, 또 어느 자동차 브랜드가 이 시장의 승자가 될 것인가. 글로벌 자동차 업체들의 본격적인 경쟁이 시작된 가운데, 친환경차는 기술의 혁신과 더불어 자동차 시장의 생태계까지 바꾸고 있다.

글로벌 친환경차 판매량은 2009년 72만 3,000대에서 2012년 157만 대 수준으로 증가했으며,2013년에는 174만 대를 돌파했다.

현재 친환경차 시장을 주도하고 있는 기술은 하이브리드카이다. 2013년 기준 전 세계의 하이브리드카 판매량은 154만 8,000대로 친환경 자동차 시장의 88%를 넘어섰다. 그 뒤를 이은 친환경차는 바로 전기차. 전기차는 10만3,000대의 판매율을 기록했다. 플러그인하이브리드카 역시 8만9,000대의 판매율을 기록하며 꾸준히 성장 중이다. 곧 일반 상용화를 앞두고 있는 수소연료전지차의 판매율 역시 초미의 관심을 받고 있다.

친환경차의 종류별 판매량 순위는 업계 최고의 화두이기도 하다. 일반적으로 판매량 순위는 현재시점에서의 소비자 선호도와 향후 자동차 기술이 나아가야 할 방향을 가늠케 해준다. 그러나 친환경차의 경우에는 이야기가 다르다. 친환경차 분야는 빠른 속도로 새로운 기술력이 쏟아져 나오고 있기에 어떤 시스템이 소비자의 선택을 받을지 쉽게 예측하기가 어렵기 때문이다.

2. 친환경 자동차의 종류

	전기자동차 (EV)	하이브리드 자동차(HEV)	플러그인 하이브리드 자동차(PHEV)	수소연료전지 자동차 (FCEV)
동력발생 장치	모터	엔진 + 모터	모터, 엔진(방전시)	모터
에너지 (연료)	전기	화석연료, 전기	전기, 화석연료(방전시)	전기 (수소로 생성)
구동형태	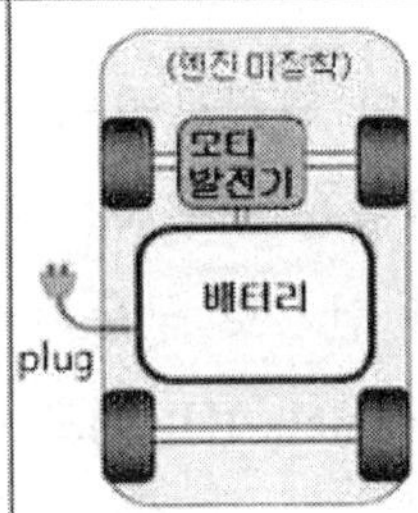	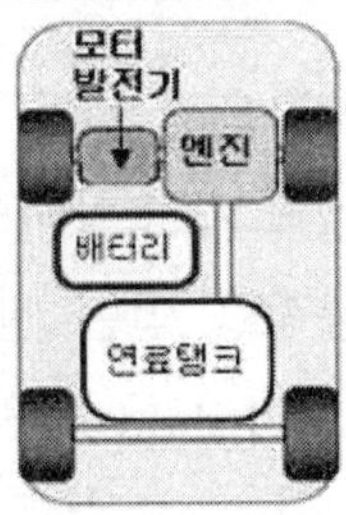	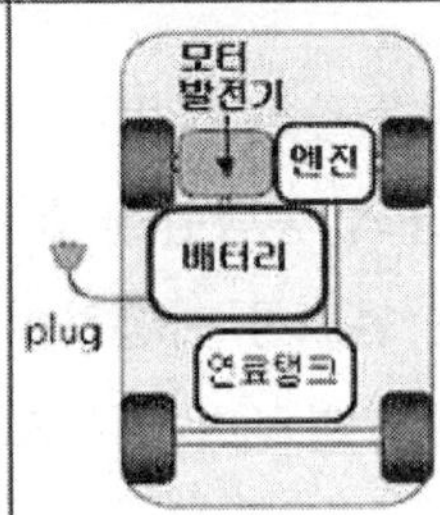	
특징	무공해 차량	내연기관/모터를 적절히 작동시켜 연비 향상	단거리는 전기, 장거리는 엔진사용	무공해 차량

(1) HEV (Hybrid Electric Vehicle)

하이브리드는 '혼합'을 의미하는 단어로서 일반적으로 두 가지의 동력원을 함께 사용하는 차를 말한다. 서로 다른 두 개의 동력원인 내연기관(엔진)과 전기모터를 조합해 사용하는 자동차이다.

(2) PHEV (Plug-in Hybrid Electric Vehicle)

기존 하이브리드 차량에 배터리 용량을 증대해 전기 모드 주행거리를 연장한 자동차이다. EV 모드와 HEV 모드로 주행이 가능하며, 외부에서 공급되는 전기의 충전을 통해 연료 소비를 줄일 수 있는 장점이 있다.

(3) EV (Electric Vehicle)

엔진 없이 전기구동모터와 고밀도의 배터리가 에너지원으로 구동되는 자동차이다. 에너지원인 전력의 공급은 외부의 전기를 충전하는 방식으로 이뤄지며 이산화탄소 배출이 전혀 없다.

(4) FCEV (Fuel Cell Electric Vehicle)

수소와 공기를 반응시켜 전기를 생산하는 연료전지 스택과 전기로 구동력을 발생시키는 전기동력 부품, 고압의 수소를 안전하게 저장하고 공급하는 수소탱크, 보조 에너지를 공급하고 저장하는 배터리로 구성된 자동차로 배기가스 배출이 전혀 없다.

1) HEV(Hybrid Electronic Vehicle) 개요

하이브리드 전기자동차의 정의는 일반적으로 넓은 의미의 하이브리드 자동차는 서로 다른 두 종류 이상의 동력원을 효율적으로 조합하여 차량을 구동하는 것을 의미하나, 대부분의 경우는 연료를 사용하여 동력을 얻는 엔진과 전기로 구동시키는 전기모타로 구성된 시스템을 말하며 영문으로는 hybrid electric vehicle (HEV)로 부른다.

하이브리드자동차 개념은 지금까지 발전되어 온 기존 자동차 엔진과 새롭게 발전되어 가고 있는 밧데리를 조합하여 사용하면 엔진만을 사용할 경우보다 배출가스 공해를 줄일 수 있고, 전기자동차에서 가장 큰 결점으로 지적되고 있는 일회 충전시 주행거리가 짧은 점을 보완할 수 있다. 향후 밧데리기술이 향상되는 데로 엔진 크기를 줄여감으로서 궁극적으로 전기자동차로 이전되어 갈 수 있어 하이브리드자동차는 전기자동차로 가는 과도기 기술로 볼 수 있다.

2) 하이브리드 자동차 특성

3) 하이브리드 시스템 종류

구동원리에 따라서 3가지로 나누어지며 직렬 하이브리드 시스템, 병렬 하이브리드 시스템, 직병렬하이브리드 시스템으로 나누어집니다.

(1) 직렬 하이브리드 시스템

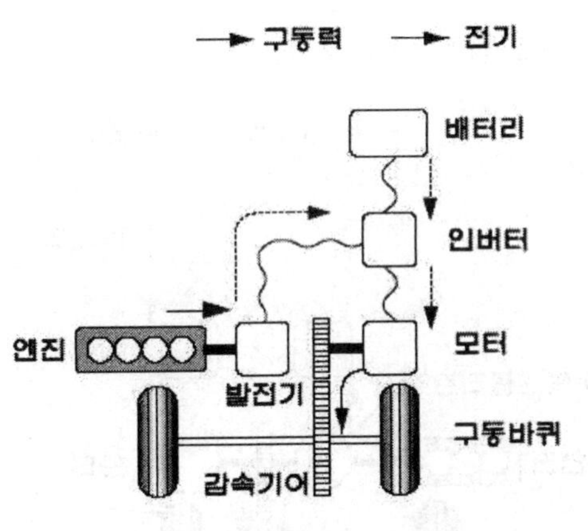

직렬 하이브리드 시스템

엔진은 발전기로 동작하며 이로부터 발생된 전기로 바퀴를 구동하도록 전기모터를 이용하며 전기모터와 똑같은 구조를 가진 발전기를 포함해서 두개의 모터가 사용됩니다.

(2) 병렬 하이브리드 시스템

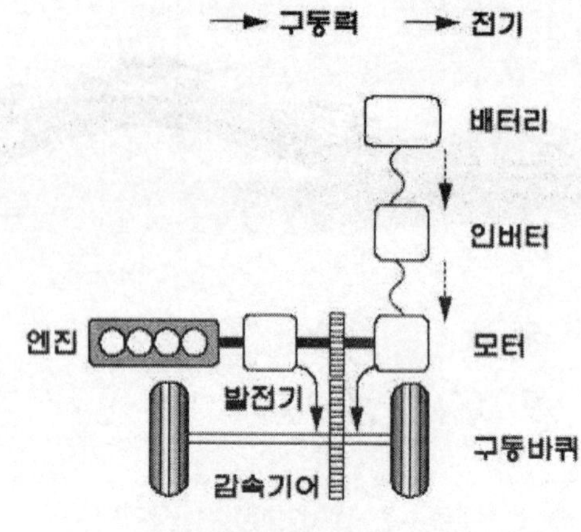

병렬 하이브리드 시스템

엔진과 전기모터가 모두 바퀴를 구동하며 효율적 조건에 따라 이 두 가지 구동원으로부터 출력을 이용하며 전기모터를 스위칭 방법에 의해 발전기와 구동 모터 두 가지로 사용합니다.

구조는 비교적 간단하며 전기모터가 구동원으로 사용되는 동안에는 배터를 충전 시킬 수가 없는 시스템입니다.

(3) 직병렬 하이브리드 시스템

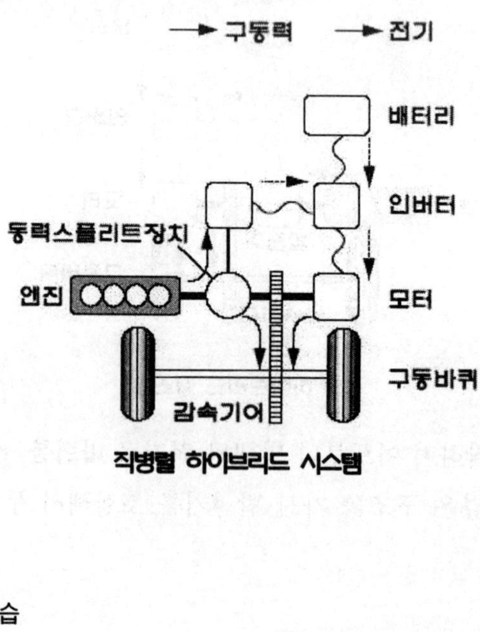

직병렬 하이브리드 시스템

직렬,병렬 하이브드 두가지 시스템의 장점을 극대화하기 위해 혼용시킨 형태이며 두 개의 모터를 가지고 있습니다. 구동조건에 모터와 엔진 각각 독립적으로 구동이이 되며 필요시 이 시스템은 발전기로 사용하여 전기를 발생시키면서 동시에 바퀴를 구동하는 시스템 구조입니다.

4) PHEV(Plug-in Hybrid Electric Vehicle)

플러그인 하이브리드(PHEV)가 일반 하이브리드 차량과 비교해서 가장 두드러지는 특징은 운전자가 자동차를 전기차처럼 충전(Plug-in)한다는 것입니다. 플러그인 하이브리드(PHEV) 모델은 기존의 모델보다 더 큰 용량의 전기배터리를 탑재하고 있으며, 이 고용량 배터리는 단순히 주행시간을 길게 연장해준 것을 넘어 전기로 움직임에도 주행속도에서도 지지 않는 고출력 파워를 이끌어 냅니다. 이러한 배터리 용량과 파워의 개선을 통해 전기모터로도 충분히 만족스러운 주행성능을 자랑할 수 있게 되는 것이죠.

만약 충전한 전기를 다 사용하게 된다면 이때부터 플러그인 하이브리드(PHEV) 차량은 일반 하이브리드 자동차와 같은 방식으로 주행하게 됩니다. 가솔린 연료를 기반으로, 회생 제동을 통해 전기를 조금씩 충전해서 사용하는 것이죠. 따라서 단순 가솔린 자동차가 아닌, 하이브리드 자동차의 연비 장점을 지속하여 가져가게 됩니다.

(1) 구성요소

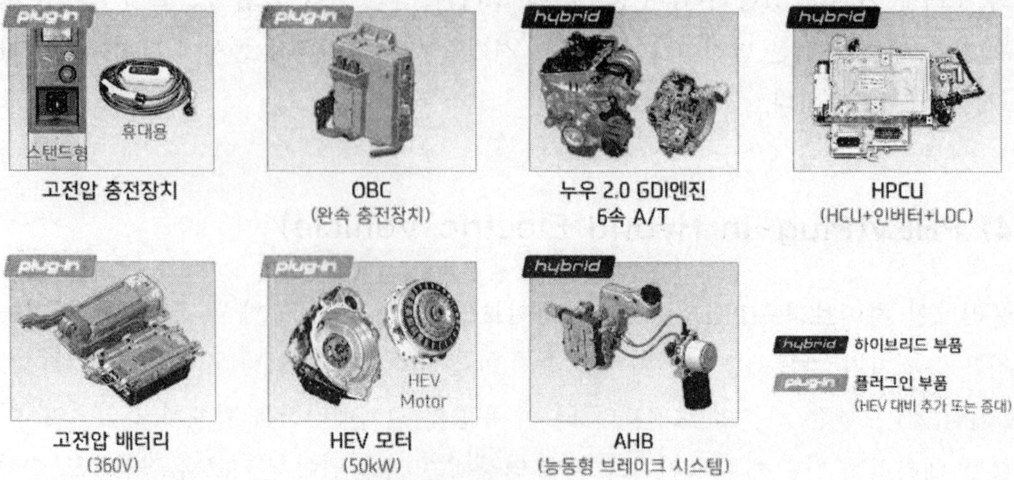

(2) 플러그인 하이브리드 고전압 레이아웃

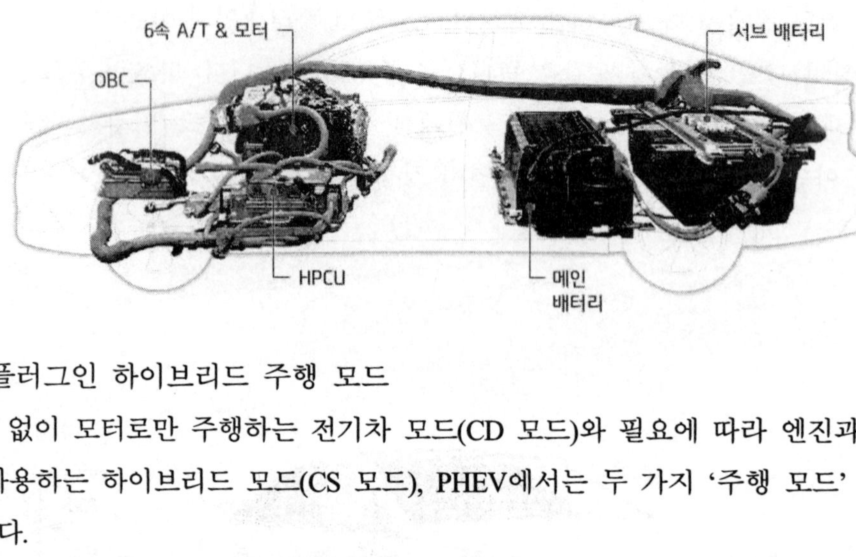

(3) 플러그인 하이브리드 주행 모드

엔진 없이 모터로만 주행하는 전기차 모드(CD 모드)와 필요에 따라 엔진과 모터를 모두 사용하는 하이브리드 모드(CS 모드), PHEV에서는 두 가지 '주행 모드' 로 주행 가능하다.

(4) 전기차 모드(CD mode: Charge Depleting)

PHEV는 충전된 배터리가 일정량 소진될 때까지는 모터로만 주행하는 CD 모드를 유지한다. 말 그대로 급가속 등 특별한 상황을 제외하곤, 연료를 사용하는 엔진을 쉬게 해주는 시간인 것이다.

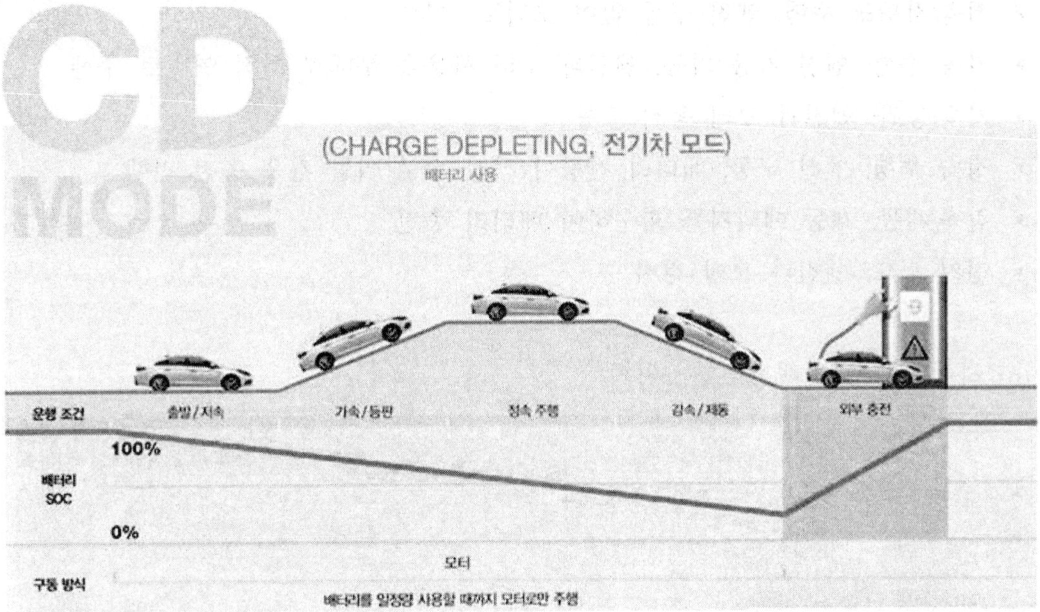

(5) 하이브리드 모드(CS mode: Charge Sustaining)

PHEV는 일반적으로 시동을 걸고 출발할 때 CD모드, 즉 전기차 모드로 운행되다가 강한 가속이 필요하거나 배터리가 소진됐을 때 모터와 엔진, 두 개의 심장을 함께 사용하는 CS모드로 진입한다.

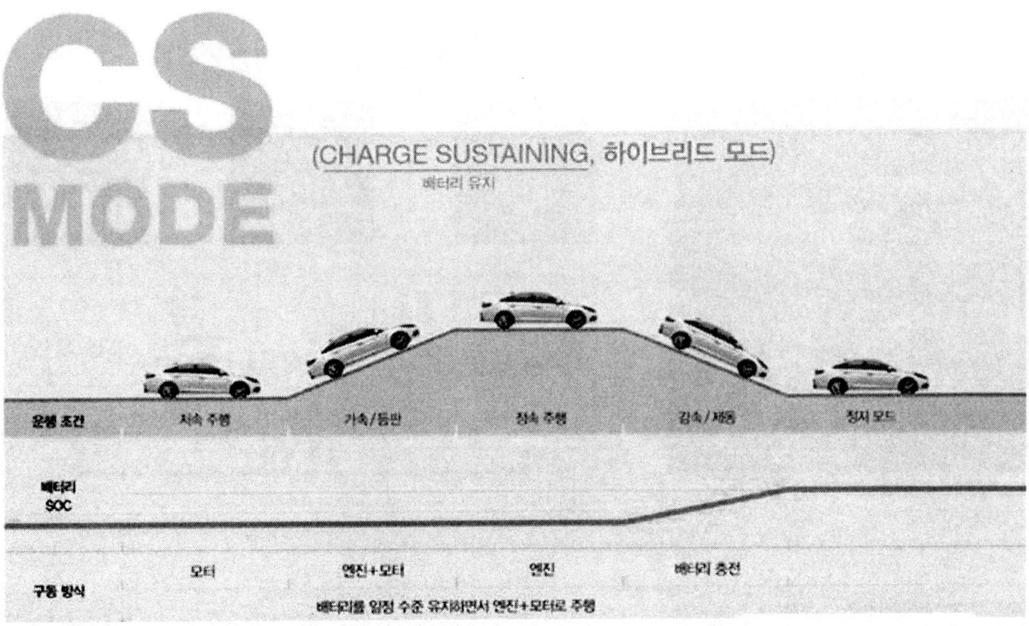

- 저속/저토크 주행: 엔진 구동 없이 모터로 구동
- 가속 주행: 엔진 자동 가동, 엔진과 모터 사용을 분배해 최적 연비로 주행
- 가속/등판: 엔진과 모터 동시 구동
- 정속 주행: 엔진 구동, 배터리 잔량이 적정 수준 이할 경우 충전 진행
- 감속/제동: 제동 에너지를 회수하여 배터리 충전
- 정지 모드: 엔진과 모터 정지

(6) 하이브리드 주행 모드 스위치

■ HEV 스위치

■ 클러스터 LCD 이미지

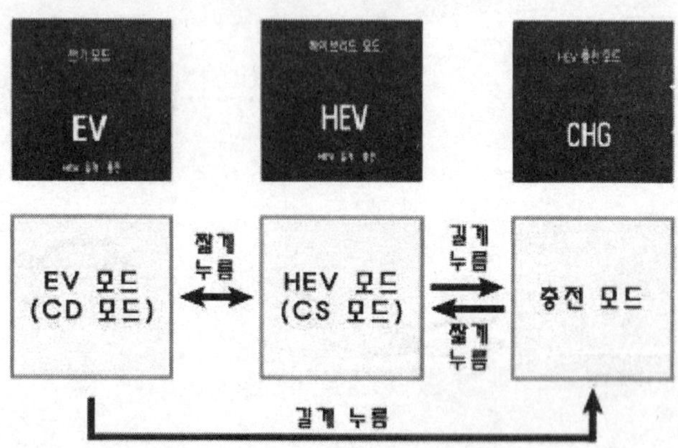

3. 전기자동차

1) 개요

4가지 친환경차 시스템 중 가장 단순한 구조를 갖고 있는 전기차(EV) 시스템. EV는 엔진과 변속기, 흡기계와 배기계, 부압식 브레이크 시스템 등 내연기관차가 갖고 있는 엔진 관련 시스템을 삭제하고 여기에 모터와 감속기, 인버터/LDC 등의 전력변환장치와 배터리, 충전기, 회생제동 시스템, 전기식 워터 펌프, 에어컨 컴프레서, 고전압 케이블등의 전기 동력 시스템을 대체한 차를 말한다.

EV는 출발 및 가속 시에는 배터리에 저장된 전기에너지를 이용해 구동모터에서 구동력을 발생하여 바퀴에 전달하고, 감속 및 내리막길 운전 시에는 관성을 통해 발생하는 운동에너지를 이용해 구동모터를 발전기로 사용하여 배터리를 재충전하는 회생제동 시스템이 적용된다.

(1) EV 부속품의 주요 기능 및 특징

▸ 모터 & 감속기 : 기존 내연기관 차량의 엔진 역할을하며, 배터리에서 발생된 전기를 토크로 변환해구동력을 발생시킨다.

▸배터리 : 전기차의 전기 에너지 공급 및 저장장치이다.

▸인버터 : 고전압 배터리 전원을 이용해 모터 토크를 제어하는 장치이다.

▸충전기 : 가정용 전원 및 급속충전기를 이용해 배터리를 충전한다(AC-DC).

▸LDC : 고전압 배터리로부터 12V로 전력을 변환하여 차량에 전원을 공급한다 (DC-DC).

▸회생제동 브레이크 : 제동 및 차량 감속 시 모터를 이용해 배터리를 충전한다.

▸전동식 A/C : 전자동 온도 조절 장치(Full Automatic Temperature Control, FATC) 및 전동식 압축기를 이용해 에어컨을 최적으로 제어한다.

2) 전기자동차의 작동원리

전기 자동차는 모터와 고전압 배터리 등을 통하여 전기 에너지를 운동 에너지로 변환해서 구동하는 차량을 의미하며. 충전 시에는 급속 또는 완속 충전기를 통하여 고전압 전기 에너지를 충전한다. 전기모터는 차량의 주행뿐만 아니라 고전압 배터리의 충전을 위해 회생 제동 시 전기 에너지를 발생시키는 역할을 한다. 각 모듈 간 작동 원리는 아래와 같다.

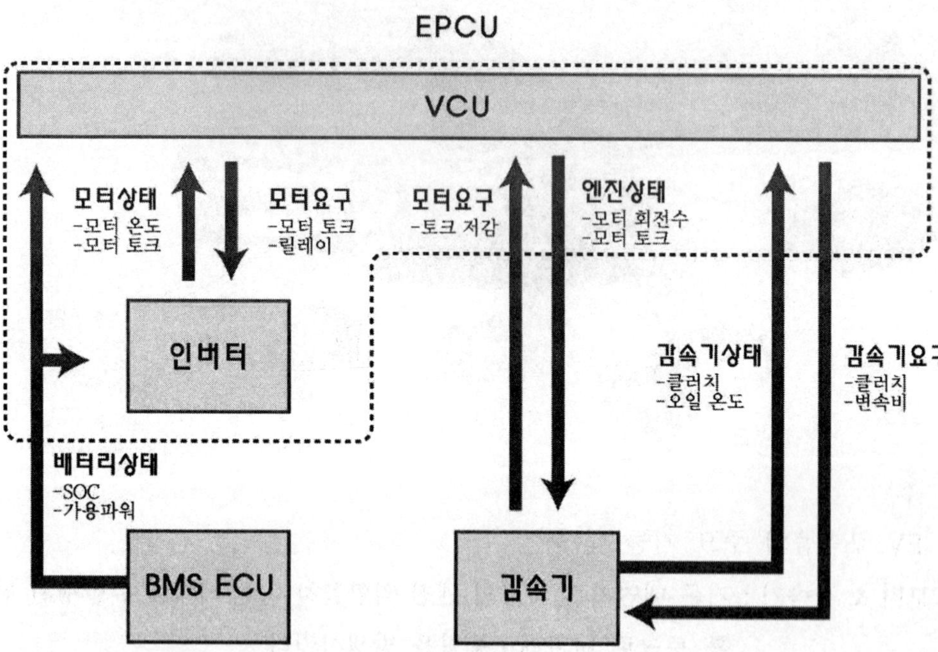

(1) 고전압 전기 흐름도 [출발/ 가속 언덕길]

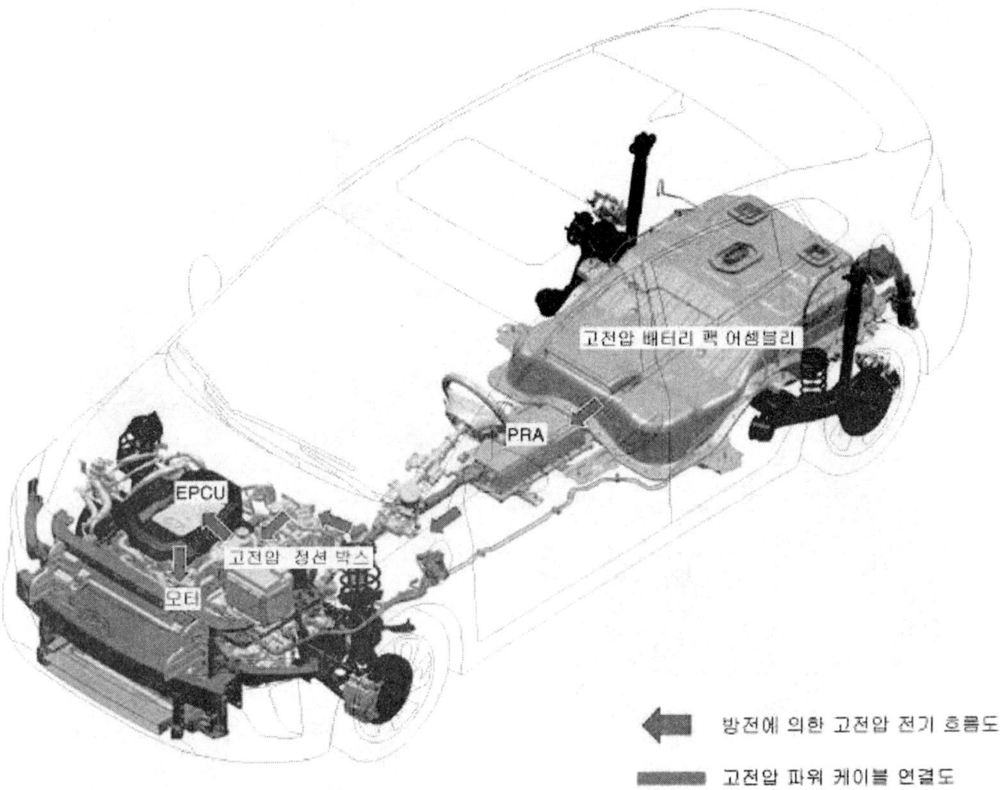

고전압 배터리 팩 어셈블리에 저장된 전기 에너지를 이용하여 구동 모터에서 구동력을 발생하여 전기 에너지를 운동에너지로 바꾼 후 바퀴에 동력을 전달한다.

고전압 배터리 팩 어셈블리 → PRA → 고전압 조인트 박스 → EPCU → 모터

(2) 고전압 전기 흐름도 [감속시 (회생제동시)]

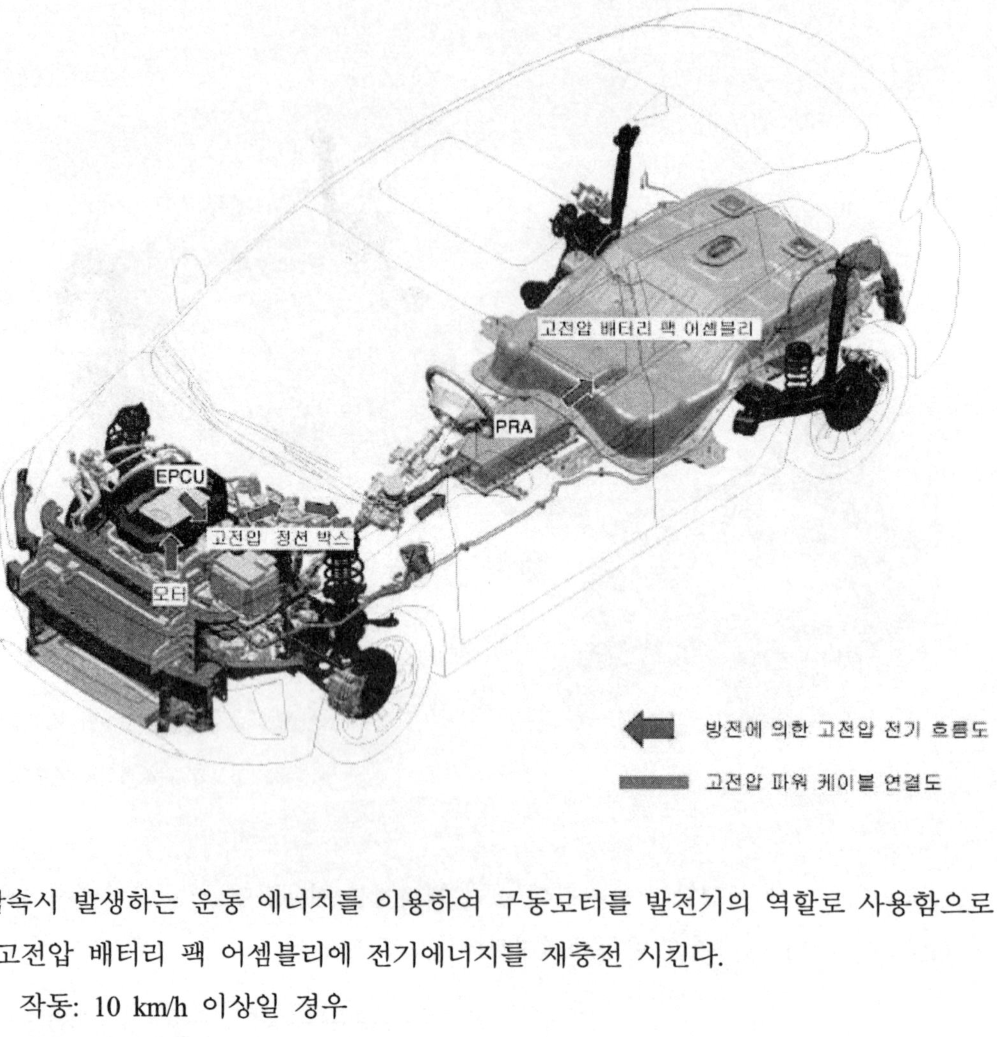

감속시 발생하는 운동 에너지를 이용하여 구동모터를 발전기의 역할로 사용함으로써 고전압 배터리 팩 어셈블리에 전기에너지를 재충전 시킨다.

- 작동: 10 km/h 이상일 경우
- 미작동: 3 km/h 이하일 경우

모터 → EPCU → 고전압 조인트 박스 → PRA → 고전압 배터리 팩 어셈블리

(3) 고전압 전기 흐름도 [급속 충전]

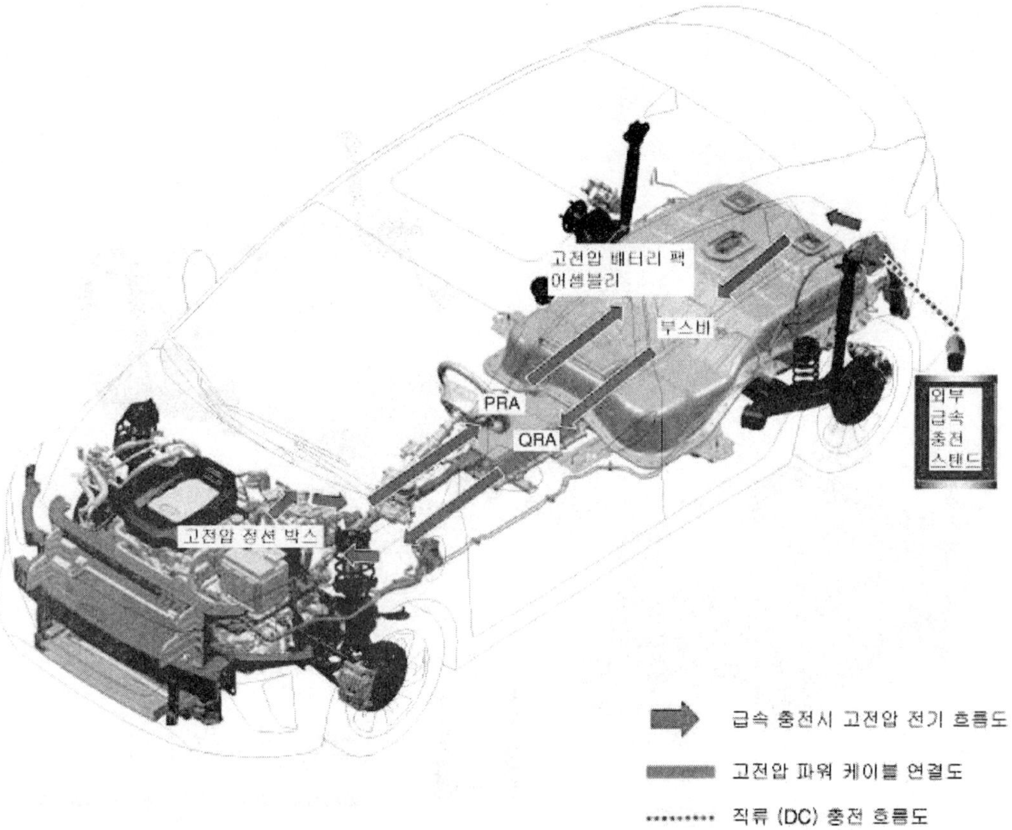

- 충전 저원: 500V, 200A
- 충전 방식: 직류 (DC)
- 충전 시간: 약 25분
- 충전 흐름도: 급속 충전 스탠드 -> 고전압 배터리 시스템 어셈블리
- 충전량: 고전압 배터리 용량 (SOC)의 80%

외부 급속 충전 스탠드 → 급속 충전 포트 → 고전압 조인트 박스 → 급속 충전 릴레이(QRA) → PRA → 고전압 배터리 팩 어셈블리

(4) 고전압 전기 흐름도 [완속 충전]

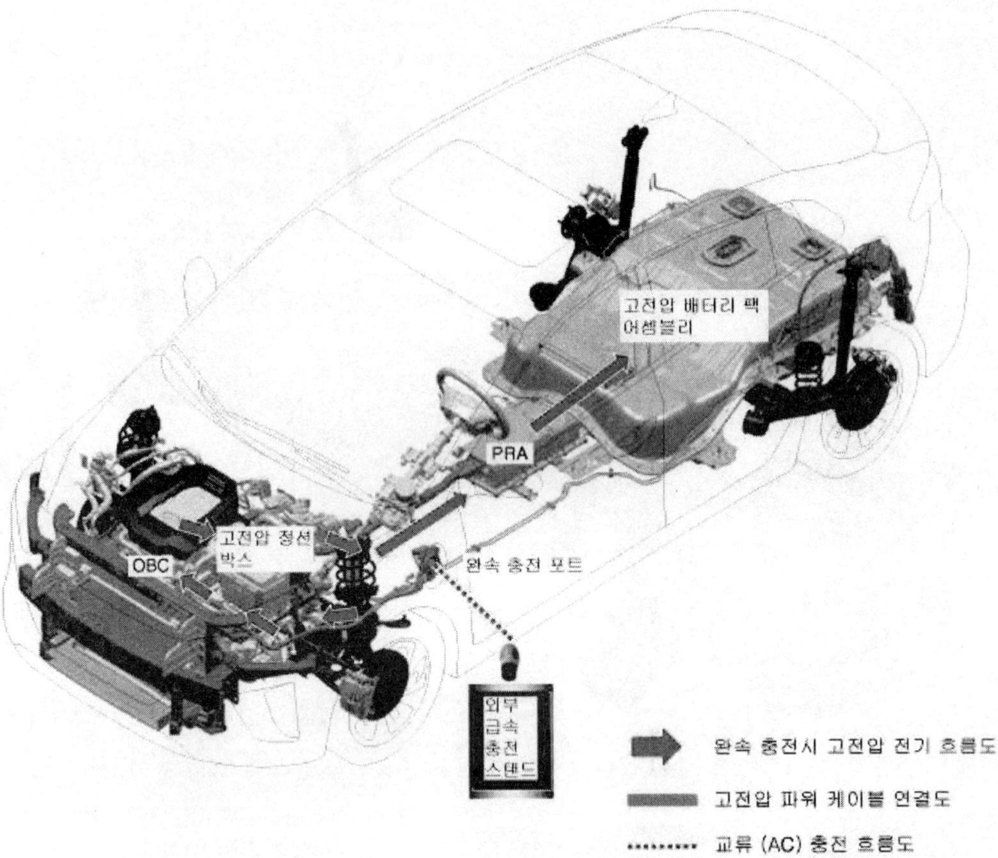

- 충전 전원: 220V, 35A
- 충전 방식: 교류 (AC)
- 충전 시간: 약 5시간
- 충전 흐름도 : 완속 충전 스탠드 → 완속 충전기 (OBC) → 고전압 배터리 시스템 어셈블리
- 충전량: 고전압 배터리 용량 (SOC)의 95 %

외부 완속 충전 스탠드 → 완속 충전 포트 → OBC → PRA → 고전압 배터리 팩 어셈블리

3) 전기자동차 제어시스템

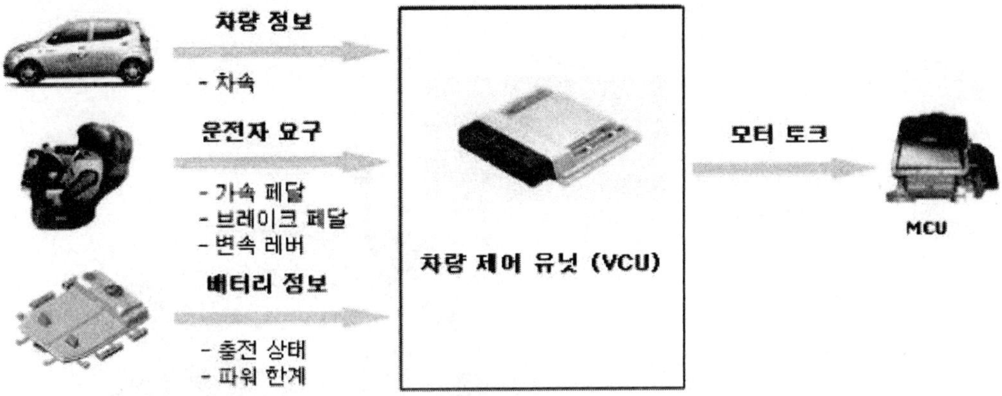

주요 기능	상세내용
구동모터 제어	▸ 배터리 가용파워, 모터가용토크, 운전자 요구(APS, Brake SW, Shift Lever)를 고려한 모터 토크 지령 계산
회생제동 제어	▸ 회생 제동을 위한 모터 충전 토크 지령 연산 ▸ 회생 제동 실행 량 연산
공조부하 제어	▸ 배터리 정보 및 FATC 요청 파워를 이용하여 최종 FATC 허용 파워 송신
전장부하 전원 공급제어	▸ 배터리 정보 및 차량 상태에 따른 LDC On/Off 및 동작 모드 결정
Cluster 표시	▸ 구동 파워, 에너지 Flow, ECO Level, Power Down, Shift Lever Position, Service Lamp 및 Ready Lamp 점등 요청
DTE(Distance to Empty)	▸ 배터리 가용에너지, 과거 주행 전비를 기반으로 차량의 주행가능 거리를 표시 ▸ AVN을 이용한 경로 설정 시 경로의 전비 추정을 통해 DTE 표시 정확도 향상
예약/원격 충전/공조	▸ TMU와의 연동을 통해 Center/스마트폰을 통한 원격 제어 ▸ 운전자의 작동시각 설정을 통한 예약기능 수행
아날로그/디지털 신호처리 및 진단	▸ APS, 브레이크 스위치, 시프트 레버, 에어백 전개 신호처리 및 진단

전력 제어 장치(EPCU)는 80kW급 전력변환시스템으로서 인버터, 저전압 직류 변환 장치(LDC), 차량 제어 유닛(VCU)이 통합되어 있다.

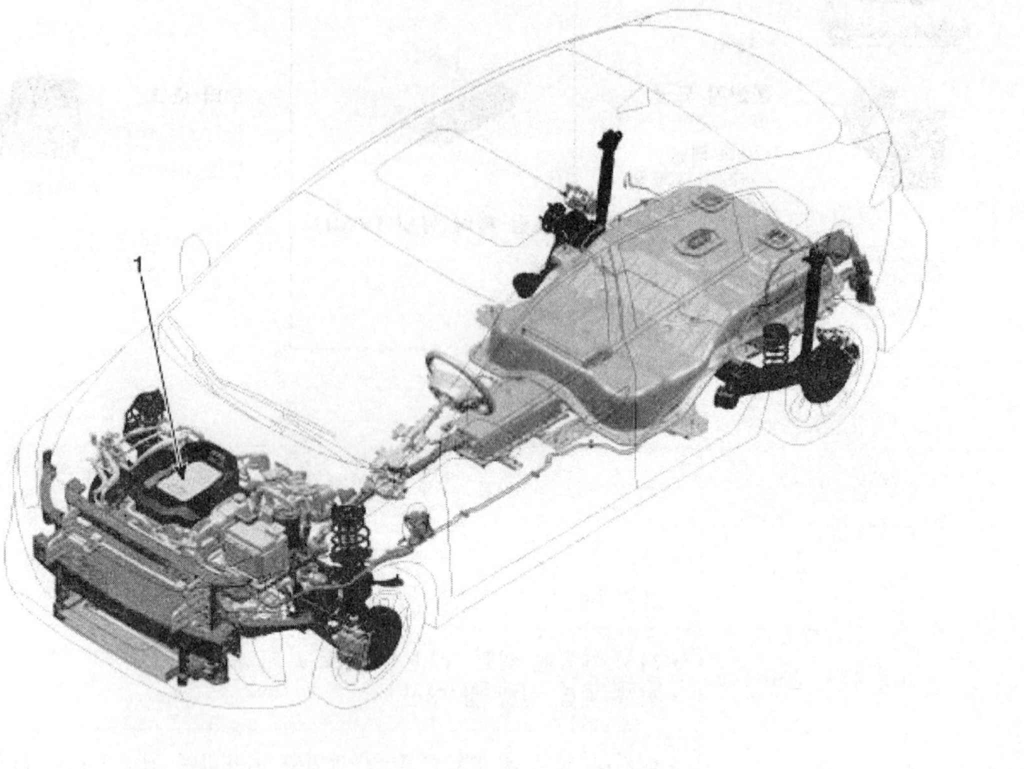

전력 제어 장치(EPCU) [인버터 + 저전압 직류 변환 장치(LDC) + 차량 제어 유닛(VCU)]

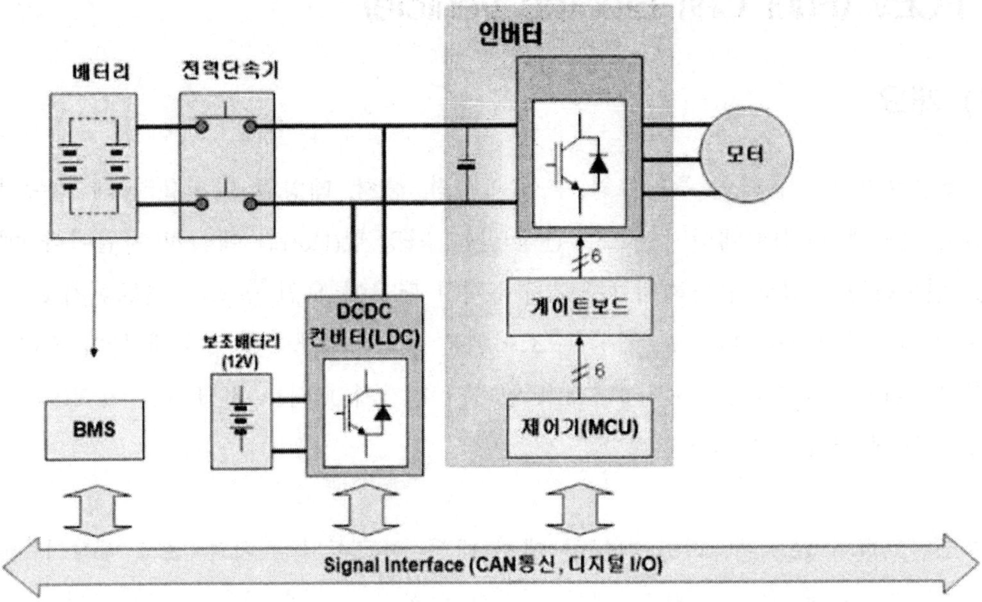

- 인버터 : 고전압배터리의 DC 파워를 차량 구동모터에 공급하는 AC 파워로 변환하는 시스템
- LDC (컨버터) : 고전압 배터리의 DC 파워를 차량 전장용 DC 파워(저전압)로 변환하는 시스템

4. FCEV (Fuel Cell Electric Vehicle)

1) 개요

수소연료전지차 동력의 주원료인 수소는 수력, 풍력, 태양열 발전을 통해 지속적인 모집이 가능해 차세대 에너지원으로 관심 받는, 가장 핫(Hot)한 에너지 자원이다. 에너지로 변화하는 과정도 단순해서 1차로 수소저장 탱크에 모인 수소는 연료전지로 옮겨져 수소이온과 전자로 나뉘고, 그중 수소이온은 공기 중 산소와 반응해 물이 된다. 이 화학반응에서 만들어지는 전기에너지가 인버터를 거쳐 모터로 전달되면 이 힘이 타이어로 전달돼 자동차가 움직인다.

수소연료전지차는 일반적인 자동차 엔진 대신, 연료전지 스택과 모터 제어기, 배터리, 수소탱크 등을 갖추고 있다. 이들은 각각 충전된 수소와 산소를 반응시켜 전기를 생산하고(연료전지 스택), 전기로 구동력을 발생시키며(모터 제어기 등 전기동력 부품), 고압의 수소를 안전하게 저장·공급하고(수소탱크), 보조에너지를 저장·공급하는(배터리) 역할을 한다. 물론 다른 친환경 자동차와 마찬가지로 감속 시에는 운동에너지로 모터를 구동시켜 배터리를 충전하는 기능도 갖추고 있다.

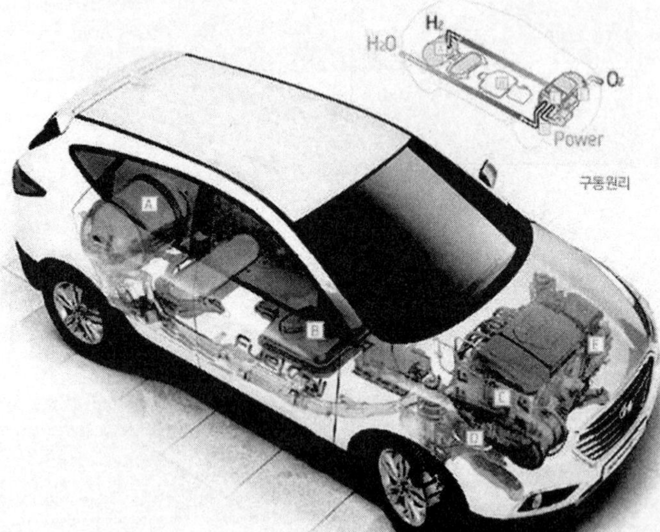

Ⓐ 수소저장 시스템

수소전기차의 에너지 공급원인 수소를 저장하는 장치

Ⓑ 고전압 배터리

차량가속시 에너지 공급을 통해 연료전지를 보조하고 감속시에는 회생제동 에너지를 저장하여 연료전지 시스템의 효율을 높이는 장치

Ⓒ 연료전지 스택

공급된 수소와 산소를 반응시켜 전기를 생산하는 발전기

Ⓓ 전기 구동모터 및 감속기

스텍에서 공급받은 전기에너지로 구동력을 발생시키고 토크를 제어하는 장치

Ⓔ 전력 변환장치

연료전지 스택 및 고전압 배터리에서 공급된 직류전압을 교류전압으로 변환시켜 구동모터를 제어하는 장치

2) 연료전지 원리

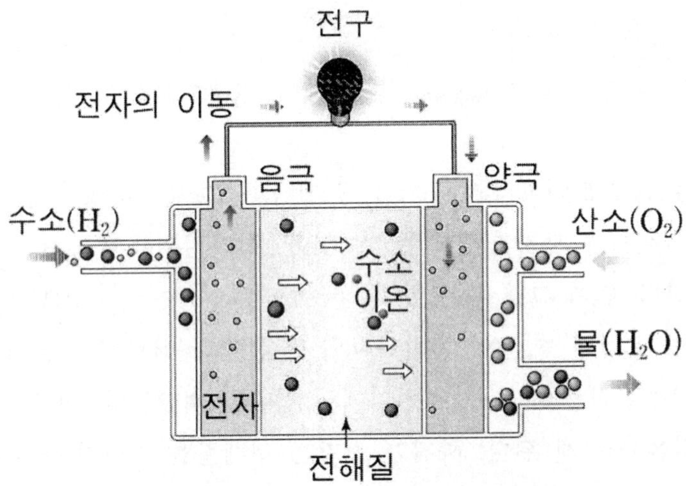

수소와 산소의 화학 반응에 의해 전기 에너지를 생산하는 장치로, 수소를 이온화시켜 전류가 흐르게 한 후, 산소와 결합시켜 물을 만들어 낸다.

음극에서의 반응 : $H2 \rightarrow 1/2H+ \ \ +2e-$ (수소의 산화 반응)

양극에서의 반응 : $1/2O2+ \ \ 2H++ \ \ 2e- \rightarrow H2O$ (산소의 환원 반응)

과정1. 음극에서는 수소가 촉매의 작용으로 전해질에 수소 이온(H+)으로 녹아 들어 가면서 전자를 만든다.(산화)

H2 →2H+ +2e- (수소의 산화 반응)

과정2. 전자는 외부 회로를 통해 양극으로 이동하고, 수소 이온은 중간의 전해질을 통해 양극으로 이동하여 전류를 흐르게 한다.

과정3. 양극에서는 전자와 결합한 산소가 수소 이온과 반응하여 물을 만들어 낸다.

1/2O2 +2H+ +2e-→ H2O (산소의 환원 반응)

공급되는 것 : 수소, 산소

생산되는 것 : 물, 전기 에너지

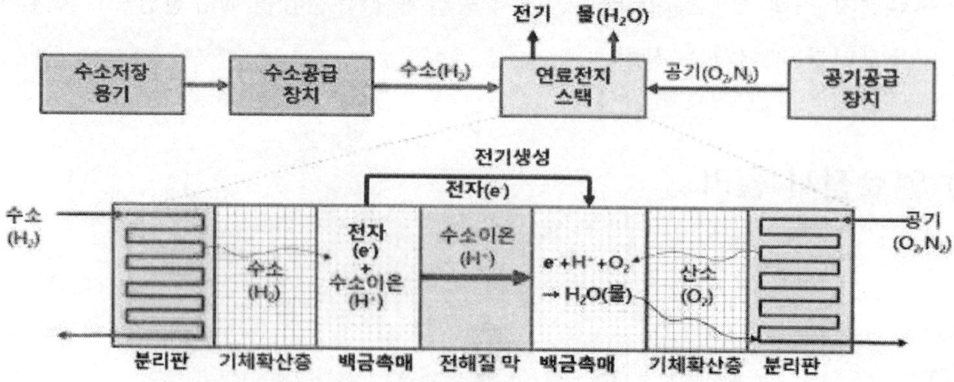

수소연료전지에는 2개(연료극과 공기극)의 전극과 그 사이에 끼워진 전해질이 있다. 전해질이란 이온(원자나 분자가 전하를 띈 것)은 통과시켜주지만 전자는 통과시키지 않는 물질을 말한다. 먼저 그림 왼쪽인 연료극에 연료인 수소 가스(H2)를 보낸다. 이렇게 되면 연료극에 포함된 백금이 촉매(화학의 반응을 더 빠르게 만들어주지만 자신은 변하지 않는 물질)로 작용하고, 수소 원자에서 전자를 빼앗는다. 이때 생기는 수소 이온(H+)은 전해질을 지나게 된다. 하지만 전자는 전해질을 지나지 못하고 남게 된다.

여기서 또 한쪽 전극인 공기극에 산소가스(O2)를 보낸다. 이렇게 되면 양극에 포함된 백금이 다시 촉매로 작용함으로써 산소 원자와 전해질을 통과해 온 수소 이온이 결합해 물(H20)이 만들어진다. 여기에서 연료극과 공기극을 도선으로 이으면 도선을 통해 전자가 흐르는데 이것이 바로 전기가 흐르는 것이다.

3) 연료전지 구동원리

연료 전지 차량의 가장 중요 부품은 연료 전지, 공기 공급, 수소 탱크, 고전압 배터리(보조 전원 장치), 고전압 배터리/모터/인터버/감속기의 전압을 증가시키는 컨버터 (양방향 고전압 직류 변환장치 : BHDC)를 구성된다. 연료 전지는 공기 블로어에 의해 공급되는 공기와 수소 탱크에 의해 공급되는 수소 연료를 이용하여 전기를 생성한다. 연료 전지에서 생성된 전기는 인버터를 통해 모터로 공급되어진다. 이 과정 중에 연료전지차가 유일하게 배출하는 배기가스는 수증기이다. 차량이 속도를 높이면, 고전압 배터리는 보조 전원 장치로써 인버터에 전기 에너지를 공급한다. 차량이 회생제동을 하는동안 고전압 배터리가 충전된다.

- 구동 전력 : 전기 모터
- 전력 공급원 : 연료전지 생성 전기
- 연료 : 수소
- 배출가스 : 수증기 (H2O) → 무해 가스

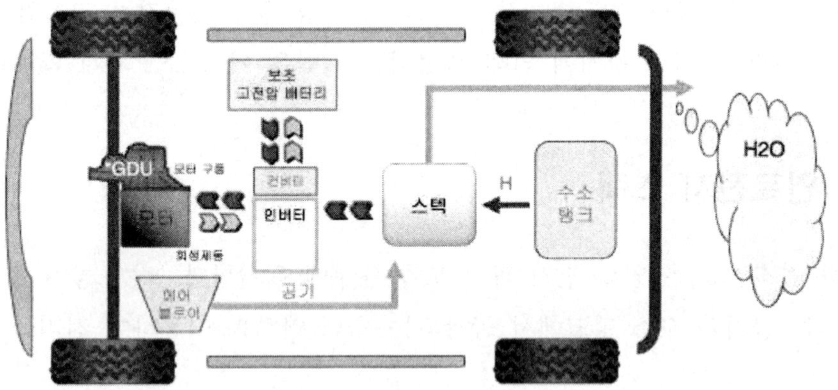

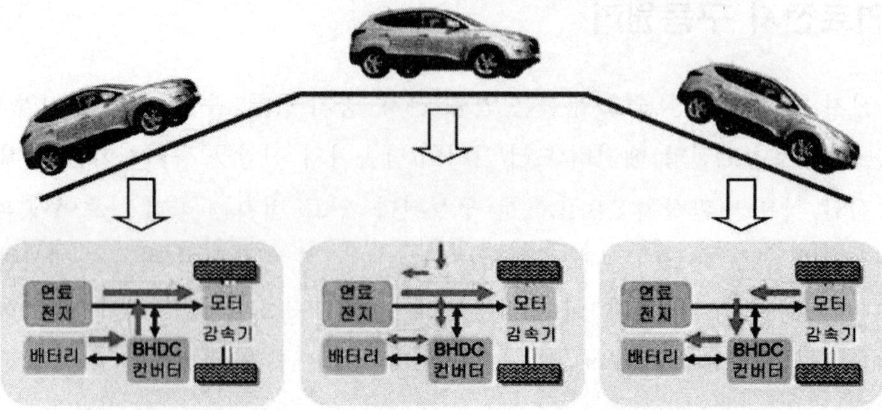

[오르막길] [평지] [내리막길]

위의 그림은 연료 전지 제어 유닛(FCU)가 차량을 제어하는 방법을 보여준다. 차량이 오르막을 주행하는 경우, 모터를 구동하기 위해, 연료 전지와 고전압 배터리가 전력을 공급한다. 차량이 평지를 주행하는 경우, 고전압 배터리가 적절한 충전량(SOC)으로 충전되는 동안 연료 전지만 모터에 전력을 공급한다.

차량이 내리막길을 주행하는 경우, 모터의 회생 제동 에너지는 고전압 배터리를 충전한다. 따라서, 연료 전지에 의해 생성되는 전력은 거의 소모되지 않는다.

4) 연료전지 스택

연료 전지 스택은 연료 전지 파워 모듈 내부에 위치한다. 또한 공기 블로어에 의해 공급되는 공기와 수소 탱크에서 공급되는 수소 연료를 이용하여 전기를 생성한다.

(1) 개요

연료 전지는 전기 생산을 위하여 수소와 산소의 화학 에너지를 각각 수소극 및 공기극 에 공급하여 연속적으로 변환시키는 전기화학 장치이다. 또한 공기 블로어에 의해 공급되는 공기와 수소 탱크에 의해 공급되는 수소 연료를 이용하여 240~450V의 전기를 생성한다.

연료 전지의 전기는 모터에 전력을 공급하는 인버터를 통해 공급된다. 연료 전지가 이 과정 중에 방출하는 배출물은 순수한 물이다.

연료 전지 스택 컴플리트는 스택 어셈블리, 매니폴드 블록, SVM(스택 전압 모니터) 및 인클로저로 구성된다. 스택 어셈블리는 여러개의 단위 셀로 구성되며, 셀의 각각은 분리판(bipolar plates), GDL(가스 확산층) 및 MEA(멤브레인 전극 어셈블리)로 구성되어 있다.

스택 매니폴드 블록은 수소, 공기 및 냉각수가 유입 및 배출 할 수 있도록 입구와 배출구를 제공한다. 수소, 공기 및 냉각수는 매니폴드 블록을 통해 스택의 셀로 흐른다.

스택의 모든 셀을 통과 한 후, 사용되지 않은 수소는 재순환되고, 이는 수소 입구로부터 나오는 수소의 새로운 흐름과 결합하고 스택으로 되돌아온다. 수소와 함께, 공기는 스택으로 공급된다.

산소와 수소는 스택에서 반응하여 공기 배출구를 통해 수증기로 배출된다.

연료 전지 내의 수소와 산소 간의 반응은 스택의 온도를 증가시키는 열(발열 반응)을 생성한다. 따라서, 효과적인 냉각이 스택의 안전한 작동을 위해 중요하다. 냉각수는 온도를 낮추기 위해 스택에 공급된다. 스택을 냉각시킨 냉각수는 냉각수 라디에이터로 순환되어, 다시 냉각된다.

스택 전압 모니터(SVM) 단자 블록은 스택 모듈에 장착된 부품이다. 스택 전압 모니터(SVM) 단자 블록은 스택의 전압을 모니터링하기 위해 스택 전압 모니터(SVM)에 연결된다.

(2) 스택 작동 원리

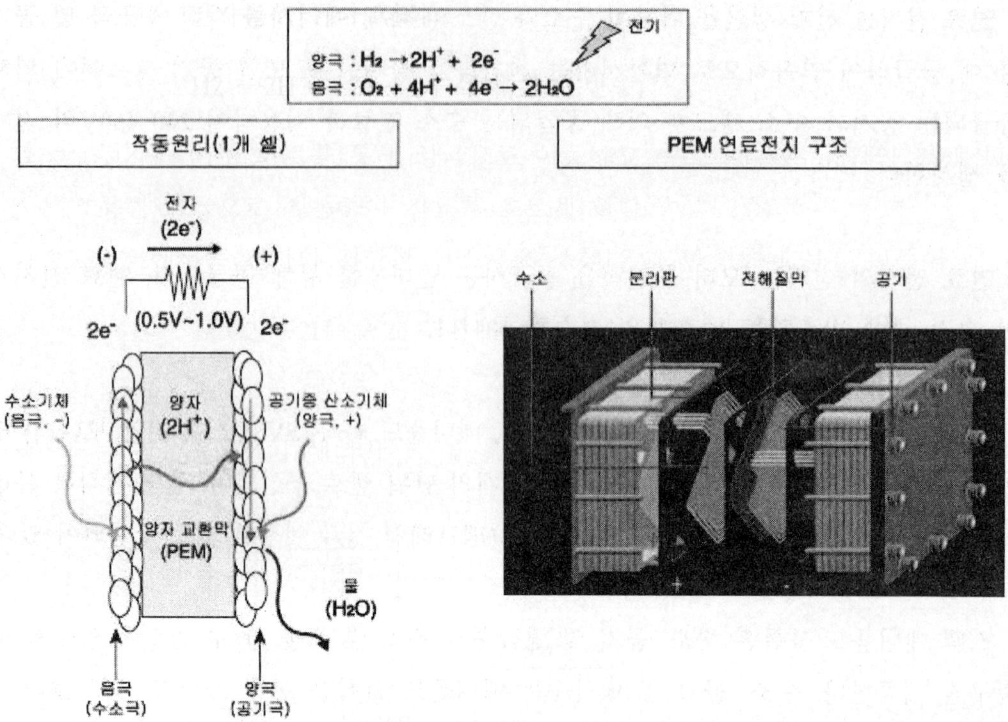

차량에 탑재된 연료 전지는 고분자 전해질 멤브레인 연료 전지로 알려진 양자 교환막 연료 전지이다. 고분자 전해질 멤브레인 연료 전지(PEMFC)는 특히 수소 이온 교환용 고분자 전해질 막을 갖는다.

고효율, 오염 제로 및 소음 제로 등의 장점으로, 고분자 전해질 멤브레인 연료 전지는 자동차 애플리케이션 용 차세대 전원의 유망한 후보로 여겨지고 있다.

메탄올 및 수소와 같은 화학 연료를 직접 전기 에너지로 변환 할 수 있기 때문에, 고분자 전해질 멤브레인 연료 전지(PEMFC)는 종래의 내연기관에 비해 1.5배 이상 에너지 전환 효율을 가지고 있으며, 유해한 공기 오염 물질을 생성하지 않는다.

특히, 고분자 전해질 멤브레인 연료 전지(PEMFC)는 다른 연료 전지보다 더 높은 전류 밀도 및 더 높은 전력 출력을 그 특징으로 하고 있다.

100°C 아래의 낮은 작동 온도, 간단한 구조, 빠른 시동 및 반응, 우수한 내구성의 장점에 더하여, 모든 연료원(메탄올부터 천연가스까지)으로부터 수소를 얻는 능력은 고분자 전해질 멤브레인 연료 전지(PEMFC)를 자동차의 탁월한 전력원으로 만들고 있다.

고분자 전해질 멤브레인 연료 전지(PEMFC)는 또한 다양한 범위의 응용을 그 특징으로 하고 있는데, 무공해 자동차, 분산 발전, 군수품, 심지어 우주선을 위해서도 전력원이 될 수 있다.

연료 전지는 전해질 주위에 샌드위치 형태로 위치한 두 개의 전극으로 구성된다. 전기, 물 및 열을 발생시키면서, 산소 이온은 하나의 전극을 그리고 수소 이온은 다른 전극을 지나간다.

산소가 연료 전지의 한쪽에서 공기극으로 표출되는 동안 수소는 연료 전지의 다른쪽에서 수소극으로 표출된다. 수소극에서, 촉매는 수소 원자를 양자(H+)와 전자로 분리시켜 공기극으로 가는 다른 경로를 취하도록 한다.

전자가 전류를 생성하면서, 외부 회로를 따라 공기극으로 이동하는 동안 양자는 전해질을 통과하여 공기극으로 향한다. 공기극에서, 양자와 전자는 산소와 결합하여 수분을 형성한다.

중요한 것은 수소극에서 분리된 수소 이온이 막을 통과하여 공기극으로 향한다는 것이다. 그것이 연료 전지를 고분자 전해질 멤브레인 연료 전지라고 부르는 이유이다.

위의 그림은 일반적인 연료 전지 스택을 보여준다. 전극과 함께, 분리판(bipolar plate)는 고분자 전해질 멤브레인 연료 전지(PEMFC)에서 가장 중요한 부분 중 하나이다. 분리판(bipolar plate)는 전극을 지지하고, 수소와 공기의 흐름을 유도한다.

5) 고체 고분자형 연료전지(PEFC)의 구조와 성질

(1) 고체 고분자막 구조

PEFC는 전해질이 고분자로 된 막상이다. 주성분은 일반적으로 불소수지이지만 최근에는 비불소수지를 사용하는 것도 활발하게 연구 개발되고 있다. 이 막은 원래 전기분해장치의 이온 교환막으로 개발되었으며 지금도 식염전해장치로 이용되고 있다. 이 막은 PEFC가 발전할 때 막 내를 이동하는 수소의 프로톤(H+)이 움직이기 쉬운 구조로 되어 있다. 즉, 수소의 프로톤이 통과할 수 있을 정도의 크기로 구멍이 많이 뚫려 있는(이것을 다공질이라고 한다) 구조이다.

(2) 촉매

이 고분자막 양측에 수소 및 산소를 반응시키는 촉매가 도포되어 있다. 촉매는 수소분자에서 전자를 방출하거나 산소분자를 분할하여 프로톤 및 전자를 결합, 물을 생성하기도 한다.

현재는 설명한 바와 같이, 일반적으로 백금(플라티나)을 사용하고 있지만 이 백금은 매장량이 한정되어 있어 PEFC가 일반적으로 보급될 무렵에는 고갈돼버릴 가능성도 있다고 한다. 특히 고가의 재료라는 점에서 다른 금속재료와의 합금으로 단위면적당 백금 사용량을 삭감하는 연구나 백금 외의 촉매재료를 탐색하는 연구가 세계적인 규모로 시행되고 있다.

(3) 가스 확산층

또한 그 바깥쪽에는 가스 확산층(GDL : Gas DiffusionLayer)이라는 것이 있다. 가스 확산층은 연료인 수소나 산화제인 산소, 공기 혹은 가스와 함께 공급되는 수분을 촉매층에 확산시키는 역할과, 발전함으로써 발생된 물을 효율적으로 배출하는 역할을 담당하고 있다. 따라서 가스 투과성이 높고 도전성에 우수하면서 발수성도 높은 다공질이어야 한다.

(4) MEA

상기의 3가지 재료가 적층된 것을 막 전극 접합체(Membrane Electrode Assembly)라고

하며 일반적으로는 MEA라고 한다. 그 예로 MEA의 외관을 아래에 나타낸다. 이 MEA는 발전실험용이며 두께는 약 100㎛이다. MEA 속에서는 다음과 같은 3가지 일이 발생한다.

① 연료극 측에서는 수소에서 전자를 추출하여 수소 이온으로 한다.

② 수소 이온을 산화제극 측으로 운반한다.

③ 사화제극 측에서는 산소분자, 수소 이온, 전자를 붙여 물로 배출한다 이 때 수소 이온과 함께 소량의 물도 산화제극 측으로 운반하므로 연료극 측이 건조돼버린다. 건조하면 촉매의 동작이 둔해져 발전할 수 없게 된다. 그 결과, 연료극 측에 항상 수분을 보급할 필요가 있으며 이 수분관리가 성능을 크게 좌우한다. 수분과 발전성능의 관계는 나중에 구체적인 예를 들어 설명한다.또 이미 알고 있는 바와 같이, PEFC인 경우에는 전자가 외부 회로를 통해 연료극 측에서 산화제극 측으로 이동하므로 연료극 측이 마이너스, 산화제 측이 플러스 전위로 된다.

(5) 세퍼레이터

설명한 MEA는 연료(수소)와 산화제(산소 또는 공기)를 겉과 안에 각각 흘림으로써 발전한다. 또 발전한 전기 에너지는 MEA의 겉과 안에 붙어 있는 전극에서밖에 나오지 않는다. 그래서 전기에너지를 모으는 집전재의 역할과 연료나 산화제를 전극촉매에 공급하는 역할을 겸하는, 도전성 있는 재료로 만들어진 플레이트로 MEA를 끼운다. 이 플레이트를'세퍼레이터'라고 한다. 세퍼레이터 설계 시 재질선택은 매우 중요하다. 내식성, 도전성, 가스 불투과성, 기계적 강도나 가공성 등 검토해야 할 점이많다. 고전적으로는 도전성이 높은 탄소재료에 가스 불투과성을 부여하기 위해 특수한 재료를 함침한 것 등이 사용되지만 최근에는 도전성을 부여한 수지재료나 내식성을 올린 합금재료 등도한창 개발되고 있다.

특히 합금재료는 그 기계적 강도의 높이나 가공의 양호성, 가격 등의 이유로 대형 PEFC 스택을 콤팩트하고 저가로 할 수도 있어 대형 PEFC 스택을 필요로 하는 용도, 구체적으로는 자동차용 등에서의 사용이 크게 기대되고 있다.

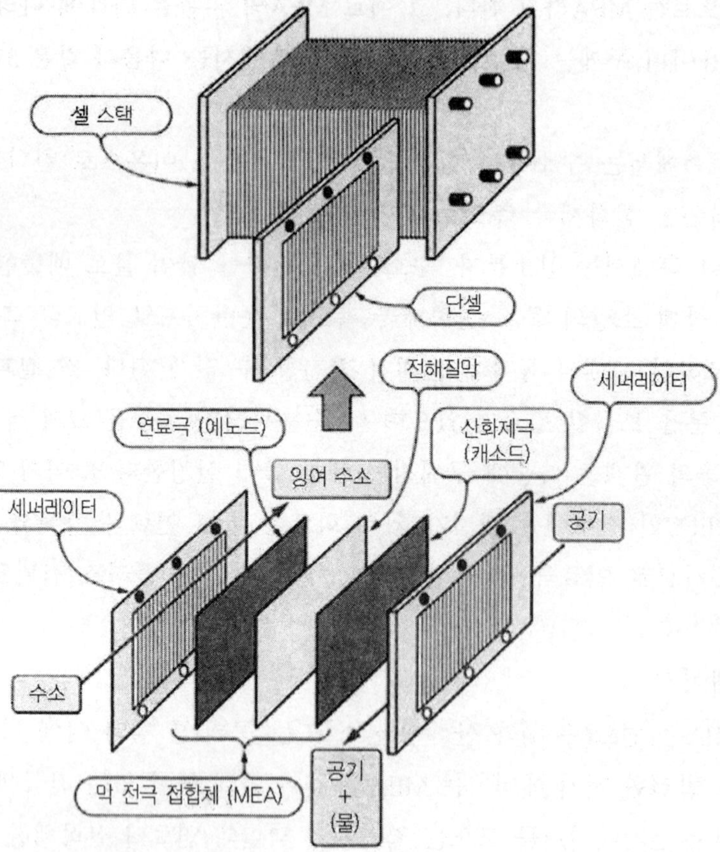

(6) 개스킷

MEA를 세퍼레이터로 끼웠을 때, 전극 촉매부분은 막과 세퍼레이터로 완전하게 끼워져 있지만 그 주위는 세퍼레이터와 막사이에 아무것도 없기 때문에 그 상태로는 공급한 가스나 수분이 누설돼버린다. 때문에 MEA 양쪽에 개스킷을 맞추어 가스나 수분이 누설되는 것을 방지한다.

개스킷의 두께는 GDL의 두께 및 기계적 강도와 크게 관련되어 있다. GDL에 대해 개스킷이 너무 두꺼우면 GDL과 세퍼레이터의 전기적 결합이 약해지기 때문에 일반적으로 접촉저항이 올라간다. 반대로 너무 얇으면 가스나 수분이 누출되어 개스킷이 쓸모 없게 된다. 실제로 사용되는 GDL이나 개스킷의 재료 특성(체결에 따라 변형하는 상태 등)에서 최적의 재료와 두께를 결정해야 한다.

(7) 셀 스택

PEFC 1개의 셀(다셀)에는 에너지가 나오는 상태에서 기껏해야 0.6~0.7V의 전압밖에 없다. 이럴 경우, 사용 시 상태가 좋지 않으므로 통상 몇 매의 PEFC를 적층하여 볼트 등으로 체결, 1개의 전지로 한다. 이것을 셀 스택(혹은 셀 모듈)이라고 한다. 셀 스택에서 가장 문제되는 것은 역시 수분관리이다.

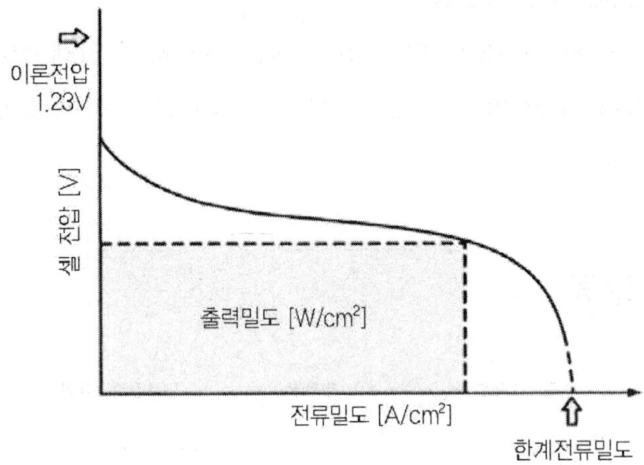

6) 연료전지 작동온도와 전해질 종류로 구분

연료전지는 작동온도와 전해질의 종류에 따라 분류된다. 대표적으로 1세대 연료전지는 고분자 전해질을 사용하는 PEMFC(Proton Exchange Membrane Fuel Cell), 2세대는 반고체 전해질을 사용하는 MCFC(Molten Carbonate Fuel Cell), 3세대는 고체 전해질을 사용하는 SOFC(Solid Oxide Fuel Cell)가 있다. 이들 연료전지는 발전효율과 작동온도가 달라 사용처도 상이하다. 작동온도는 PEMFC는 80도, MCFC는 650도, SOFC는 800도이다. PEMFC는 주로 휴대용, 자동차용, 가정용 등에 사용되며, MCFC와 SOFC는 발전용 등으로 사용된다.

(1) PEMFC(Proton Exchange Membrane Fuel Cell)

PEMFC는 1세대 연료전지로서 지금까지 완성도가 가장 높다. 이미 상용화되어 가정용, 건물용에 공급되고 있다. 단점은 백금 촉매를 사용하기 때문에 발전용과 같은 대형 시스템 구성시 비용 상승 부담이 크다.

(2) MCFC(Molten Carbonate Fuel Cell)

MCFC는 MW급 대형 발전용에 사용하기 위해 개발된 2세대 연료전지이다. 대형화의 장점은 있으나 단점으로는 고온에서 작동하기 때문에 장시간 사용 시 전해질 소재가 휘발되어 수명이 저하되는 문제가 있다.

(3) SOFC(Solid Oxide Fuel Cell)

3세대 연료전지인 SOFC는 MCFC의 수명 문제를 해소하기 위해 전해질로 세라믹 소재를 사용한다. 그러나 SOFC의 단점은 세라믹 소재의 균열 문제로 인해 대형화와 이동형분야 적용에 제약이 있다.

7) 연료전지 분류

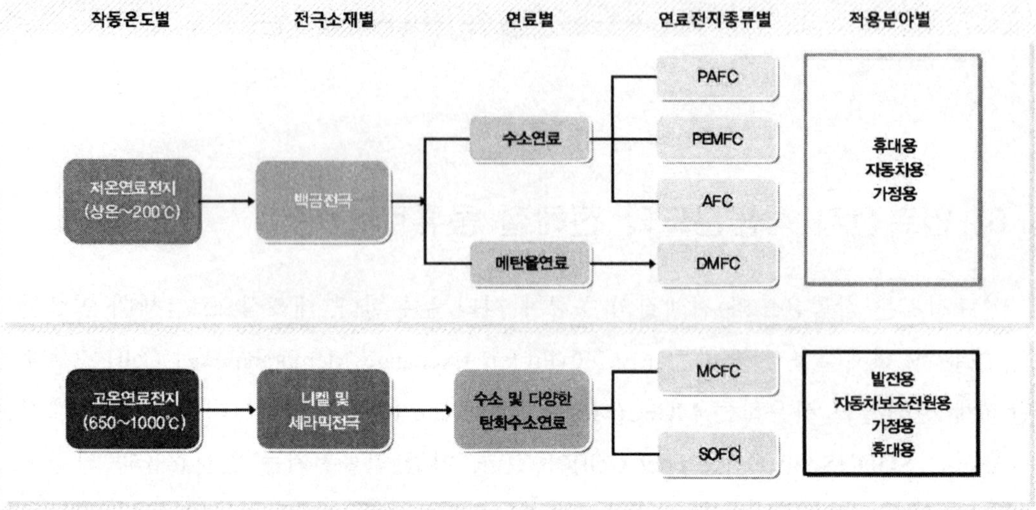

AFC - Alkaline Fuel Cell

DMFC - Direct Methanol Fuel Cell

MCFC - Molten Carbonate Fuel Cell

PAFC - Phosphoric Acid Fuel Cell

PEMFC - Proton Exchange Membrane Fuel Cell

SOFC - Solid Oxide Fuel Cell

8) 연료전지 기술별 세부 내용

구 분	알칼리 (AFC)	인산형 (PAFC)	용융탄산염형 (MCFC)	고체산화물형 (SOFC)	고분자 전해질형 (PEMFC)	직접메탄올 (DMFC)
전해질	알카리	인산염	탄산염	세라믹	이온교환막	이온교환막
동작온도(℃)	120이하	250이하	700이하	1,200이하	100이하	100이하
효율(%)	85	70	80	85	75	40
용도	우주 발사체 전원	중형건물 (200kW)	중·대형 건물 (100kW~MW)	소·중·대용량발전 (1kW~MW)	가정·상업용 (1~10kW)	소형이동 (1kW)
특징	-	CO 내구성큼 열병합대응 가능	발전효율 높음 내부개질 가능 열병합대응 가능	반전효율 높음 내부개질 가능 복합발전 가능	저온작동 고출력밀도	저온작동 고출력밀도

제 3 장

엔진분해조립

1. 엔진 분해 조립 시 주의사항

(1) 분해된 순서로 정리정돈을 한다.

(2) 접촉면이 바닥으로 향하지 않도록 한다.

(3) 알맞은 공구를 선택하고 무리한 힘을 가하지 않도록 한다.

(4) 작동상태, 오염상태, 소손 상태등을 점검한다.

(5) 개스킷은 모두 신품으로 교환한다.

(6) 볼트 및 너트는 반드시 토크렌치로 조인다.

(7) 크랭크 축 메인 저널 베어링 캡의 방향은 화살표가 앞쪽이다.

(8) 부품이 서로 바뀌지 않도록 주의한다.

2. 엔진분해 순서

(1) 알터네이터 장착 하부 볼트 (A)를 탈거한다. (체결 토크 : 3.0 ~ 4.2 kgf·m)

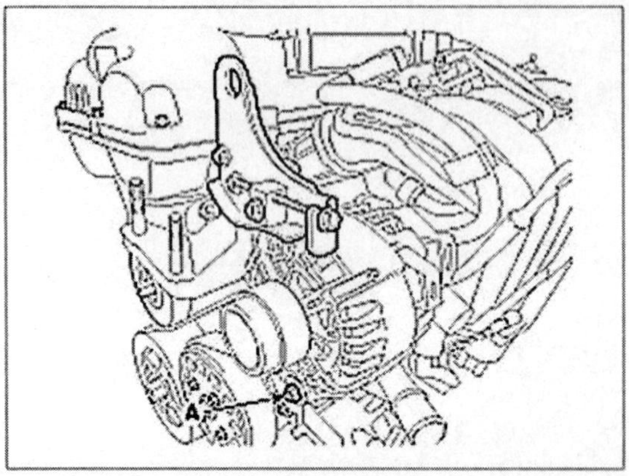

(2) 딜리버리 파이프 어셈블리(A)를 탈거한다. (체결 토크 : 1.9 ~ 2.4 kgf·m)

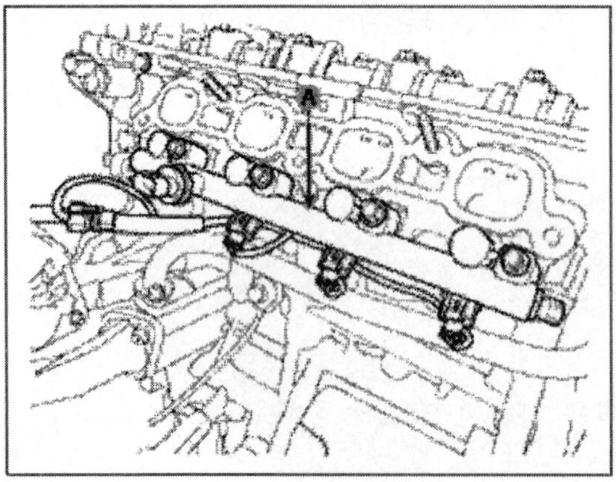

(3) 오일 레벨 게이지 (A)를 탈거한다. (체결 토크 : 1.0 ~ 1.2 Kgf.m)

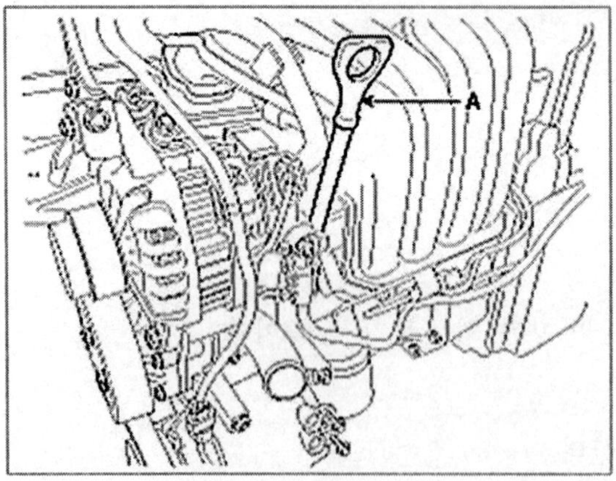

(4) 흡기 매니폴드를 탈거한다. (체결 토크 : 1.2 ~ 1.8 kgf·m)

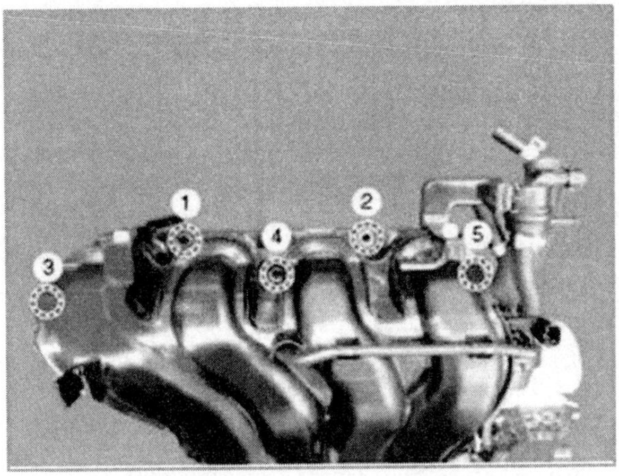

(5) 배기 매니폴드를 탈거한다. (체결토크 : 4.0 ~ 5.0 kgf·m)

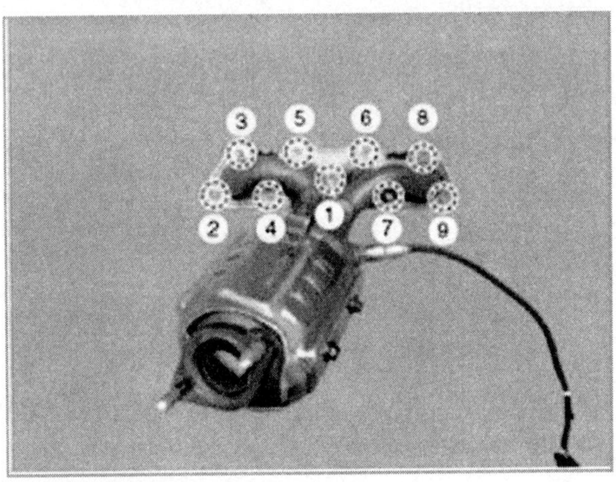

(6) 점화코일(A)을 탈거한다. (체결 토크 : 1.0 ~ 1.2 kgf·m)

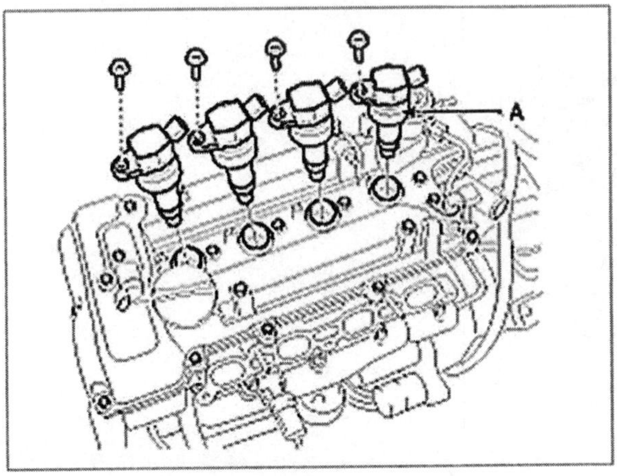

(7) 배기 OCV(오일 컨트롤 밸브)(A)를 탈거한다. (체결 토크 : 1.2 ~ 1.4 kgf·m)

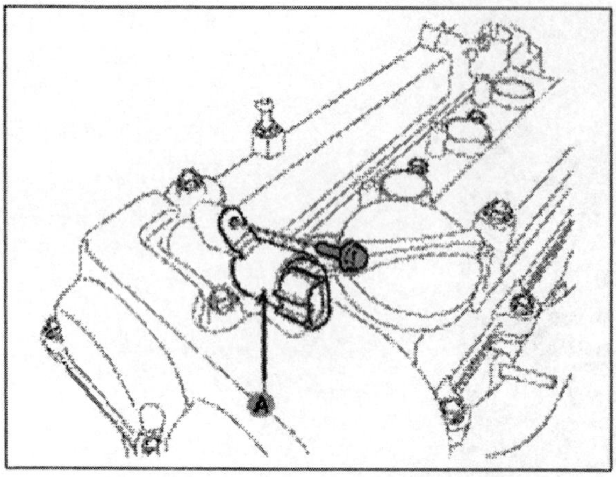

(8) 실린더 헤드 커버(A)와 개스킷(B)을 탈거한다. (체결 토크 : 0.4 ~ 0.8 kgf·m)

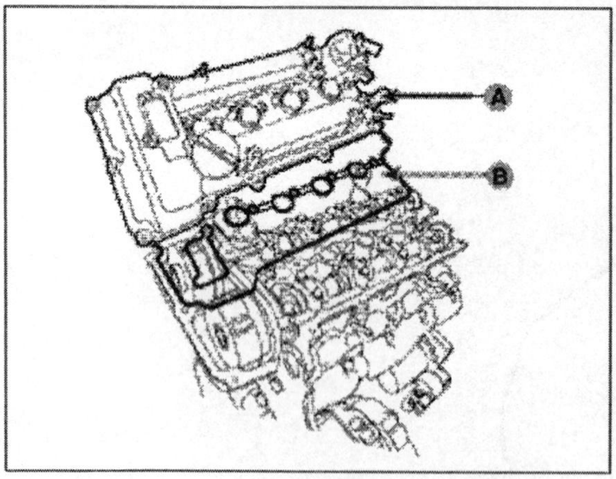

(9) OCV(오일 컨트롤 밸브) 어댑터(A)를 탈거한다. (체결토크 : 1.0 ~ 1.2 kgf.m)

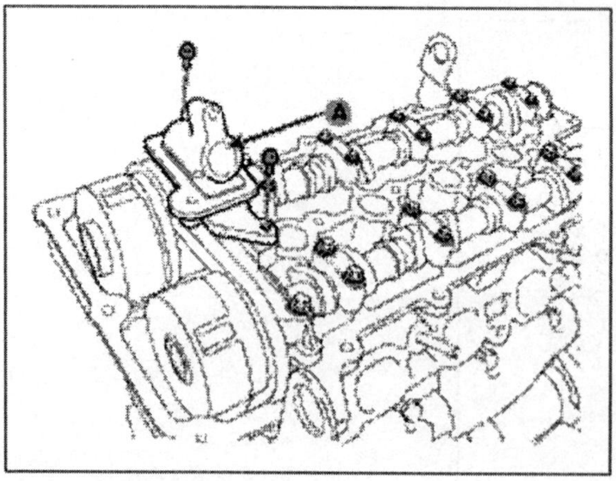

(10) 타이밍 체인 커버(A)를 탈거한다. (체결토크 : 1.0 ~ 2.4 kgf.m)

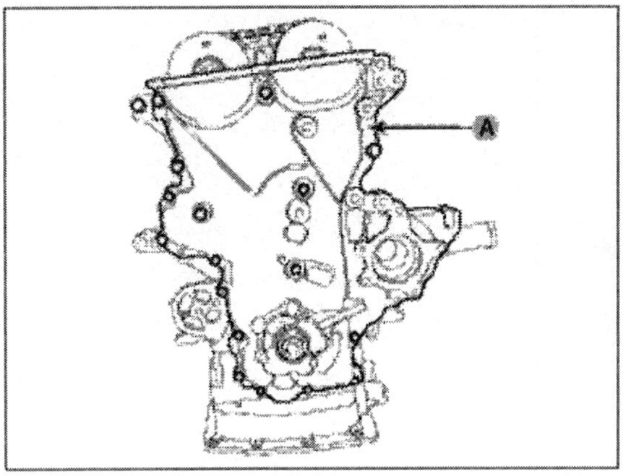

(11) 오토 텐셔너(A)를 탈거한다. (체결토크 : 1.0 ~ 1.2 kgf.m)

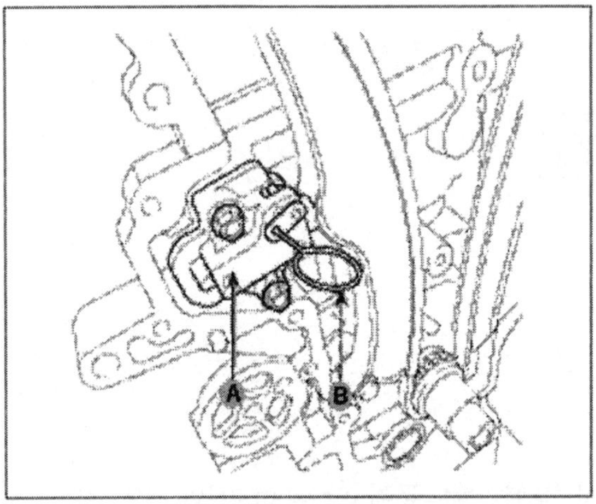

(12) 타이밍 체인 텐셔너 암(A)과 타이밍 체인 가이드(B)를 탈거한다.
(체결토크 : 1.0 ~ 1.2 kgf.m)

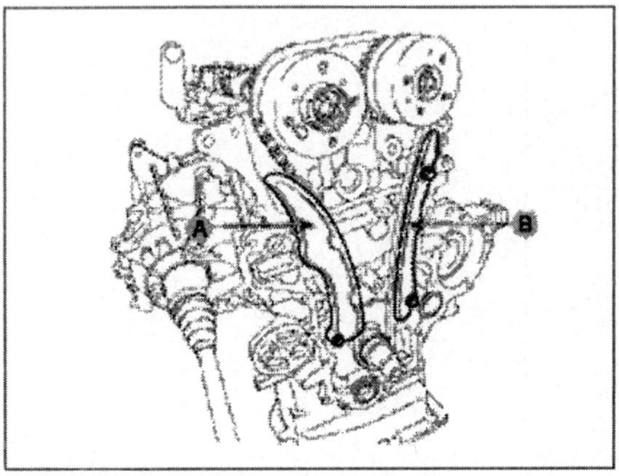

(13) 타이밍 체인(A)을 탈거한다. (체결토크 : 1.0 ~ 1.2 kgf.m)

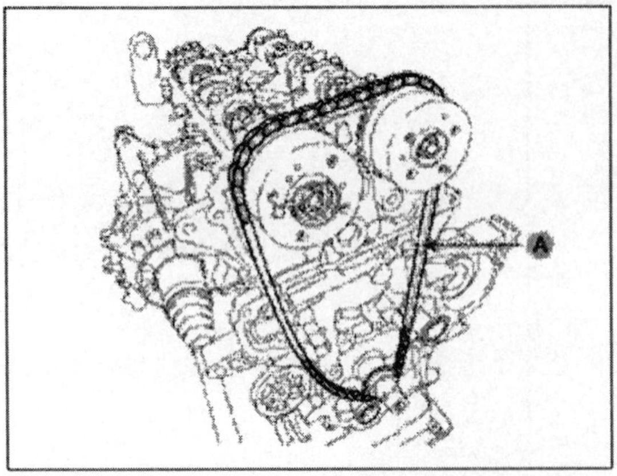

(14) 캠 샤프트 베어링 캡(A)을 순서대로 탈거한다. (체결토크 : 1.9 ~ 2.3 kgf.m)

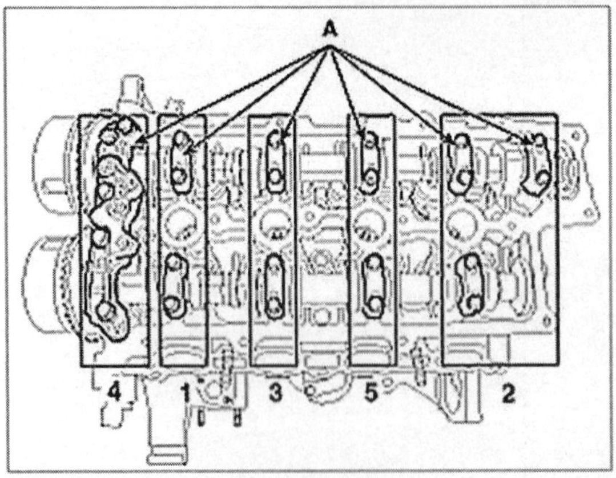

(15) 배기 CVVT & 캠샤프트 (A)를 윗 방향으로 끌어 당겨 타이밍 체인 텐셔너의 피스톤 (B)을 압축시킨다.

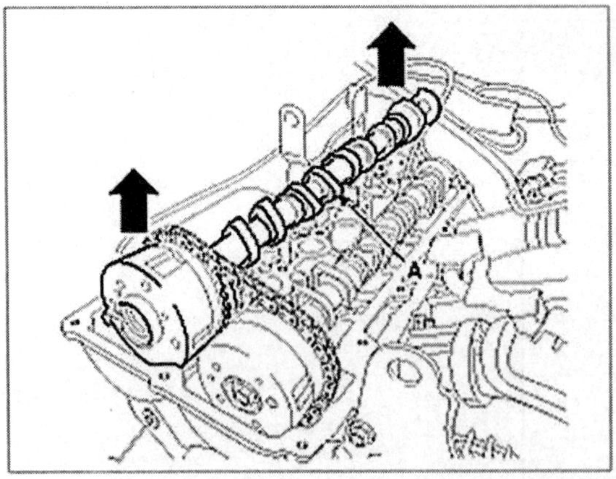

(16) 실린더 헤드를 탈거한다. (체결토크 : 7.3 ~ 9.2kgfm)

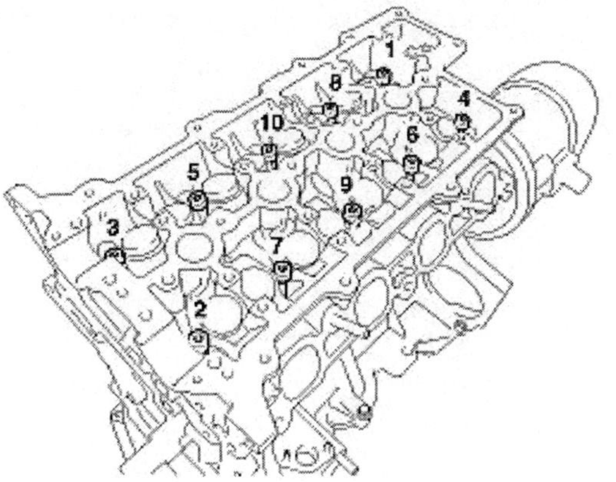

(17) 오일 팬을 탈거한다. (체결토크 : 1.0 ~ 1.2 kgf.m)

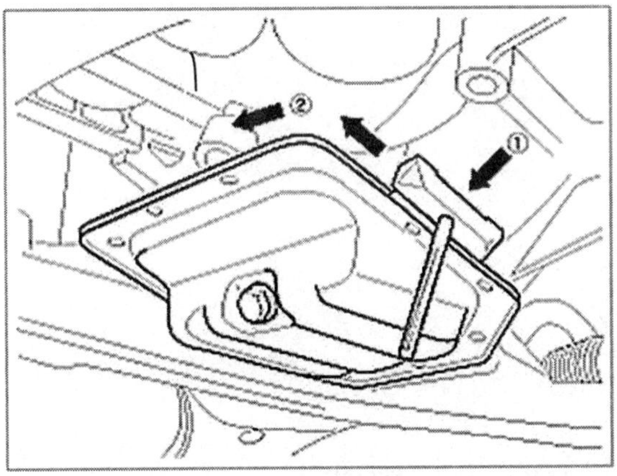

(18) 오일 스크린(A)을 탈거한다. (체결토크 : 2.5 ~ 3.2 kgf.m)

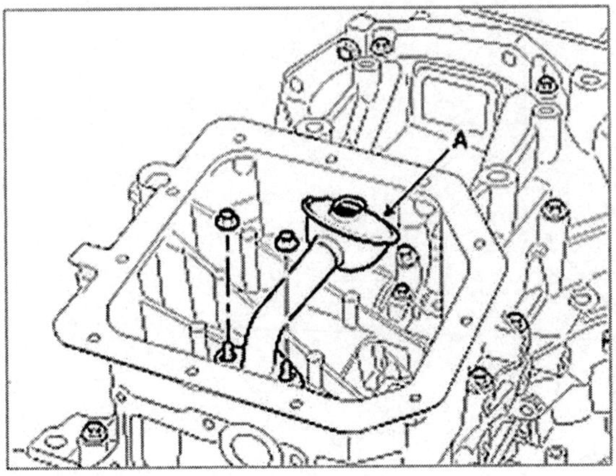

(19) 래더 프레임(A)을 탈거한다. (체결토크 : 1.9 ~ 2.3 kgf.m)

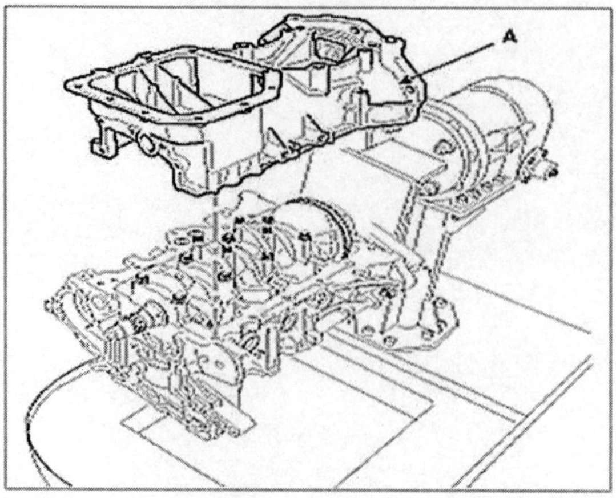

(20) 피스톤과 커넥팅 로드캡를 탈거한다.

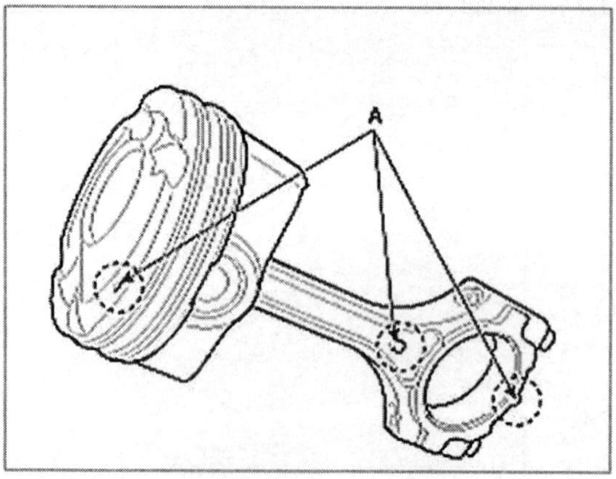

(21) 플라이 휠 (A)을 탈거한다. (체결토크 : 7.3 ~ 7.7 kgf.m)

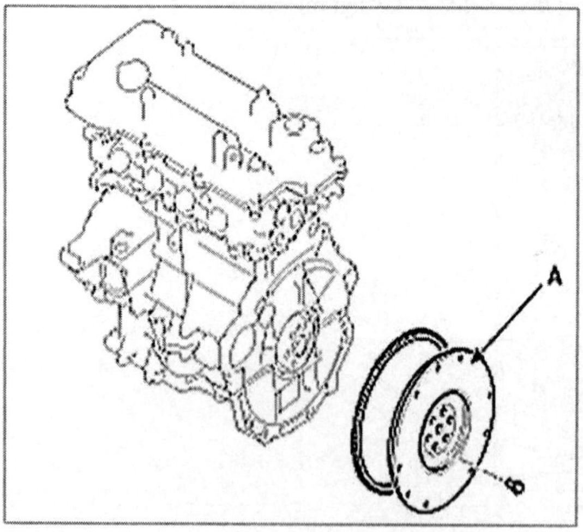

(22) 엔진 블록에서 크랭크 샤프트(A)를 들어낸다. (체결토크 : 1.8 ~ 2.3 kgf.m)

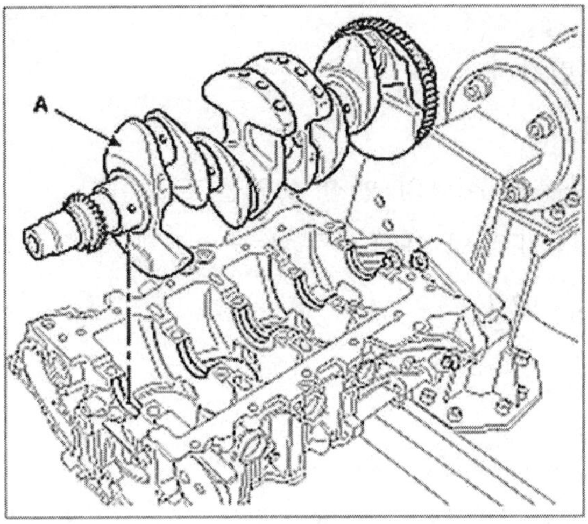

3. 엔진조립 순서

(1) 엔진 블록에 크랭크 샤프트를 조립한다.

(2) 메인 베어링 캡 볼트를 체결한다.

메인 베어링 캡 볼트의 나사산 부분에 소량의 엔진 오일을 도포한다.

10개의 볼트를 아래 그림과 같은 순서로 몇 차례 나누어 균등하게 체결 한다.

체결토크 :[1.8 ~ 2.2kgf.m] + [88 ~ 92°]

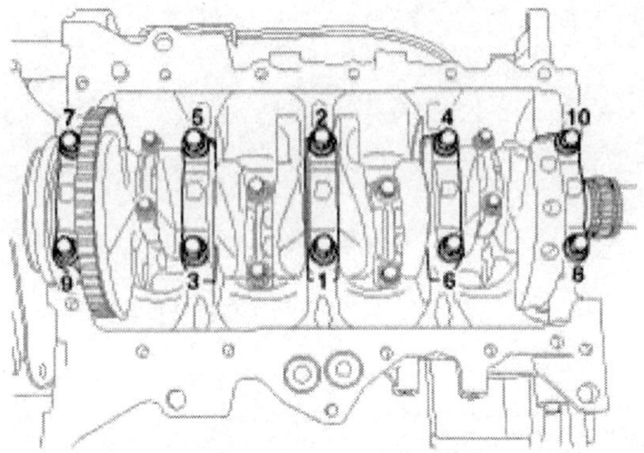

(3) 플라이휠을 장착한다. (체결토크 : 7.3 ~ 7.7kgfm)

(4) 피스톤을 장착한다.

각 피스톤 링의 끝부분이 아래 그림과 같이 장착되도록 한다.

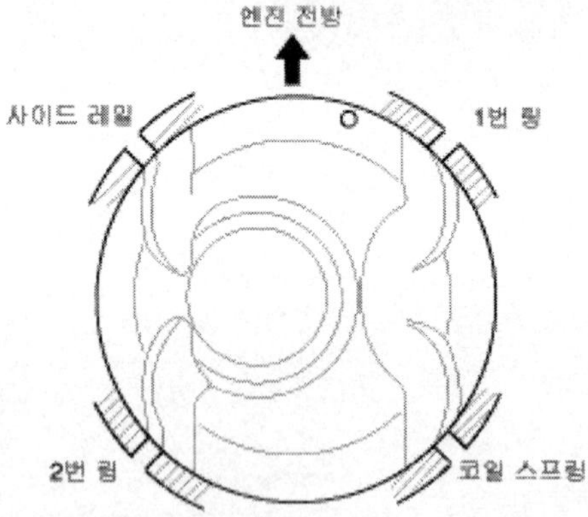

피스톤의 프런트 마크 (A)와 커넥팅 로드의 프런트 마크 (A)가 타이밍 체인 쪽으로 향하도록 한다.

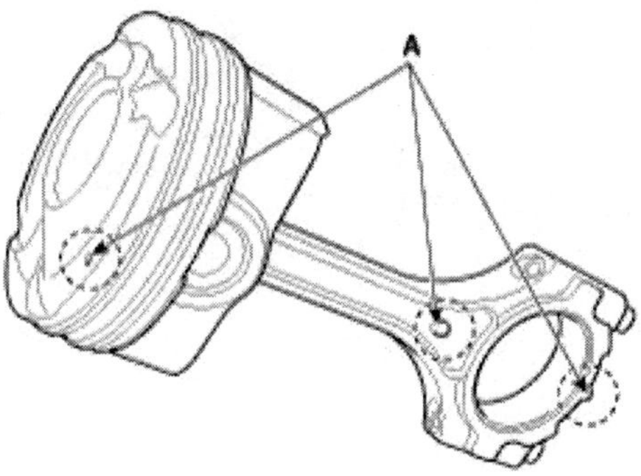

커넥팅 로드 및 베어링 캡(B)의 홈과 베어링(A)의 돌출부가 일치되도록 한다.

커넥팅 로드 및 베어링 캡(B)에 베어링(A)을 장착한다.

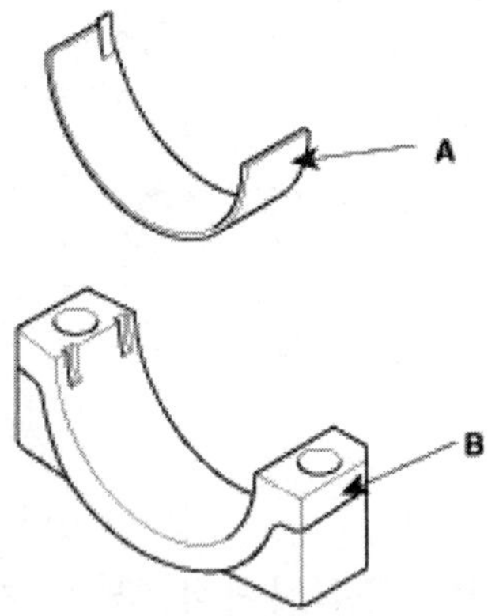

(5) 래더 프레임을 장착한다. (체결토크 : 1.9 ~ 2.3 kgf.m)

(6) 오일 스크린을 장착한다. (체결토크 : 2.5 ~ 3.2 kgf.m)

(7) 오일 스크린을 장착한다. (체결토크 : 2.5 ~ 3.2 kgf.m)

(8) 오일 팬을 장착한다. (체결토크 : 1.0 ~ 1.2 kgf.m)

(9) 실린더 헤드를 장착한다.

평와셔와 함께 실린더 헤드 볼트를 여러 번에 걸쳐 체결한다. 아래 그림의 체결순서에 따라 체결한다. 체결토크 : 3.0kgf.m (1단계) + 90° (2단계)+ 90° (3단계)

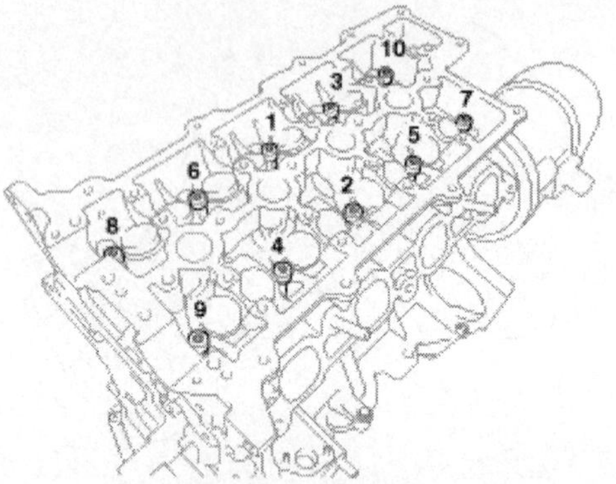

(10) 캠 샤프트 베어링 캡을 순서대로 장착한다. (체결토크 : 1.9 ~ 2.3 kgf.m)

아래의 그림과 같은 순서로 캠샤프트 베어링 캡 (A)을 장착한다.

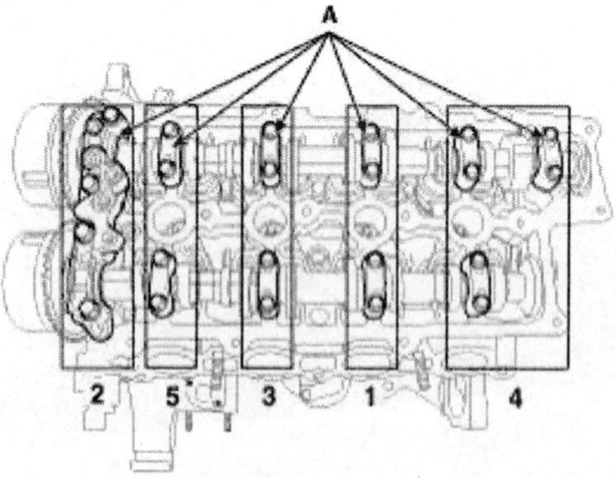

(11) 타이밍 체인 장착 하는 법

크랭크 샤프트 다울 핀이 중심선에서 약 3 °가 되도록 세팅한다.

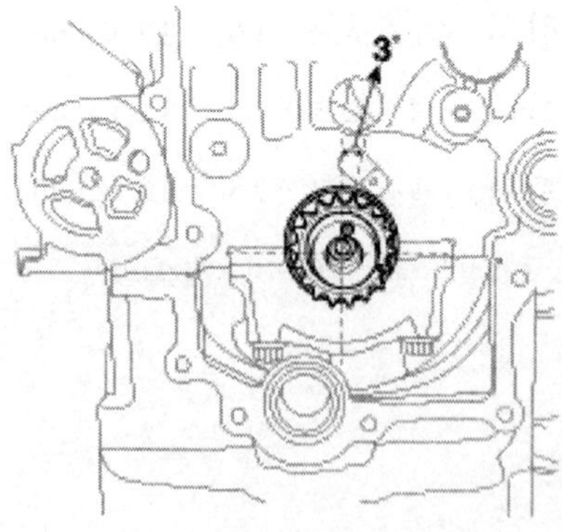

캠샤프트 스프로킷의 TDC 마크(A)가 실린더 헤드 상면과 일직선이 되게 회전시켜 1번 실린더가 압축 상사점에 오게 한다.

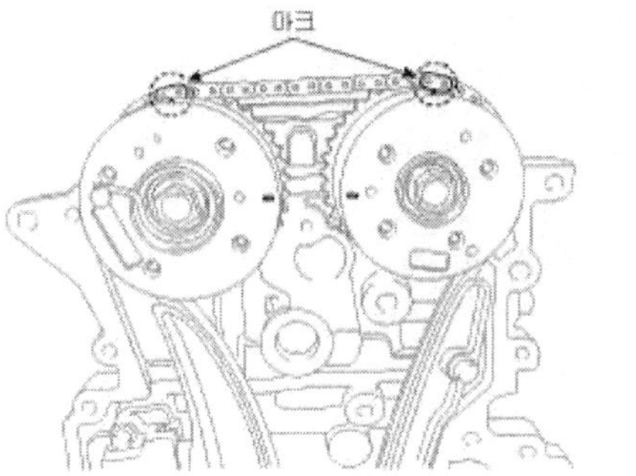

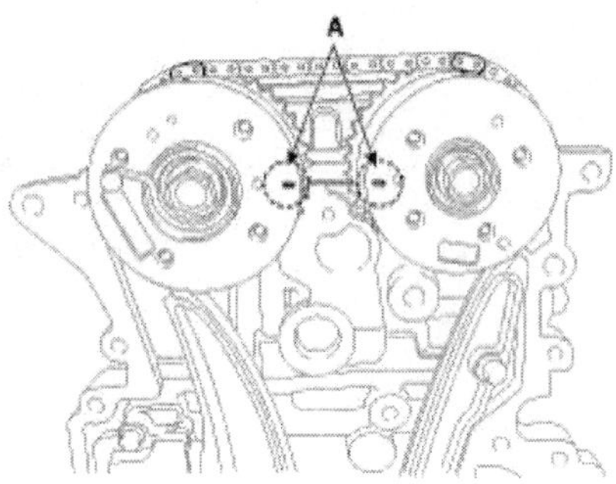

체인 가이드(A)를 먼저 장착한 후 타이밍 체인(B)을 장착한다.

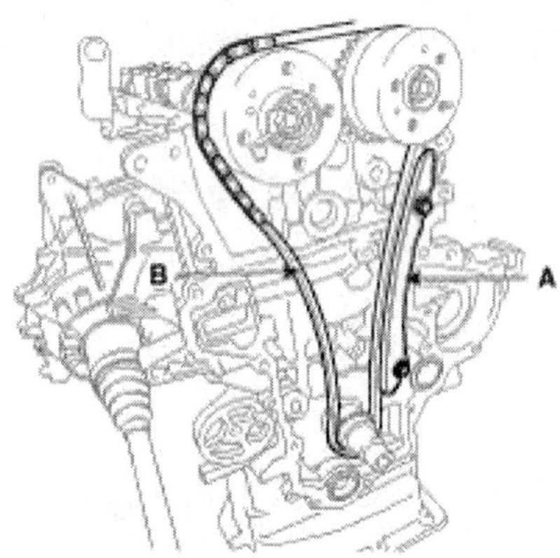

(12) 체인 텐셔너 암(A)을 장착한다. (체결토크 : 1.0 ~ 1.2 kgf.m)

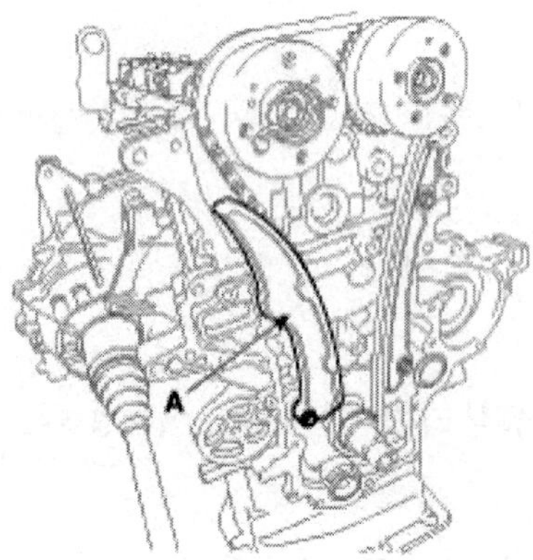

(13) 유압식 텐셔너(A)를 장착한 후 고정 핀(B)을 제거한다. (체결토크 : 1.0 ~ 1.2 kgf.m)

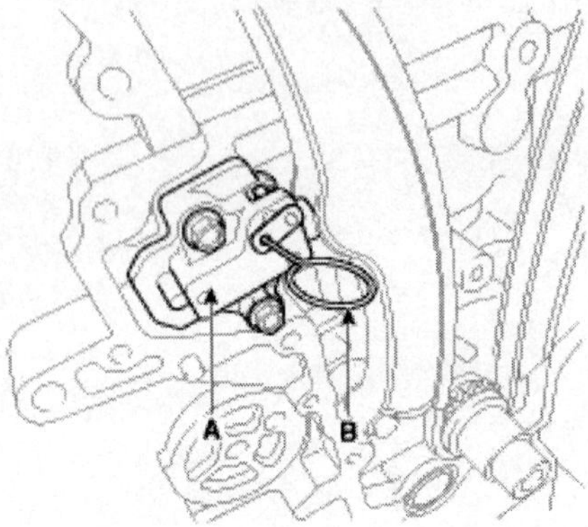

(14) 타이밍 체인 커버를 장착한다. (체결토크 : 1.0 ~ 2.4 kgf.m)

(15) OCV(오일 컨트롤 밸브) 어댑터를 장착한다. (체결토크 : 1.0 ~ 1.2 kgf.m)

(16) 실린더 헤드 커버와 개스킷을 장착한다. (체결토크 : 0.4 ~ 0.8 kgf·m)

(17) 점화코일을 장착한다. (체결토크 : 1.0 ~ 1.2 kgf·m)

(18) 배기 매니폴드를 장착한다. (체결토크 : 4.0 ~ 5.0 kgf.m)

(19) 흡기 매니폴드를 장착한다. (체결토크 : 1.2 ~ 1.8 kgf·m)

(20) 오일 레벨 게이지를 장착한다. (체결 토크 : 1.0 ~ 1.2 Kgf.m)

(21) 딜리버리 파이프 어셈블리를 장착한다. (체결토크 : 1.9 ~ 2.4kgf·m)

(22) 알터네이터 장착 하부 볼트를 장착한다. (체결토크 : 3.0 ~ 4.2 kgf·m)

제 4 장

HEV 엔진

1. Nu-2.0 엔진 개요

쏘나타 HEV에 탑재되는 Nu(누우)-2.0 HEV MPI 엔진은 국내 처음으로 적용되는 엔진이다.

감마-1.6과 세타-2.4 사이에 적용되는 엔진으로 누우-1.8/2.0이 개발되고 있다. HEV 엔진의 특징으로는 기계적인 부분을 변경하여 마찰손실을 저감하고 냉각성능을 향상하였다.

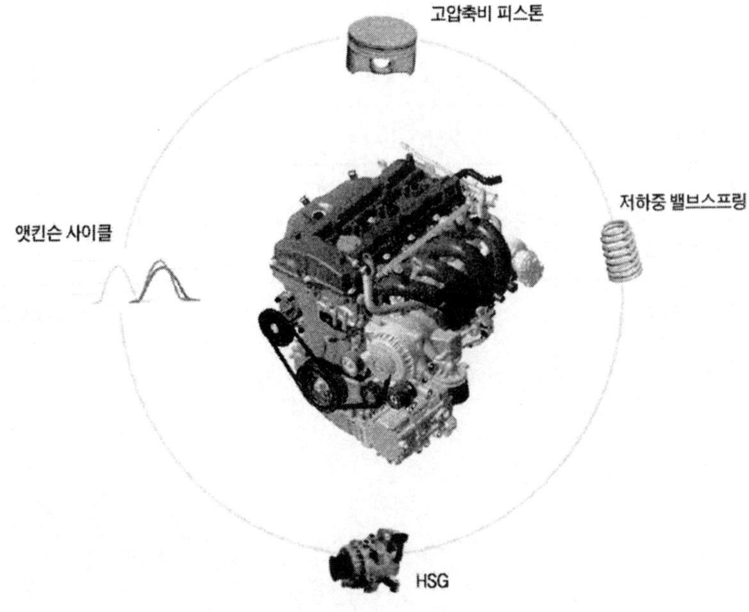

1) 제원

HEV에 장착되는 Nu-2.0 MPI 엔진은 연비형으로 개발되어 최대 토크 및 출력은 감소하였으나, 이는 HEV 모터의 출력으로 보완되었다. 따라서 차량의 전체적인 출력 성능은 Nu-2.0 MPI 차량 대비 오히려 우월하다 할 수 있다.

항목	Nu-2.0 엔진	
	HEV	MPI
엔진본체		
배기량 (cc)	1,999	←
압축비	12.5	10.3
보어×스트로크 (mm)	81×97	←
최고 출력 (ps)	150	166
최대 토크 (kgf.m)	18.3	20.4
타이밍 체인	사일런트 체인	←
엔진오일 (오일필터 포함)	4.0L(5W-20/GF4&SM)	←
에미션 (Emission)	국내 SULEV	북미 ULEV/SULEV
EMS	콘티넨탈	←

2) 변경 사항

구분	부품명	변경내용	형상
연비향상	피스톤	압축비 증대(10.3→12.5)를 위한 상면형상 변경	
	캠샤프트	앳킨슨 사이클 적용을 위해 흡기 밸브 타이밍 변경	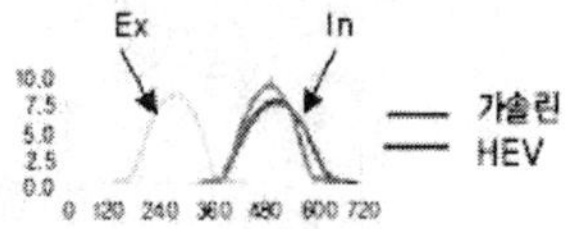
	밸브스프링	스프링 하중 저감 (448N → 338N)	
공해대응	흡기매니폴드	HSG 간섭 대응을 위한 형상 변경	
	배기매니폴드	국내 저공해(SULEV) 규제를 만족하기 위해 배기매니폴드 Compact화 → 촉매 활성화 시간 단축	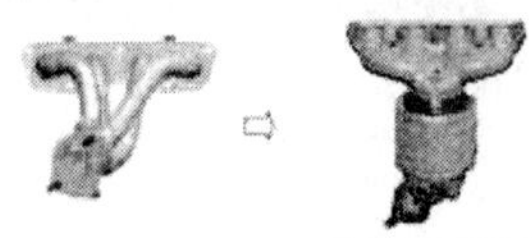
차량대응	워터펌프 & 워터 펌프 풀리	HSG 적용 벨트 레이아웃 대응을 위한 풀리직경 축소 (125→110mm) 풀리비 증대에 따른 유량변경	
	보기류 벨트 & 텐셔너	HSG 벨트 적용 : 엔진 OFF & 엔진 벨트 시동 대응을 위한 부품 변경 (벨트 슬립 및 내구력 개선) ① 텐셔너 ASS'Y 변경 (기계식→유압식, 텐셔너 1개→2개) ②아이들러 풀리 추가	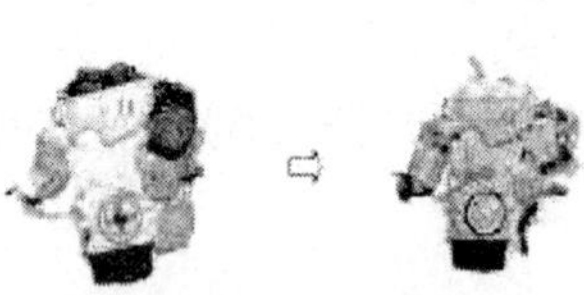
	플라이 휠	일반 플라이휠 → 토션 댐퍼 어셈블리	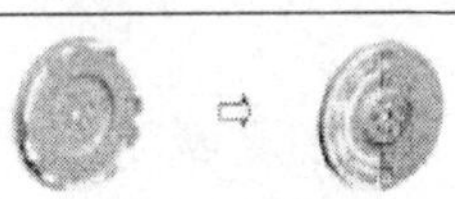

2. Nu-2.0 엔진 특징

1) 실린더 블록

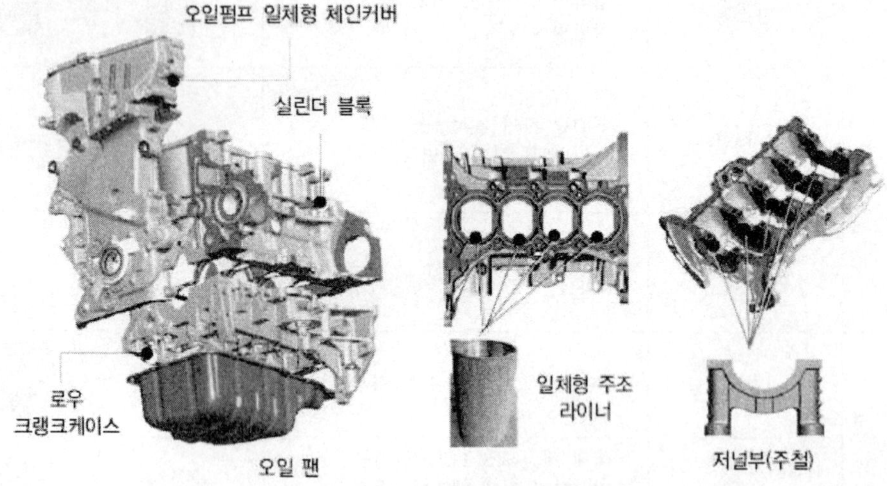

[실린더 블록]

누우 엔진의 실린더 블록은 알루미늄으로 설계되어 경량화를 하였고, 일체형 주철제 라이너를 사용하였다. 로우 크랭크 케이스에 저널부 주철 적용으로 하부 구조 강성을 증대하였다.

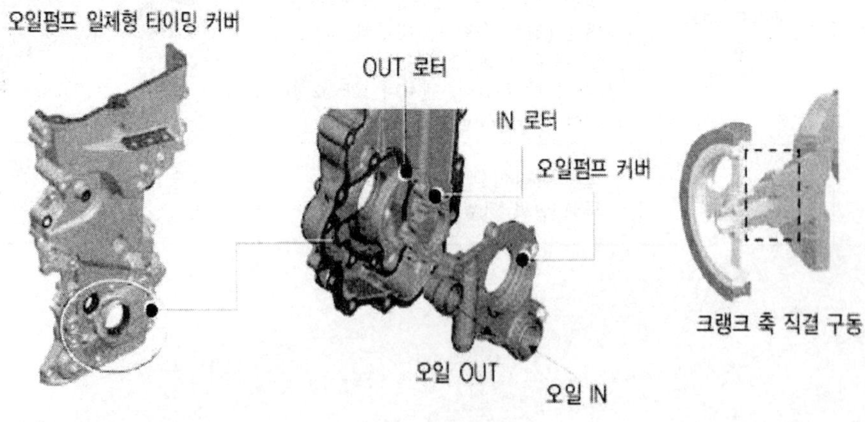

[오일 펌프]

오일펌프는 타이밍 체인커버와 일체형 구조로 되어 있으며, 크랭크축에 직결로 구동된다.

2) 실린더 헤드

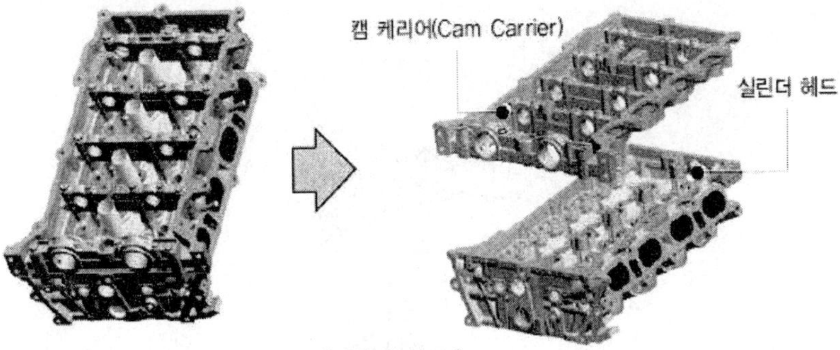

[실린더 헤드]

실린더 헤드 어셈블리는 캠 샤프트를 지지하는 별도의 캠 캐리어 어셈블리 적용하였다. 이러한 구조의 적용으로 밸브 트레인 시스템 변경에 따른 실린더 헤드 변경 폭을 최소화할 수 있다.

3) 타이밍 시스템

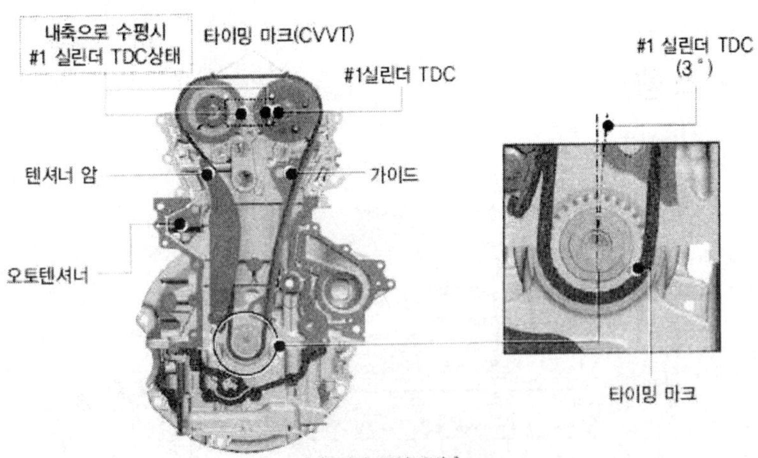

[타이밍 작업방법]

타이밍 체인 작업방법은

(1) #1 실린더 피스톤이 압축 TDC 상태에서 조립한다. (흡·배기 CVVT 하우징 타이밍 마크가 수평일 때)

(2) 크랭크 샤프트의 마크와 체인의 마크를 일치시켜 조립한다.

(3) 또한, 텐셔너 핀은 반드시 조립 완료 후에 탈거한다.

4) 밸브 트레인

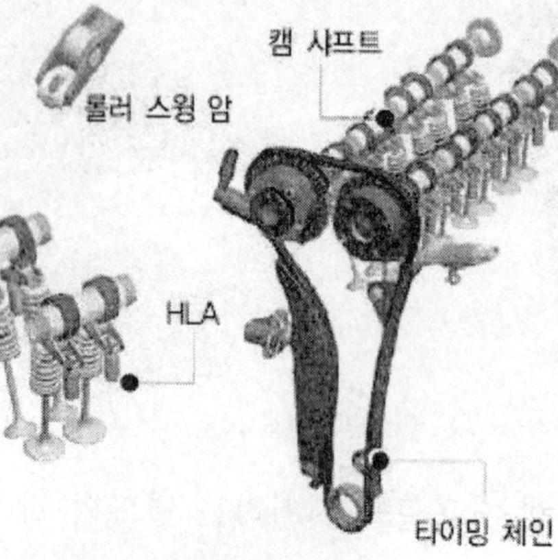

[밸브 시스템]

밸브 시스템은 DOHC 4밸브를 사용하며 소음 저감형 사일런트 체인을 적용하였다. 흡·배기 연속 가변제어인 Dual CVVT가 적용되었고, 중공 소결 캠 샤프트가 적용되었다. 또한, 롤러 스윙 암 및 HLA가 적용되었다.

5) 윤활 시스템

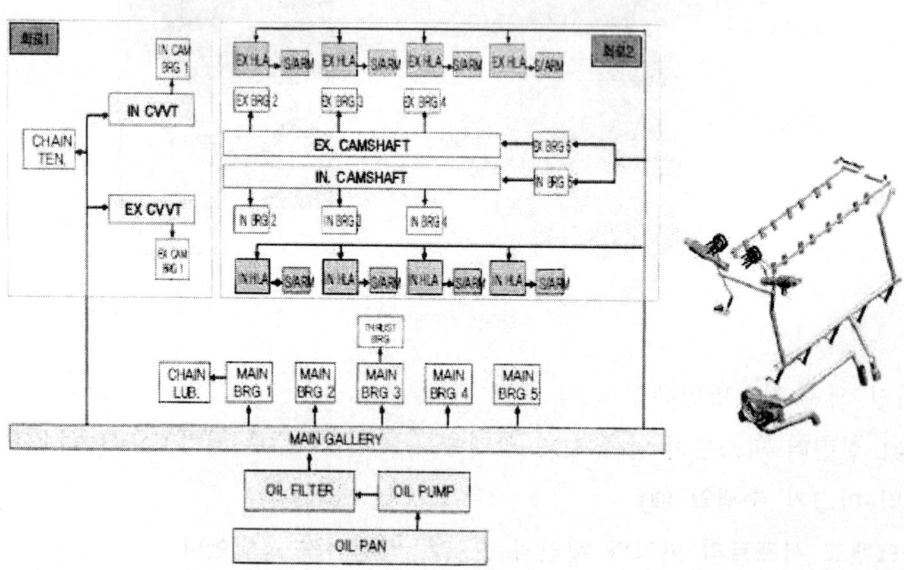

[엔진 오일 흐름도]

엔진오일 공급은 오일펌프에 의해 오일팬에서 오일필터를 거쳐 실린더 블록(main gallery)에 전달된다. 오일은 크랭크축 메인 베어링, 콘로드 베어링 및 주요 무빙부에 윤활을 한다. 또한 실린더 헤드 CVVT 시스템, 타이밍체인, 흡·배기 캠축 및 HLA에 공급된다.

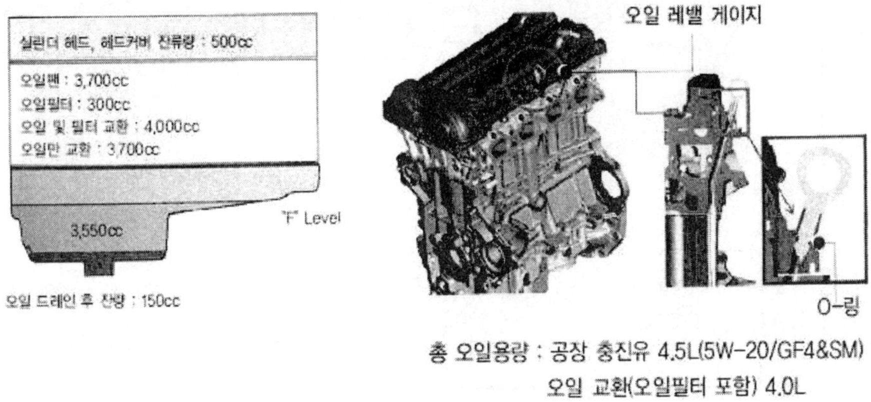

[엔진 오일]

6) 냉각 시스템

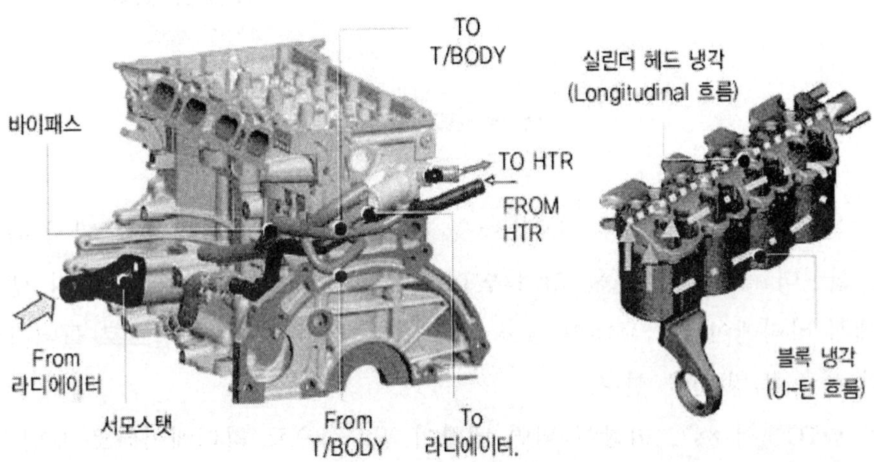

[냉각 시스템]

냉각수 시스템은 입구제어 방식을 사용하여 냉각수 온도변화를 줄여 서모스탯의 내구성이 향상되었다. 실린더 블록은 U-턴 방식의 냉각수 흐름으로 블록의 온도 분포가 균일하다. 실린더 헤드는 세로방향(Longitudinal)흐름으로 헤드 냉각을 증대하였다.

또한, 서모스탯 개변온도를 82℃→88℃로 변경하여 구동부품의 마찰을 저감하였다.

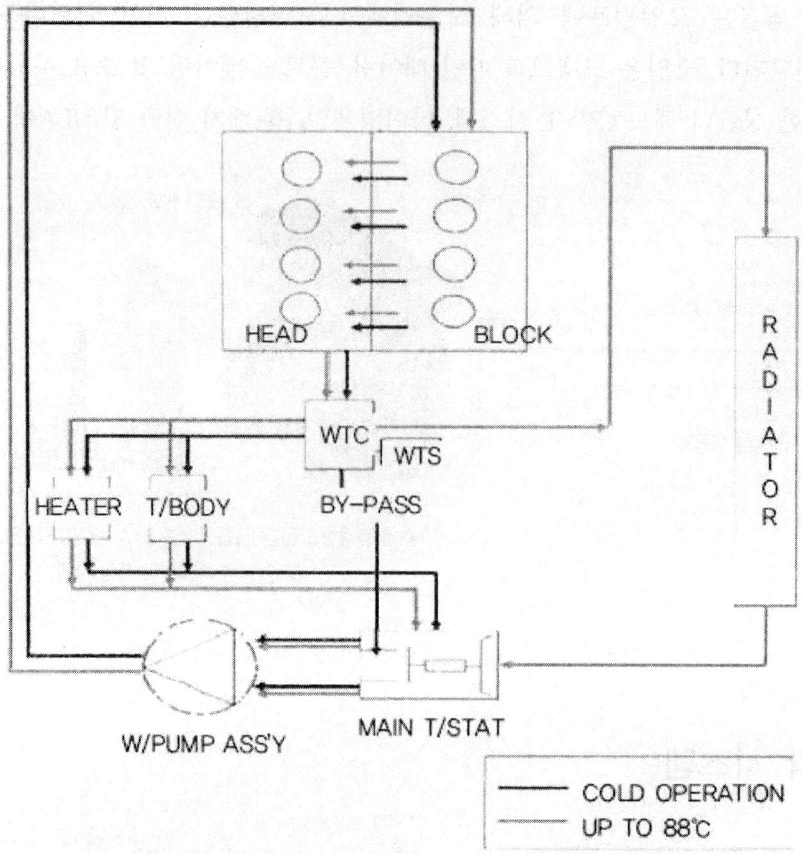

[냉각수 흐름]

냉각 흐름은 라디에이터에서 서모스탯을 거쳐 워터펌프로 들어가고, 다시 워터펌프를 지나 실린더 블록과 헤드를 거쳐 WTC로 들어간다. 이때 88℃ 이하의 냉각수는 WTC내에서 라디에이터로 보내지 않고 바이패스 되어 다시 워터펌프로 들어감으로써 냉각수의 빠른 워밍-업을 한다.

반대로 WTC에서 88℃ 이상이 되면 냉각이 필요함으로 라디에이터로 보낸다.

7) 아킨스 사이클 특징

(1) 누우 2.0 HEV 엔진 주요 특징

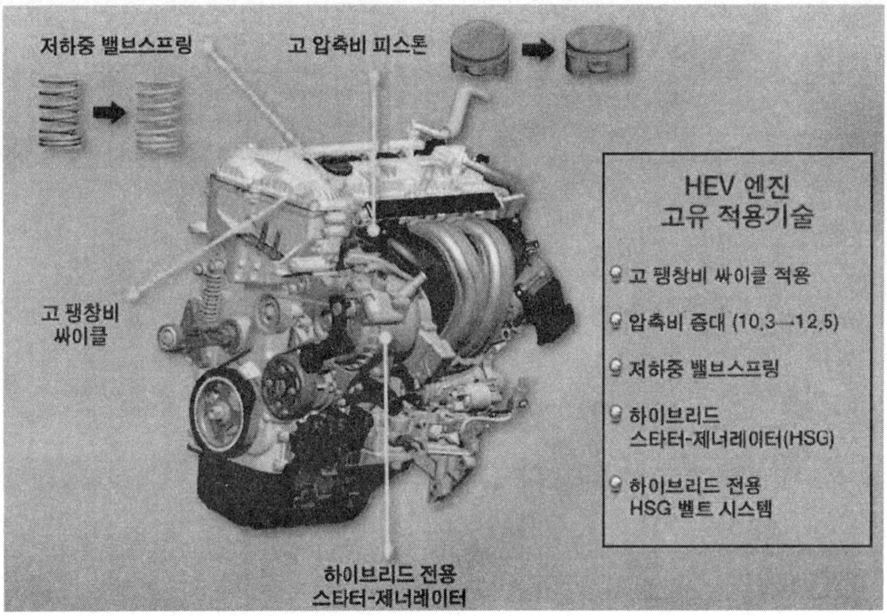

누우2.0 하이브리드 엔진의 주요 특징은.

저하중 밸브 스프링을 적용하여 마찰손실을 줄였다.

피스톤 표면부가 돌출된 고압축비 피스톤을 적용하여 압축비가 증대되었다.

(2) HSG 주요 특징

전기차 모드로 주행중 엔진시동과 추가 엔진 효율향상을 위하여 하이브리드 기동발전기를 탑재하였다.

(3) 전용 HSG 벨트 시스템

하이브리드 전용HSG 벨트시스템을 적용하여 엔진정지 및 엔진시동을 지원하며 벨트 내구성이 증대되었다.

(4) 아킨스 사이클 특징

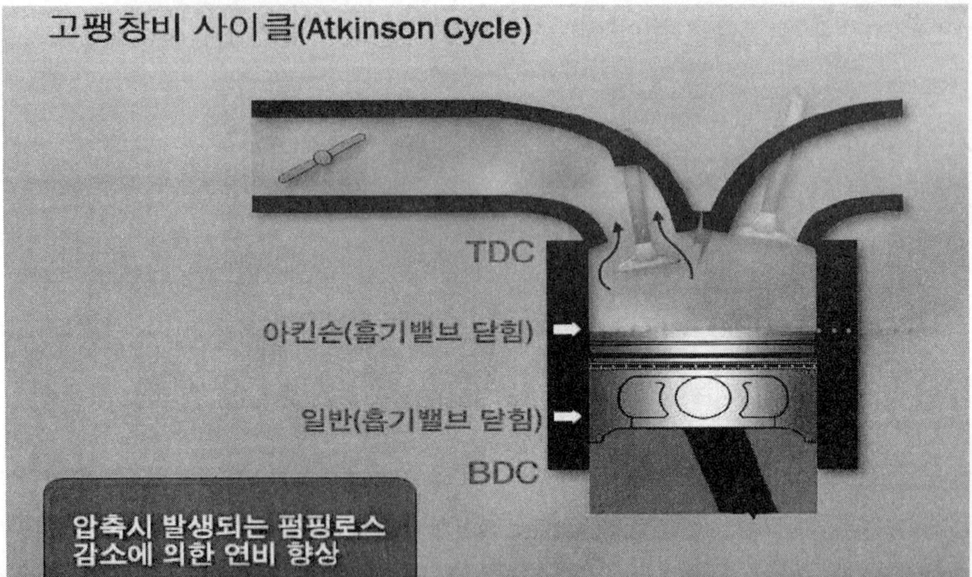

고팽창비 사이클인 아킨슨 사이클을 적용하였다.

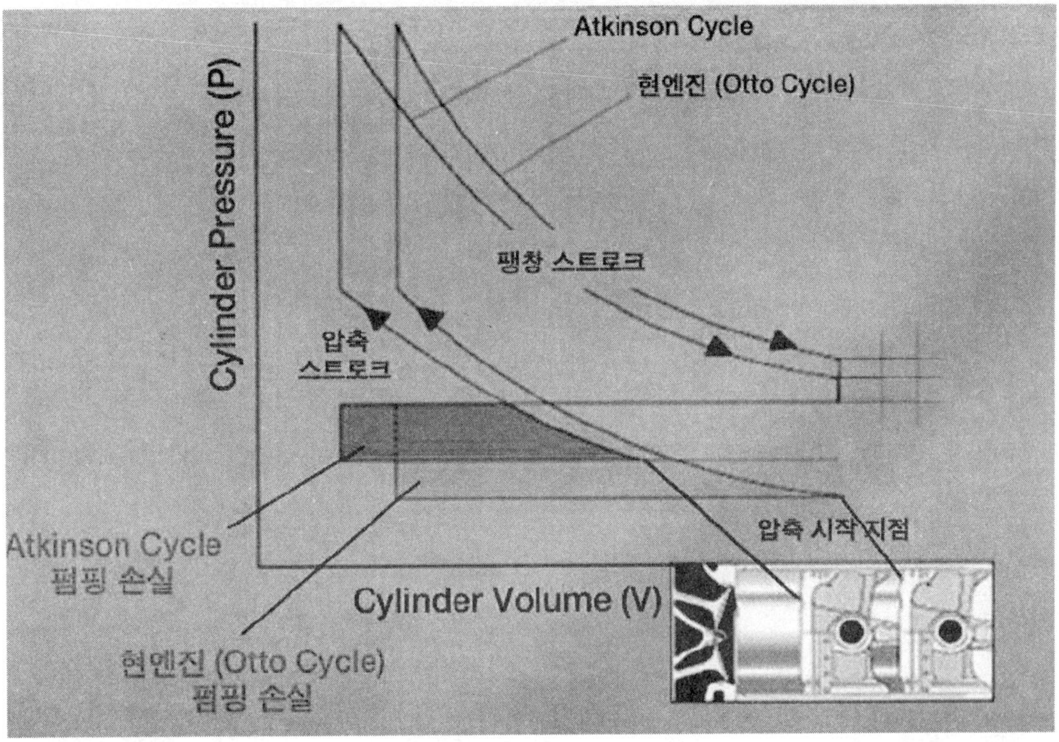

Atkinson Cycle은 압축행정시 발생되는 펌핑 손실을 최소화하고 연소시 발생하는 에너지를 최대로 활용하므로 연비가 향상되는 장점있다.

반면에 압축되는 혼합기가 적어 엔진출력이 떨어지는 단점이 있어 일반차량에는 사용되지 않습니다.

제 5 장

DCT(Double Clutch Transmisson)

1. DCT 개요

자동차에 사용되는 수동변속기는 자동변속기 대비 연비는 좋으나 클러치 조작기구 사용으로 클러치 및 변속조작의 불편함과 변속지연 감으로 인한 동력손실 및 변속충격을 동반 할 수 있다.

DCT는 2개의 건식클러치를 이용하여 클러치조작과 변속조작을 자동화 시킴으로 서 자동변속기의 장점과 수동변속기의 장점을 모두 실현하여 조작의 편리성과 고효율의 연비향상을 가지는 신개념의 변속기라 할 수 있다.

DCT의 장·단점을 자동변속기와 비교해 보면 아래와 같다.

(1) 장점

- 수동변속기 수준의 고효율로 우수한 연비
- 변속 직결감으로 스포티한 주행 성능(토크 컨버터 대비 건식 클러치의 직결감)
- 변속 예치합에 따른 가속 성능 우수
- 자동변속기 수준의 운전 편의성

(2) 단점

- 초기 발진 가속감 및 등판 성능 열세(토크 컨버터의 토크 증배 효과 없음)
- 저속 구간 Tip-in/out시 울컥거림(엔진의 토크 변동이 차량 가속도 변화로 직접 느껴짐)
- 발진 시 거침(유체 전달을 하는 자동변속기 대비 미세한 진동 발생)
- 반복 등판 시 클러치 과열에 따른 고온 경고 발생(경고음 및 경고 메시지 표출)

2. 수동변속기의 자동화 기술 변천

그림 2-1

- SAT : 클러치 조작 자동화(기어 변속은 수동)
- ASG : 클러치 조작 & 기어 변속 자동화(변속 지연감)
- DCT : 2개의 클러치를 이용 클러치 조작 및 기어 변속 자동화
    - 클러치 1 : 홀수단(인풋 샤프트 1)
    - 클러치 2 : 짝수(R)단(인풋 샤프트 2)

3. DCT 작동원리

DCT의 변속원리는 기존의 수동변속기와는 달리 중공식 이중 구조의 기어트레인 구성으로 각 축에는 홀수단 기어와 짝수단 기어가 연결되어 있으며 2개의 축은 각각 더블클러치와 연결되어 있다.

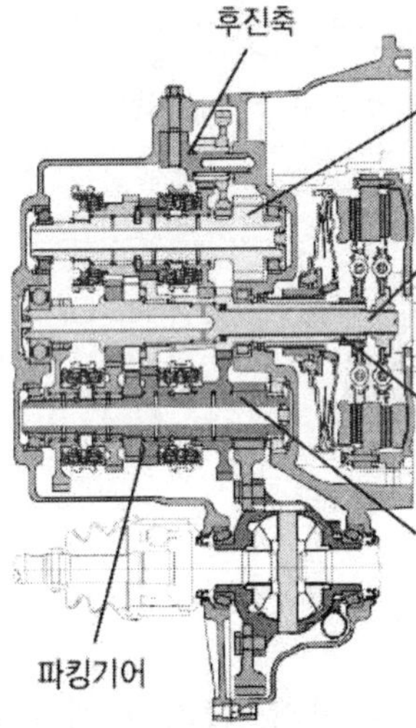

그림 3-1 단면도

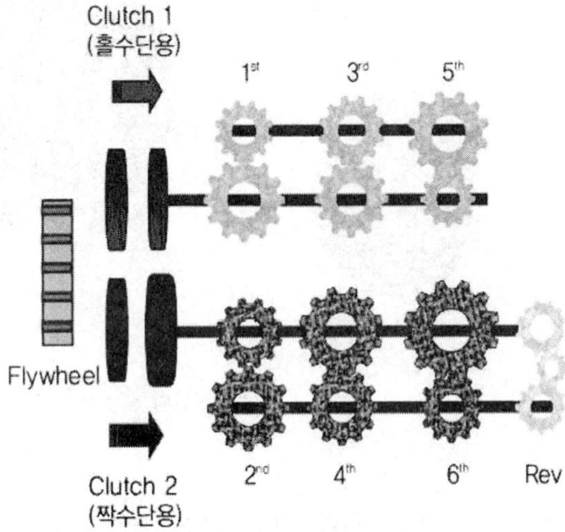

그림 3-2 홀/짝수단 분리 배열

DCT의 변속 레버는 일반 자동변속기와 동일하게 P-R-N-D 및 매뉴얼 모드로 구성되어 있다. 운전자가 시동을 걸고, 레버를 D로 옮기면 홀수단의 클러치 1의 결합 및 1단 기어를 체결한다. 이렇게 1단 운행 중 2단 기어를 미리 체결해두고, 운전자 가속에 의해 2단 변속 시점이 되면 짝수단의 클러치 2의 결합과 동시에 홀수단의 클러치 1을 해제한다. 이렇게 되면 미리 체결된 2단 기어에 의해 2단 주행이 가능하고 TCU는 이러한 제어를 통하여 수동변속기를 기반으로 자동변속기처럼 제어 할 수 있다.

4. DCT 주요구성

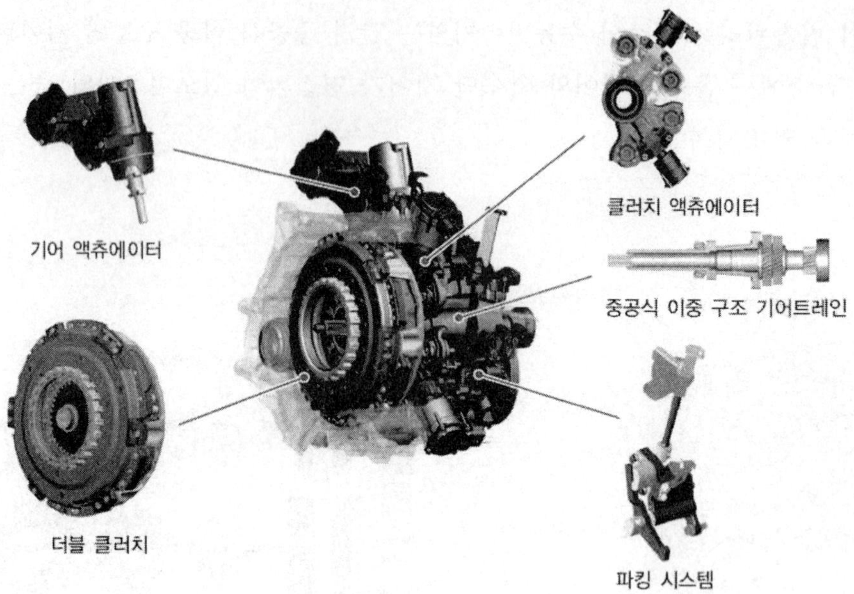

그림 4-1 건식 DCT 주요 구조

DCT의 작동을 위해 신규 적용되는 주요 구성품은 기어 액츄에이터, 클러치 액츄에이터(CA : Clutch Actuator) 등이 있다. 먼저 운전자 손의 역할을 하는 기어 액츄에이터는 각 단의 기어를 체결 및 해제하는 역할을 한다. 그리고 클러치 액츄에이터는 운전자 발의 역할을 하며 더블 클치치(DC : Double Clutch)를 각각 제어할 수 있도록 구성되어 있다.

더블 클러치는 말 그대로 2개의 클러치(홀수단 & 짝수단)로 구성되어 있으며 수동변속기와 동일하게 릴리스 베어링과 포크시스템(CES : Clutch Engagement System)으로 구성되어 있다.

1) 더블 클러치(DC)

더블클러치는 엔진으로부터 전달받은 동력을 TCU제어에 의해 홀수 또는 짝수단 클러치로 전달 되도록 되어있다. 홀수 및 짝수단 클러치의 별도 작동을 위해 2개의 릴리스베어링과 포크 시스템으로 클러치 인게이지먼트 시스템을 구성한다.

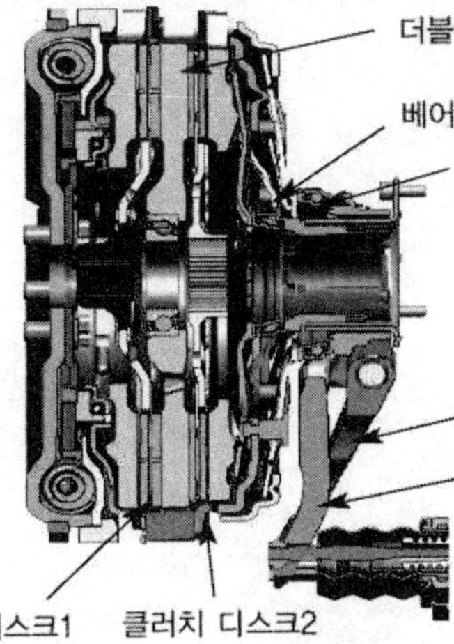

그림 4-2 더블클러치 구성도

클러치 인게이지먼트 시스템은 더블클러치의 다이어프램 스프링을 작동시키는 역할을 위해 더블클러치와 클러치 액츄에이터 사이에 연결되어 있다.

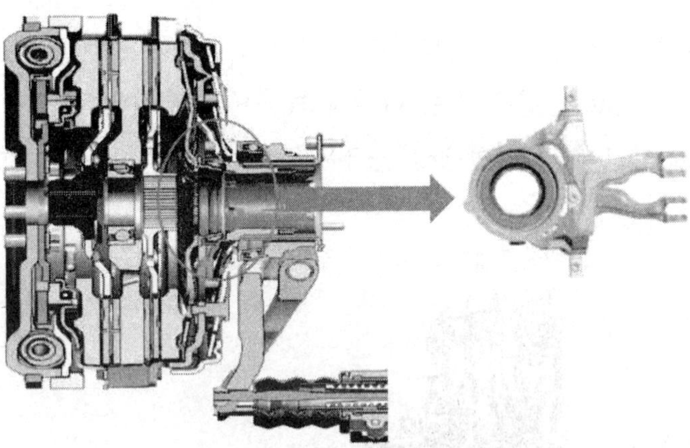

그림 4-3 클러치 인게이지먼트 시스템

2) 클러치 액츄에이터(CA)

수동변속기에서 운전자 발의 역할을 하는 클러치 액츄에이터는 더블 클러치를 각각 제어하기 위한 모터가 2개 장착(3상 제어 : U/V/W)되어 있고,모터의 작동에 의해 풀 로드가 작동하여 클러치 연결 및 해제를 한다. 그리고 모터의 위치를 판단하기 위한 위치 센서(3개의 홀 소자 이용이여 각 상의위치 판단)도 역시 2개가 장착된다. 만약 짝수단의 모터 등의 고장시 정상인 홀수단의 모터 제어 에 의해 홀수단으로만 주행 가능하다.

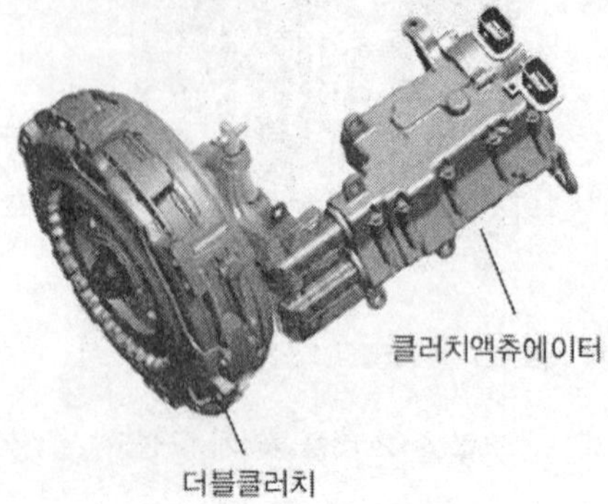

그림 4-4 클러치 액츄에이터 구성도

(1) 마모보상 장치

클러치 액츄에이터 내부에 설치되어 있으며 클러치 페이싱(Fecing) 마모시 Meetpoint가 길어짐에 따라 클러치 슬립 발생으로 인한 동력손실을 줄이기 위해 디스크마모에 의한 마모 보상이 필요한 경우 시동 OFF시 TCU제어에 의해 클러치 마모보상장치를 작동시켜 디스크 마모에 의해 발생된 공극을 줄이기 위해 디스크 마모에 따른 보상기능을 수행한다.

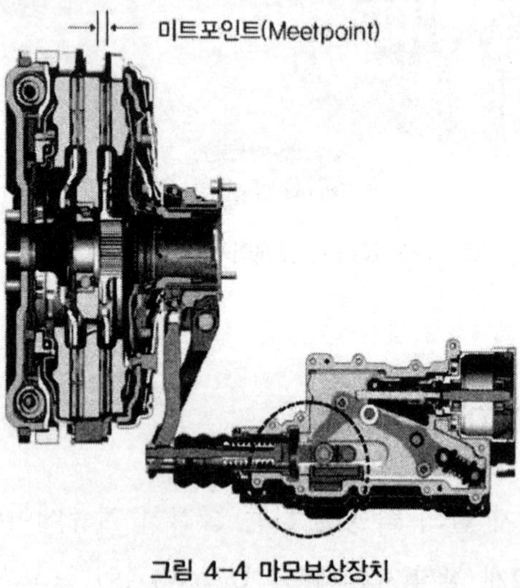

그림 4-4 마모보상장치

3) 기어 액츄에이터

운전자의 손의 역할을 하는 기어 액츄에이터 내부에는 홀수단 및 짝수단 제어용 모터(시프트 방향 : 3상 제어)가 각각 1개씩 장착되며, 이 모터의 위치를 감지하기 위한 모터 위치 센서(3개의 홀 소자 이용이여 각 상의 위치판단) 역시 2개가 장착된다.

그리고 셀렉트 솔레노이드(셀렉트 방향 : PUSH & PULL 타입)는 홀수단에 2개, 짝수단에 2개가 장착되며, 솔레노이드의 위치를 판단하기 위한 위치 센서는 각각 1개씩 장착된다.

만약 짝수단의 모터 및 솔레노이드 등의 고장시 정상인 홀수단의 모터 및 솔레노이드 제어에 의해 홀수단으로만 주행 가능하다.

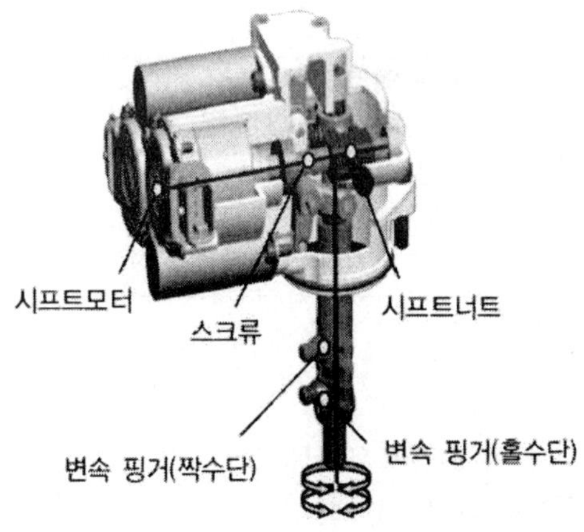

그림 4-6 기어 액츄에이터

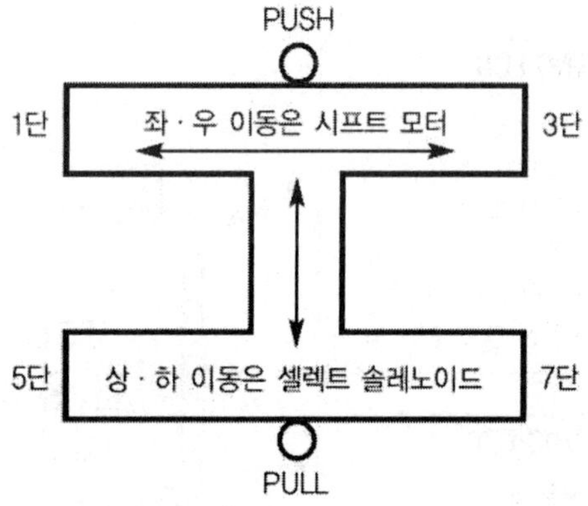

그림 4-7 기어 액츄에이터 컨트롤 패턴도

5. DCT전자제어시스템

DCT전자제어시스템은 주요 제어기로부터 입·출력 받는 신호는 자동변속기와 대동소이하며 특별한 차이가 있는 사항들만 알아보겠다.

VDC ECU로 입력 받는 종-G 센서 값은 도로의 구배를 판단하기 위함으로 구배에 따른 수동 변속기 클러치 조작이 평지와 다름을 이해하면 된다. 마스터 실린더 압력값(MCP : Master Cylinder Pressure) 및 브레이크 스위치 역시 브레이크 작동 정도에 따라 클러치 연결 및 해제 시기 제어에 사용된다.

그리고 자동변속기는 입·출력축 속도 센서로 구분되나 DCT는 입력축 속도 센서만 홀수단에 하나, 짝수단에 하나 이렇게 2개가 장착된다.

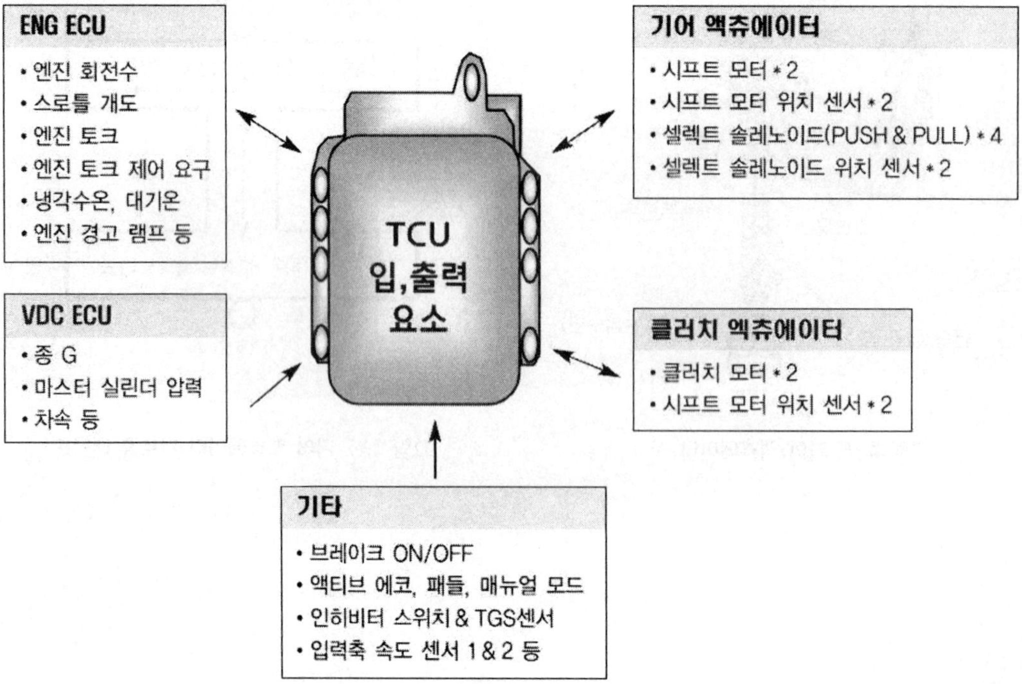

그림 5-1 DCT 제어시스템 구성도

제 6 장

자동변속기 분해조립(A6GF1)

1. 동력 전달 경로 (POWER TRAIN)

1) 레인지별 작동 요소와 기능

변속단	CLUTCH		OWC	BRAKE		
	O/D	35R		L/R	U/D	26
N, P						
후진		●		●		
1속			●	(○)	●	
2속					●	●
3속		●			●	
4속	●				●	
5속	●	●				
6속	●					●
L				●	●	

35R : 35R클러치
OD/C : 오버 드라이브 클러치
OWC : 원 웨이 클러치
UD/B : 언더 드라이브 브레이크
LR/B : 로우&리버스 브레이크
2/6 : 2/6 브레이크

2. 분해 시 주의사항

- 자동변속기는 정밀한 부품으로 구성되어 있으며, 분해, 조립시에는 부품에 손상이 생기지 않도록 취급에 각별히 주의 하여야 한다.
- 작업대 위에는 고무, 매트를 항상 청결하게 할 것.
- 분해 작업 중에는 포장 수의나 와에스(포)를 사용하지 않도록 할 것.
  필요한 나일론 제품 또는 페이퍼 타울을 사용할 것.
- 분해부품은 세척할 것. 금속부품은 일반의 세정제에 세척하거나 에어로 완전하게 건조시킬 것.
- 클러치 디스크, 수지테 스러스트 플레이트 및 고무부품은 ATF(자동변속기 오일)로 세척하여 먼지가 없도록 할 것.
- 변속기 본체가 손상됐을 경우, 쿨러계통을 분해 세척할 것

3. 구성부품

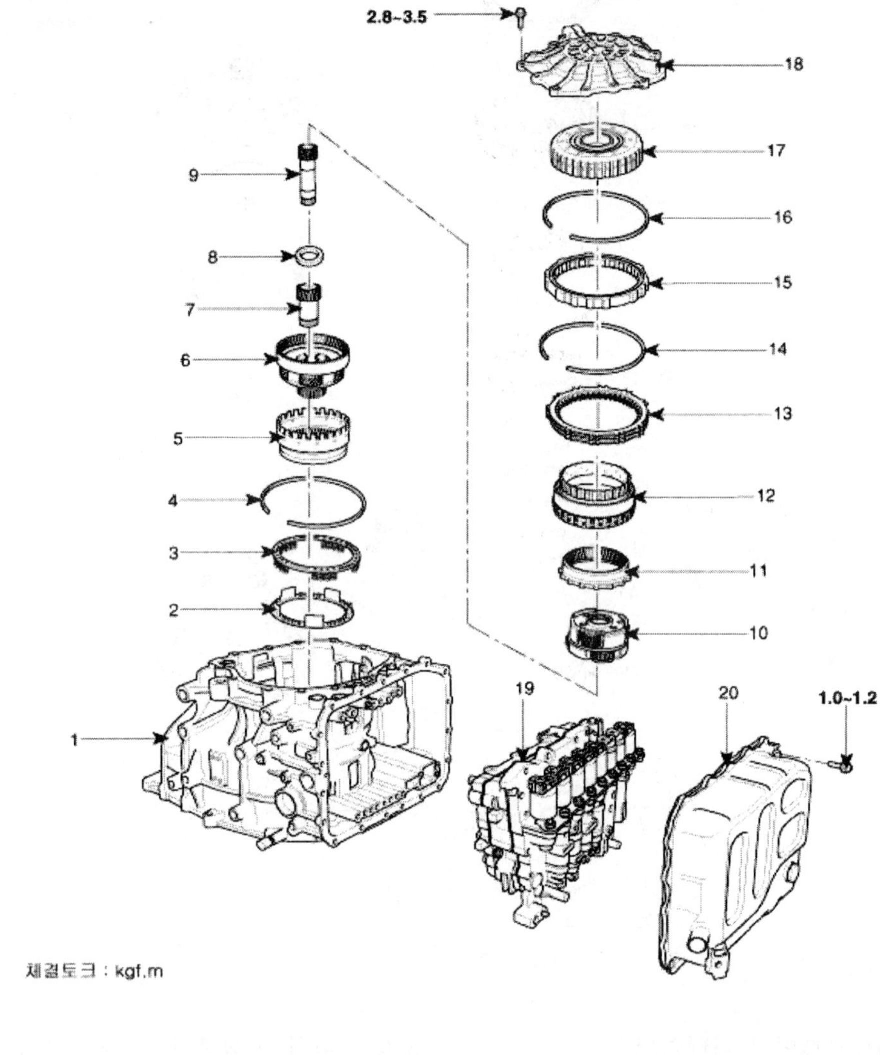

1. 자동변속기 케이스
2. 로우 및 리버스 브레이크 피스톤
3. 로우 및 리버스 브레이크 리턴 스프링
4. 스냅링
5. 프런트 애뉼러스 기어 어셈블리
6. 프런트 유성기어 어셈블리
7. 프런트 선기어 어셈블리
8. 베어링
9. 미들 선기어 어셈블리
10. 미들&리어 유성기어 어셈블리
11. 리어 애뉼러스 기어
12. 원웨이 클러치 인너 레이스 어셈블리
13. 로우 및 리버스 브레이크 디스크 세트
14. 스냅링
15. 원웨이 클러치 어셈블리
16. 스냅링
17. 오버드라이브 클러치 어셈블리
18. 리어 커버 어셈블리
19. 밸브바디 어셈블리
20. 밸브바디 커버
21. 언더드라이브 브레이크 리테이너

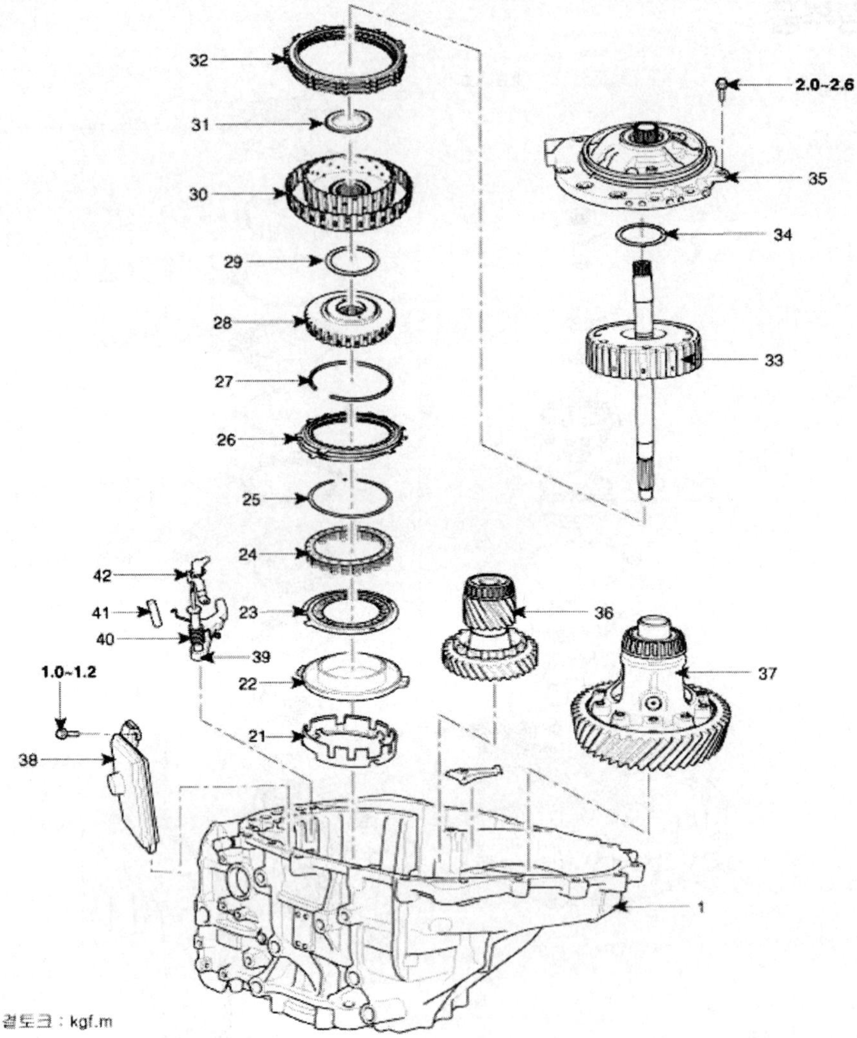

21.라이브 브레이크 리테이너
22.드라이브 브레이크 챔버
23.드라이브 브레이크 피스톤
24.언더드라이브 브레이크 스프링
25.스냅링
26.언더 드라이브 브레이크 디스크 세트
27.스냅링
28.언더 드라이브 브레이크 허브 어셈블리
29.스러스트 와셔
30.35R 및 26 브레이크 허브 어셈블리
31.스러스트 와셔
32.26 브레이크 디스크 세트
33.35R 클러치 어셈블리
34.스러스트 와셔
35.오일펌프 어셈블리
36.트랜스퍼 드리븐 기어 어셈블리
37.디퍼렌셜 어셈블리
38.오일필터 어셈블리
39.파킹 로드 가이드
40.파킹 스프레그 샤프트와 스프링
41.서포트 샤프트
42.파킹 로드 가이드
43.트랜스퍼 드라이브 어셈블리

4. 분해

1. 너트 1개를 풀어 메뉴얼 컨트롤 레버 (A)를 와셔 (B)와 함께 탈거한다.

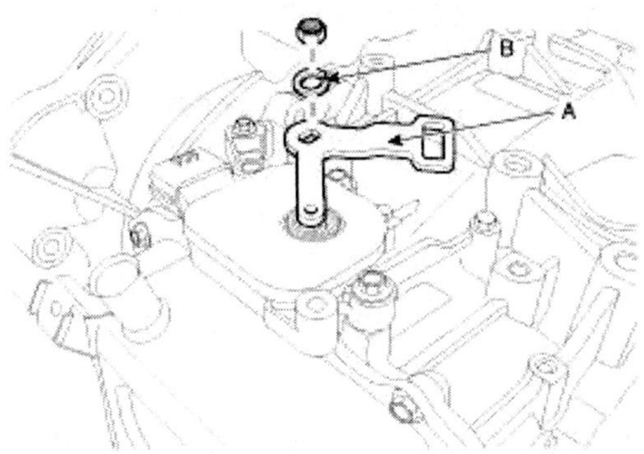

2. 볼트 2개를 풀어 인히비터 어셈블리 (A)를 탈거한다.

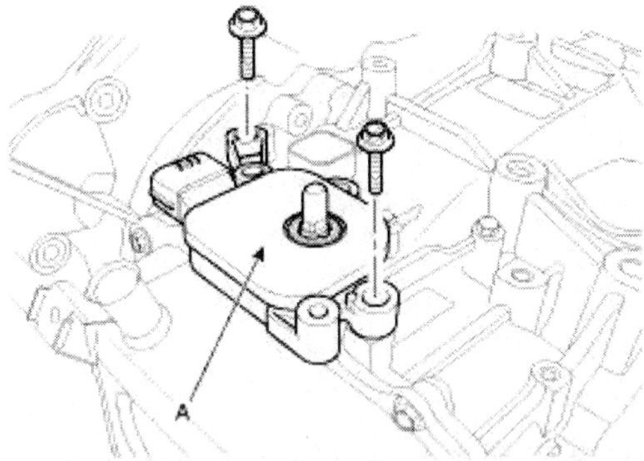

3. 볼트 19개를 풀어 오일 팬 (A)을 탈거한다.

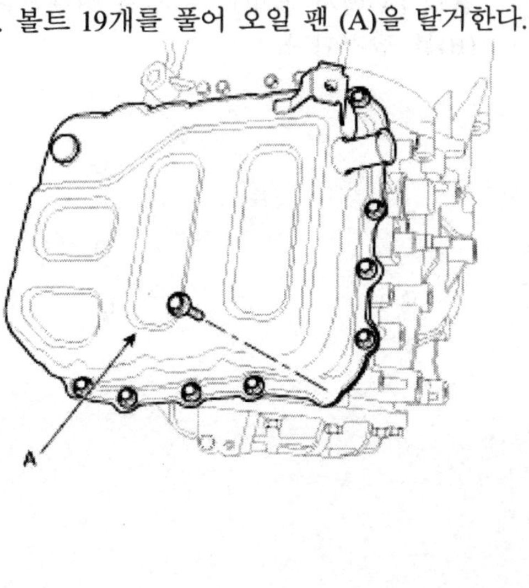

4. 솔레노이드 밸브 커넥터 어셈블리 (A)와 오일 온도센서 커넥터 (B)를 분리하고 볼트 (C-3개)를 푼다.

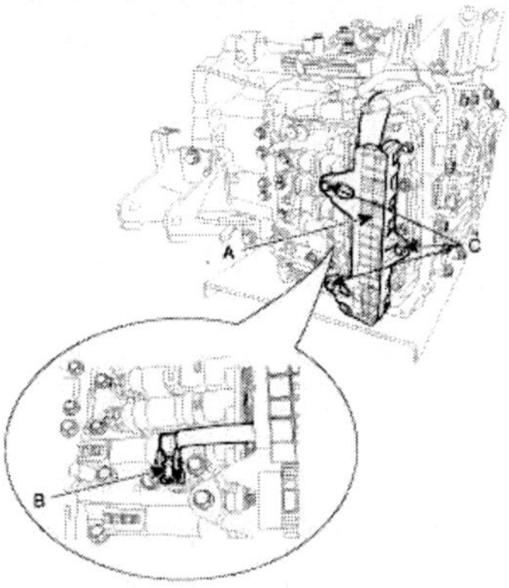

5. 볼트 1개를 풀어 디텐드 스프링 어셈블리 (A)와 플레이트 (B)를 탈거한다.

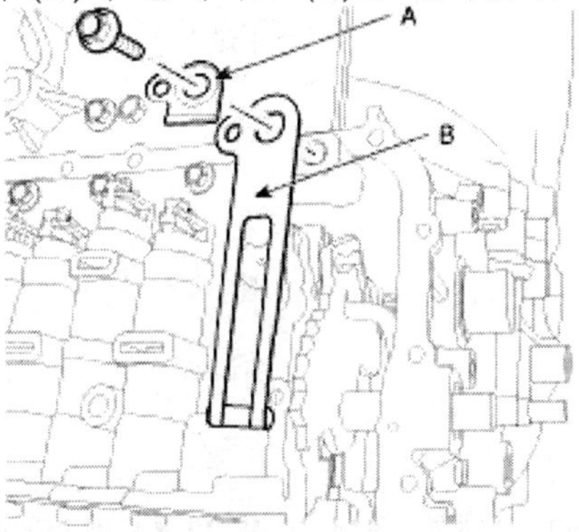

6. 밸브바디 어셈블리 (A)를 탈거한다.

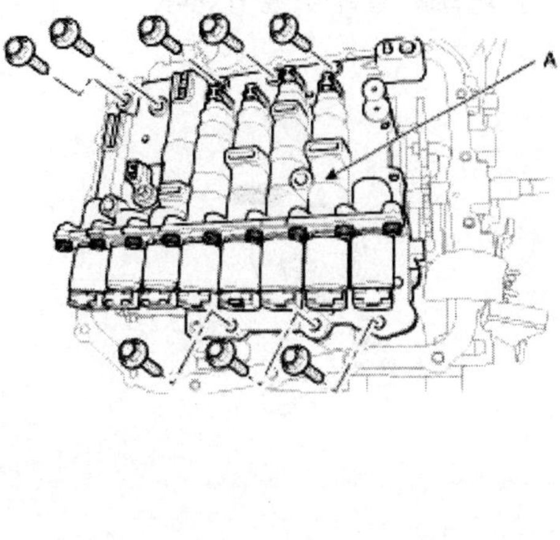

7. 자석을 이용해서 고정 핀 (A)을 빼낸다.

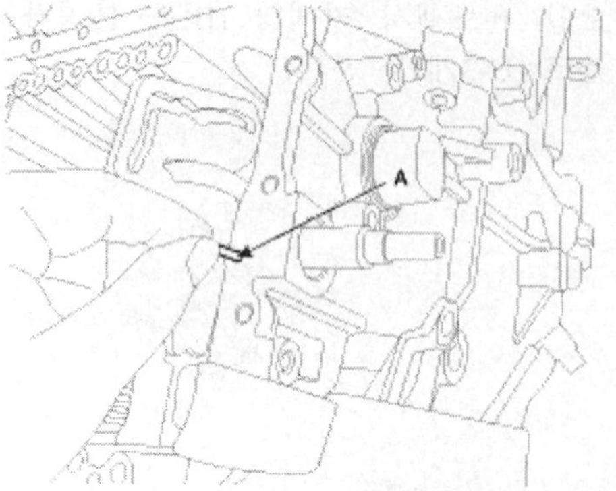

8. 커넥터 (A)를 메인 와이어링에서 분리하고, 볼트 (B- 2개)를 풀어 입출력 속도센서 어셈블리 (C)를 탈거한다.

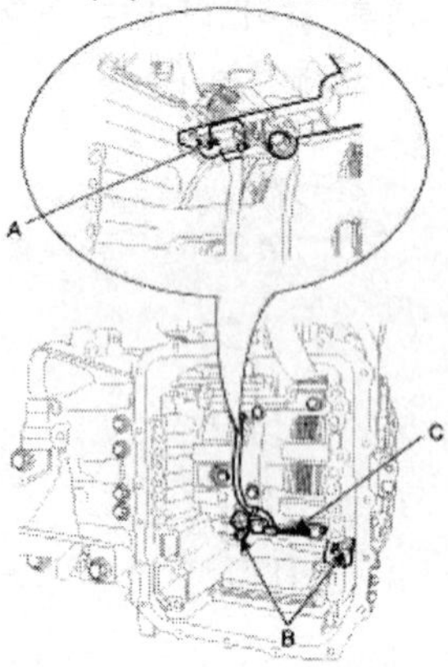

9. 볼트 1개를 풀어 고정 핀 (A)을 탈거한 후 솔레노이드 밸브 커넥터를 화살표 방향으로 밀어서 탈거한다.

10. 파킹 로드 어셈블리 끝단을 탈거 한 후, 디텐트 레버 어셈블리 (A)를 화살표 방향으로 밀어서 탈거한다.

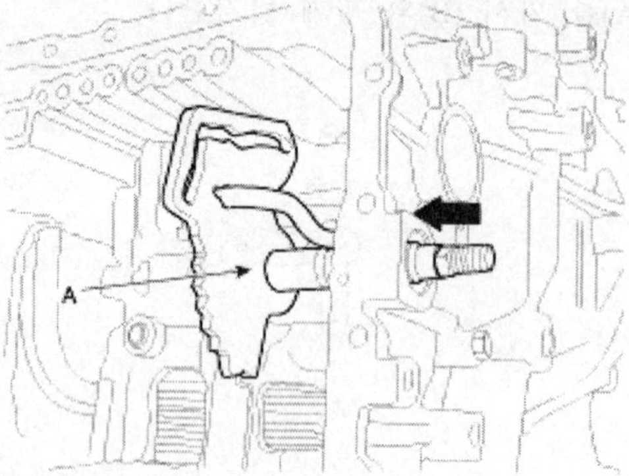

11. 파킹 로드 어셈블리 (A)를 파킹 로드 가이드에서 빼낸다.

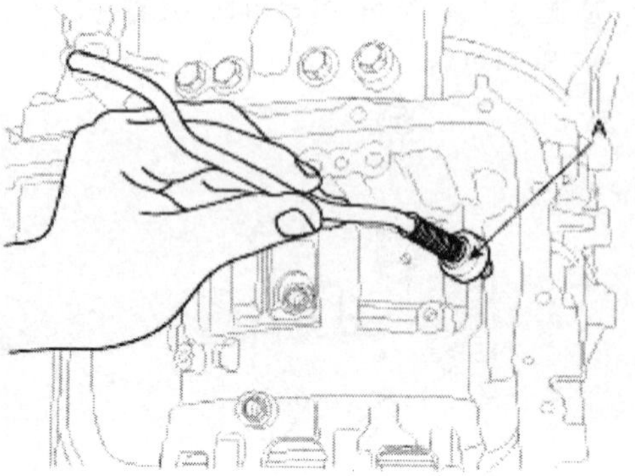

12. 볼트 22개를 풀어 변속기 케이스 어셈블리 (A)에서 컨버터 하우징 어셈블리 (B)를 탈거한다.

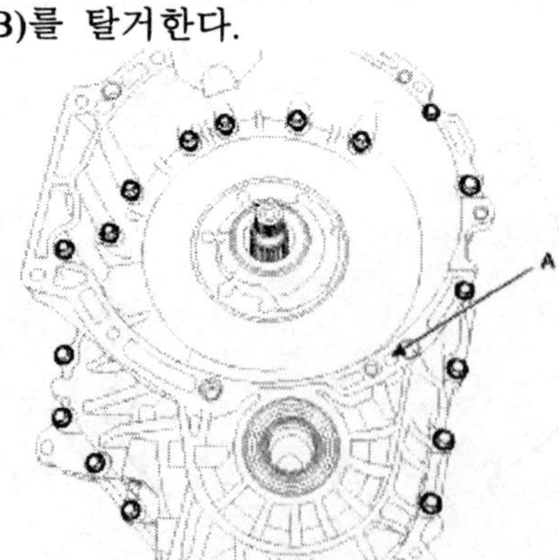

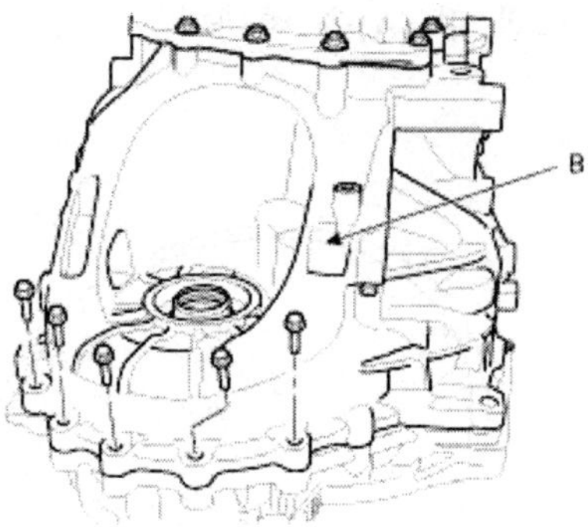

13. 디퍼렌셜 어셈블리 (A)를 탈거한다.

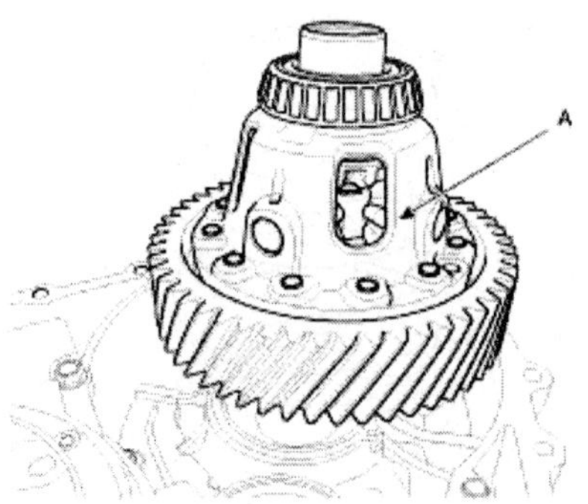

14. 볼트 (A-2개)를 풀어 오일필터 어셈블리 (B)를 탈거한다.

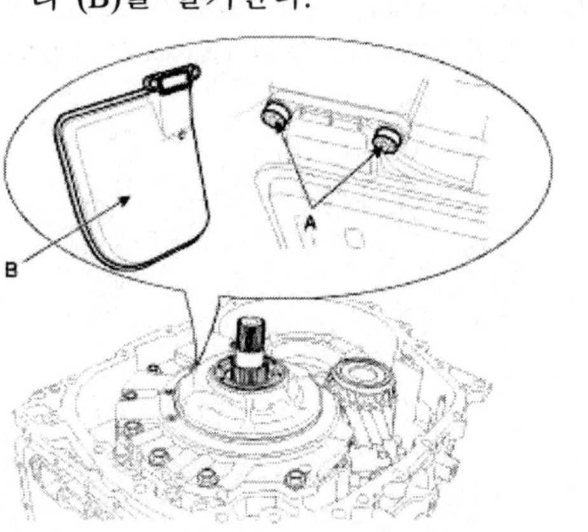

15. 볼트 7개를 풀어 오일펌프 어셈블리 (A)를 탈거한다.

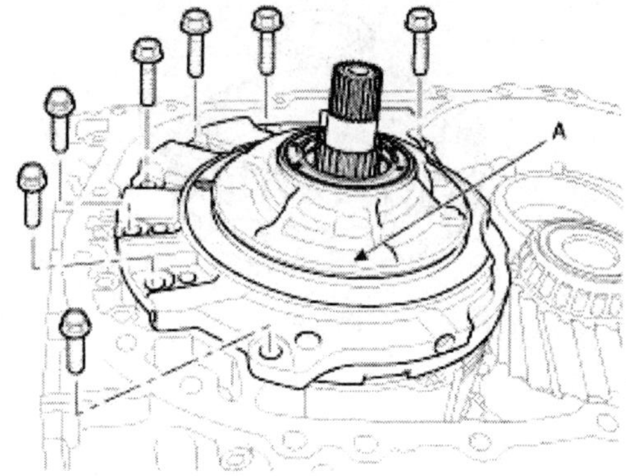

16. 2/6 브레이크 디스크 세트를 순서대로 탈거한다.

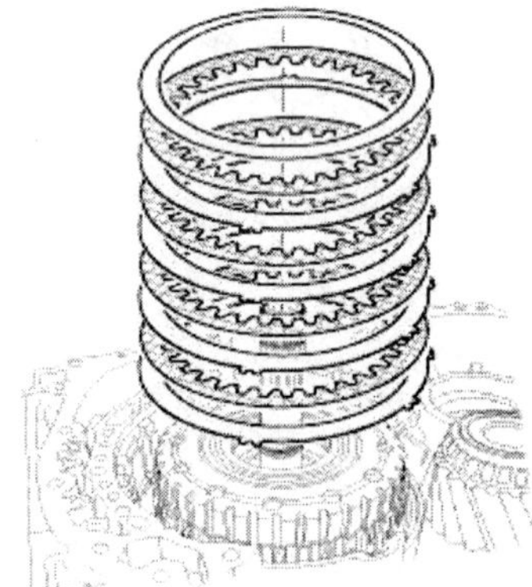

17. 3,5R 클러치 어셈블리 (A)를 탈거한다.

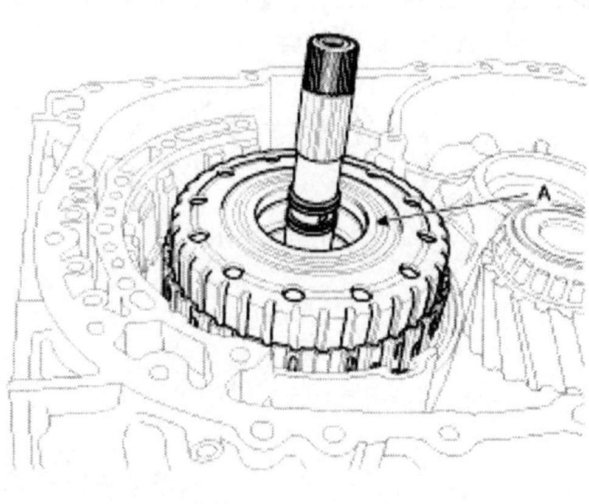

18. 35R 및 2/6 브레이크 허브 어셈블리 (A)와 스러스트 베어링 (B)을 탈거한다.

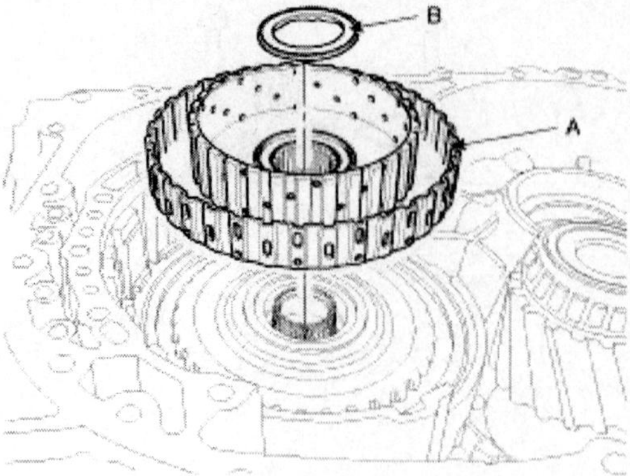

19. 스러스트 와셔 (A)를 탈거한다.

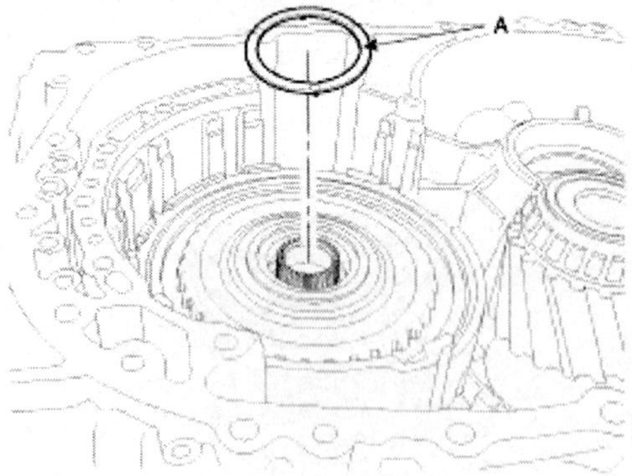

20. 언더 드라이브 브레이크 허브 어셈블리 (A)를 탈거한다.

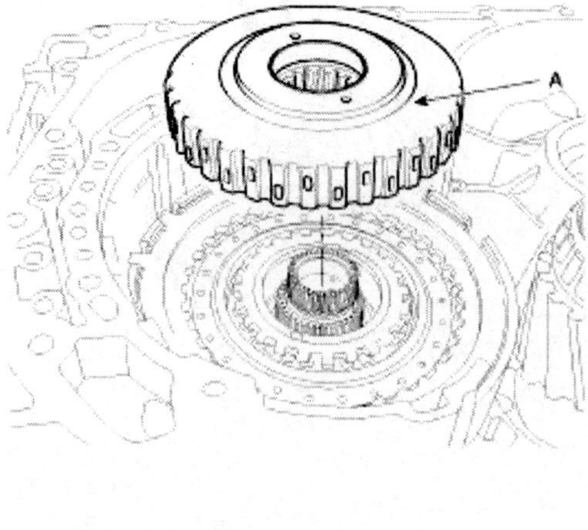

21. 스냅 링 (A)을 빼낸다.

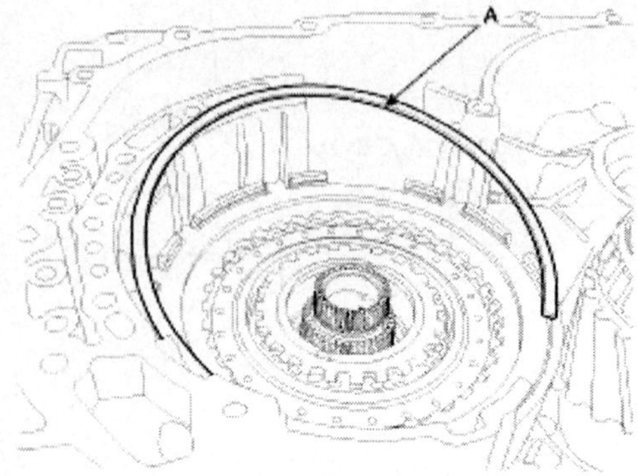

22. 언더 드라이브 브레이크 디스트 세트를 순서대로 탈거한다.

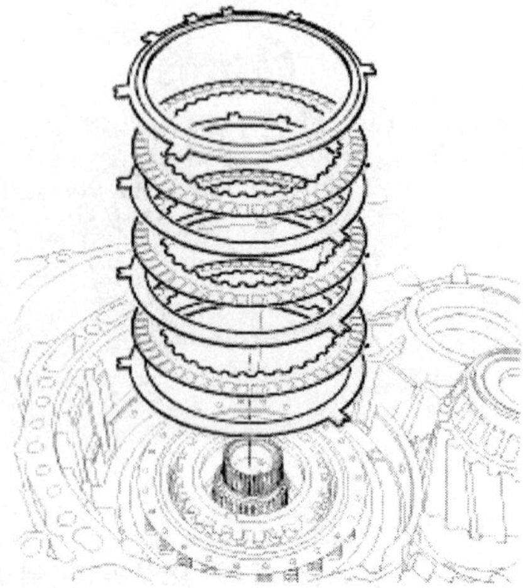

23. 볼트 14개를 풀어 변속기 케이스에서 리어커버 어셈블리 (A)를 탈거한다.

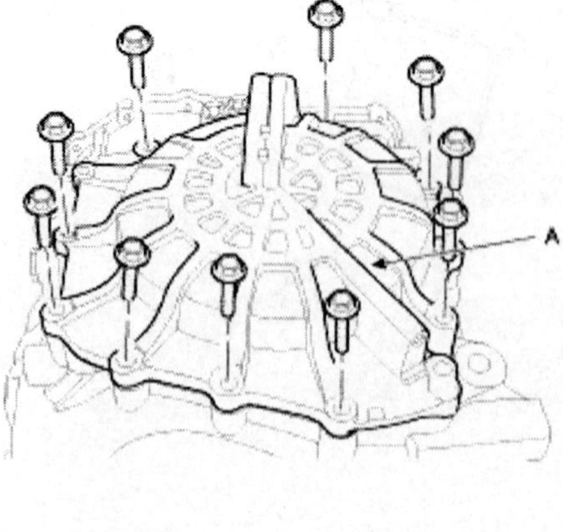

24. 오버드라이브 클러치 어셈블리 (A)를 탈거한다.

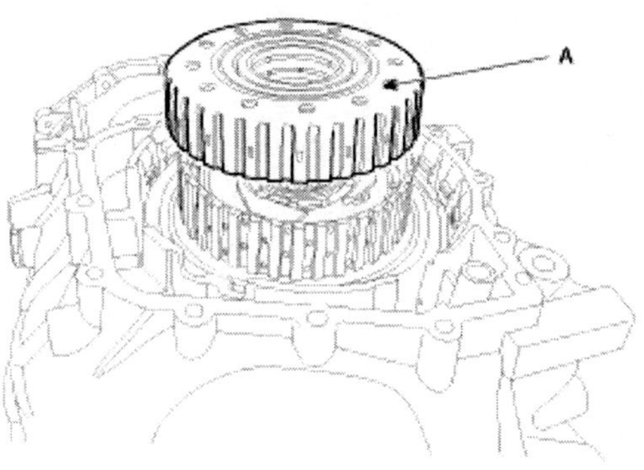

25. 스냅 링 (A)을 빼낸다.

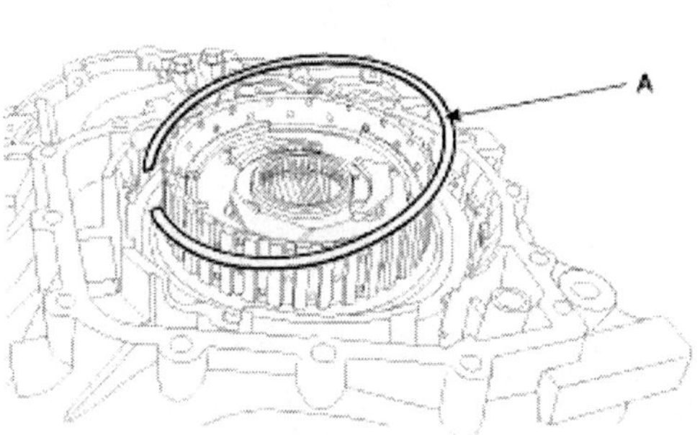

26. 원웨이(1 way) 클러치 어셈블리 (A)를 탈거한다.

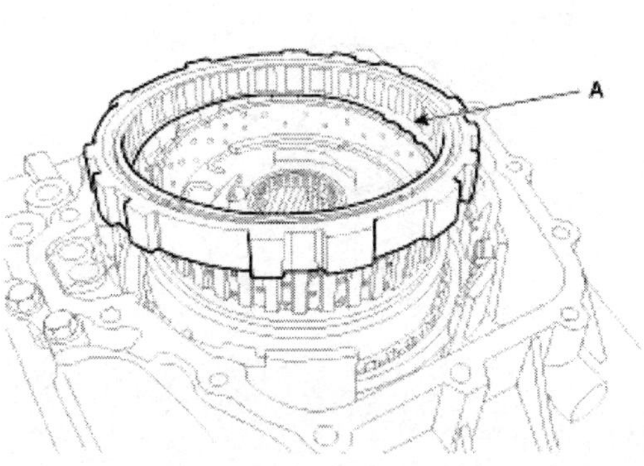

27. 로우 및 리버스 브레이크 프레셔 플레이트 (A), 쿠션 플레이트 및 디스크 세트를 순서대로 탈거한다.

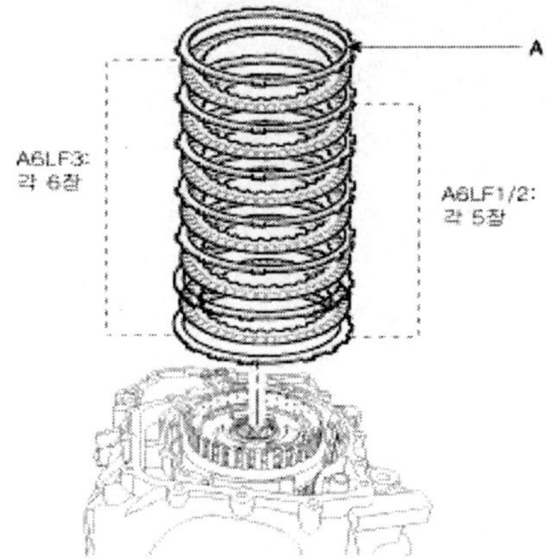

28. 스냅 링을 오므려 원웨이 클러치 인너 레이스 어셈블리 (A)를 탈거한다.

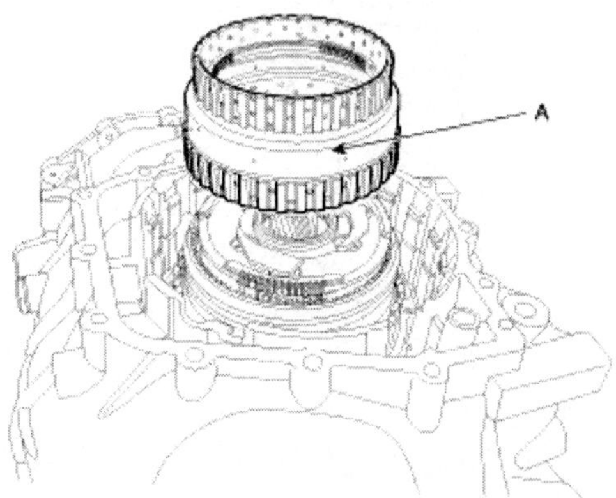

29. 스냅 링 (A)을 빼낸다.

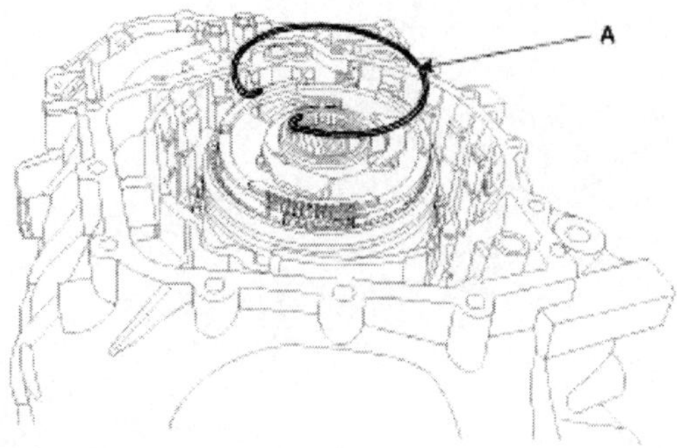

30. 리어 애뉼러스 기어 (A)를 분해한 후 스러스트 와셔 (B)를 탈거한다.

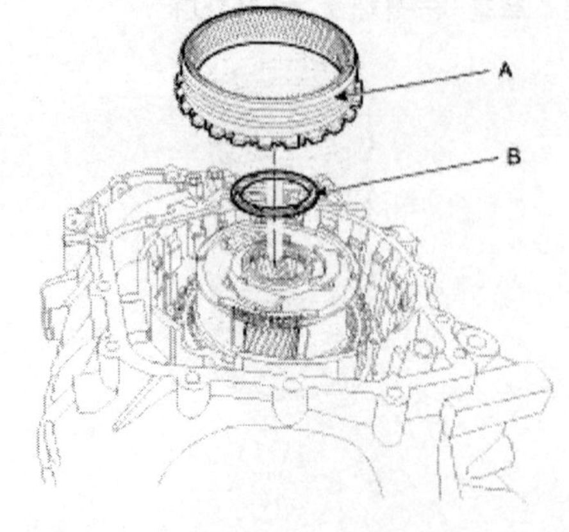

31. 미들&리어 유성기어 어셈블리 (A)를 미들 선기어 어셈블리 (B)와 함께 탈거한다.

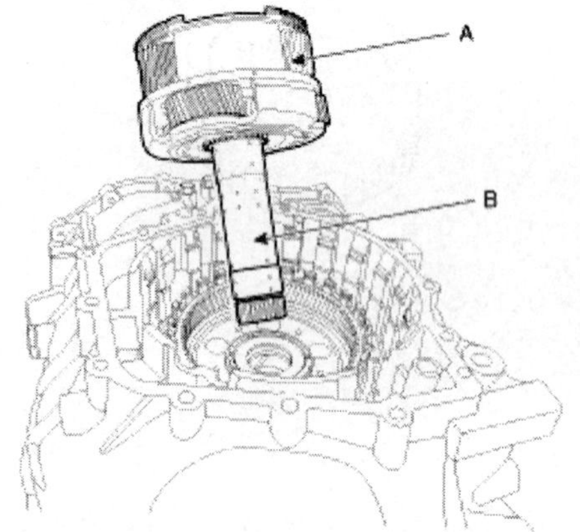

32. 베어링 (A)과 레이스 세트 (B)를 탈거한다.

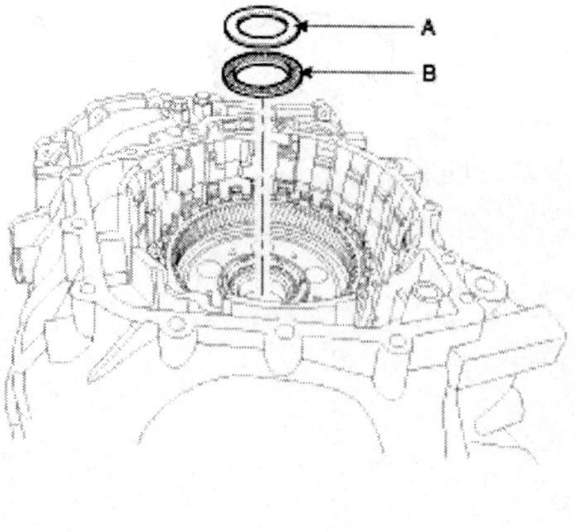

33. 프런트 선 기어 어셈블리 (A)를 탈거한다.

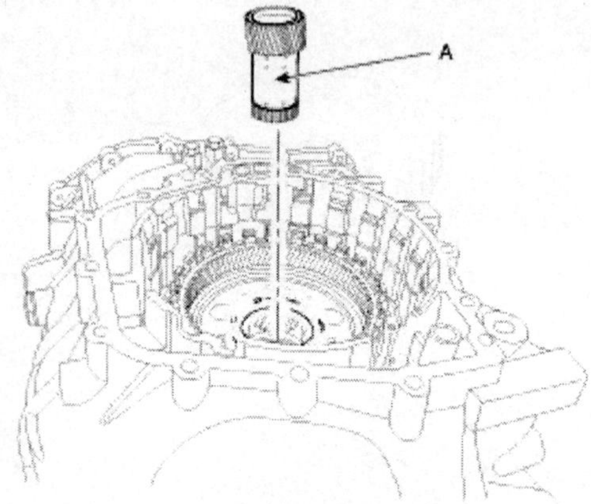

37. 스러스트 와셔 (A)를 탈거한다.

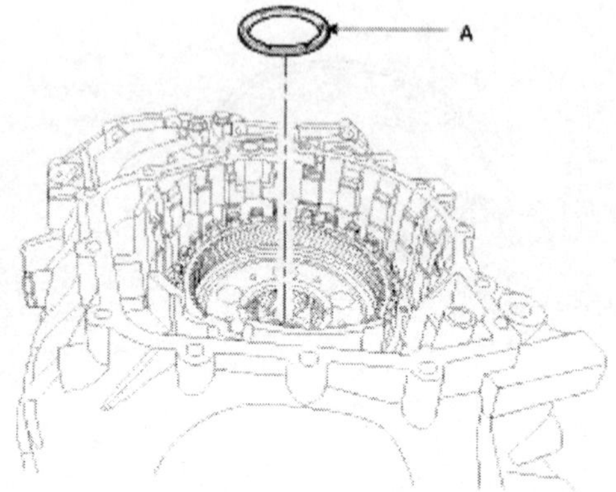

38. 프런트 유성기어 어셈블리 (A)를 탈거한다.

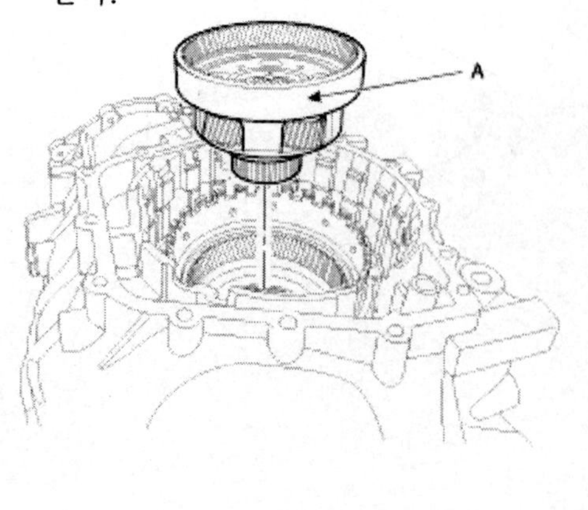

39. 프런트 애뉼러스 기어 어셈블리 (A)를 탈거한다.

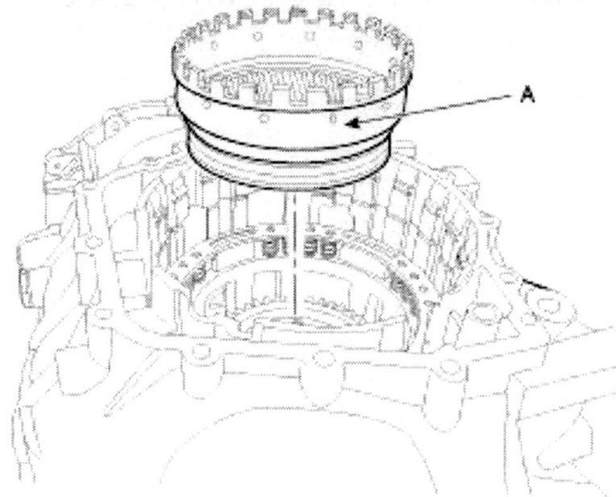

5. 조립

1. 프런트 애뉼러스 기어 어셈블리 (A)를 장착한다.

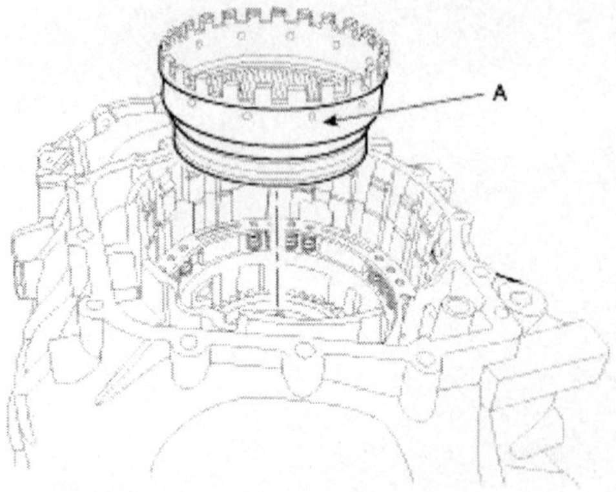

2. 프런트 유성기어 어셈블리 (A)를 장착한다.

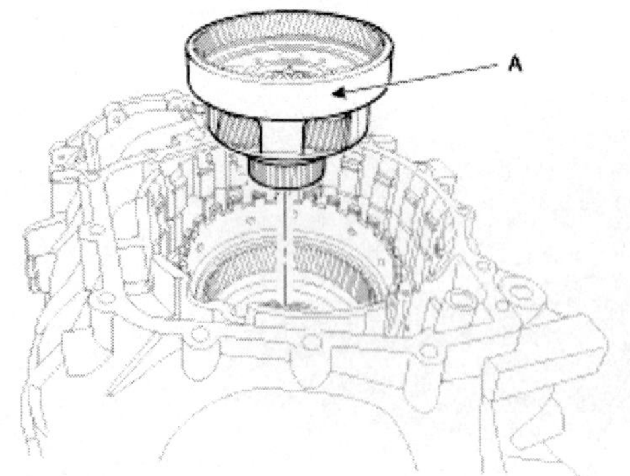

3. 스러스트 와셔 (A)를 장착한다.

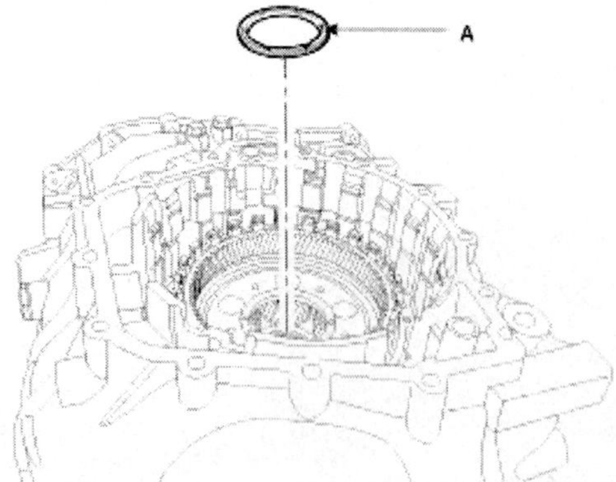

4. 프런트 선 기어 어셈블리 (A)를 장착한다.

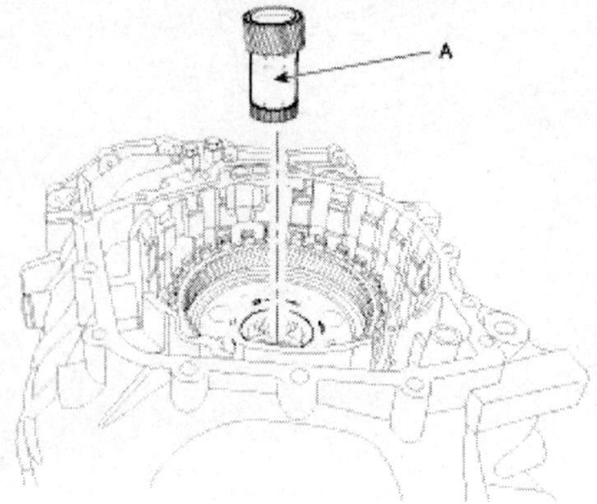

5. 베어링 (A)과 레이스 세트 (B)를 장착한다.

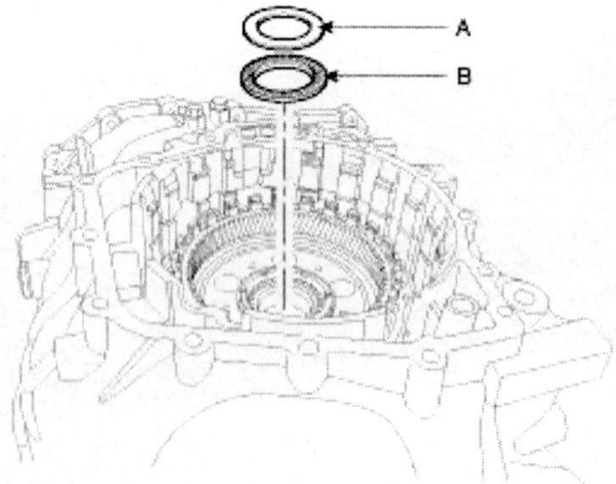

6. 미들&리어 유성기어 어셈블리 (A)를 미들 선기어 어셈블리 (B)와 함께 장착한다.

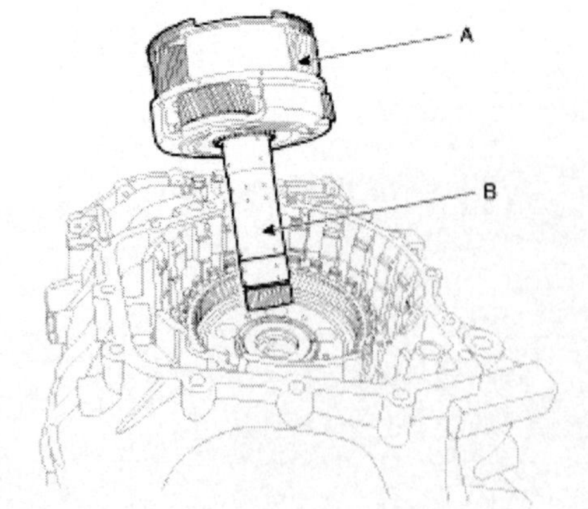

7. 리어 애뉼러스 기어 (A)를 조립한후 스러스트 와셔 (B)를 장착한다.

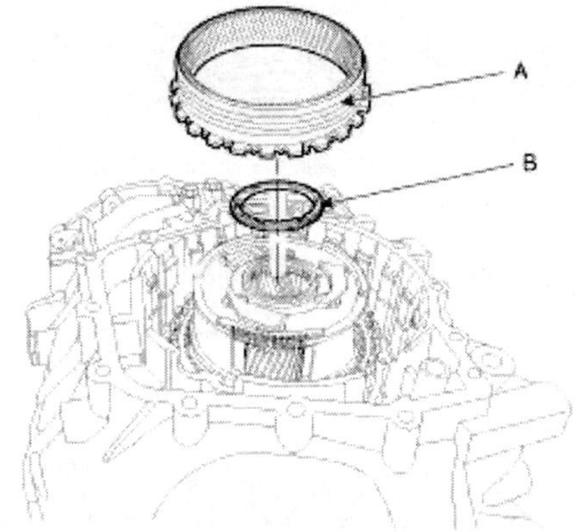

8. 스냅 링 (A)을 끼운다.

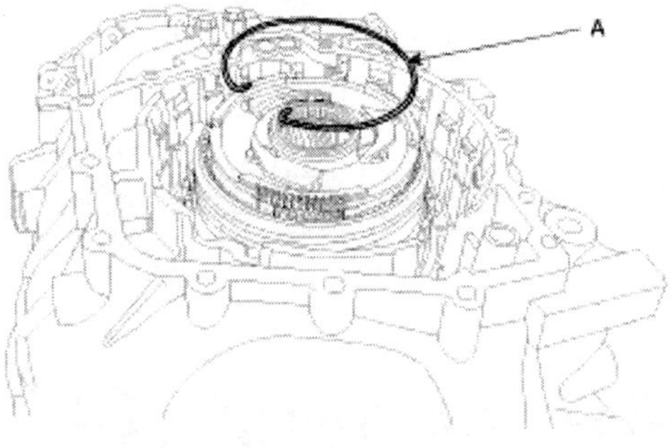

9. 원웨이 클러치 인너 레이스 어셈블리 (A)를 조립하고 스냅 링으로 고정시킨다.

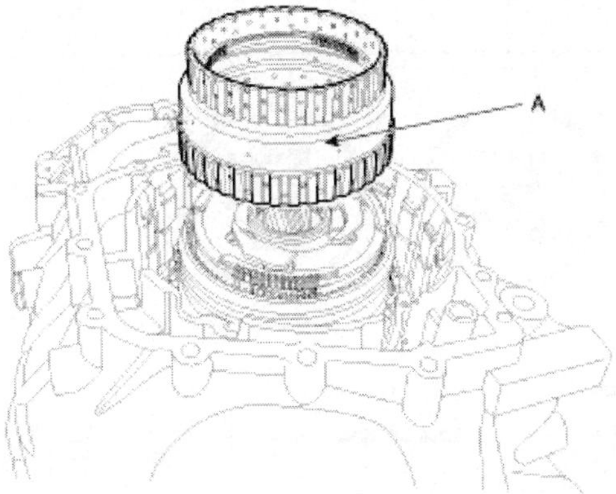

10. 로우 및 리버스 브레이크 프레셔 플레이트, 쿠션 플레이트, 디스크 세트, 및 스냅 링을 순서대로 장착한다.

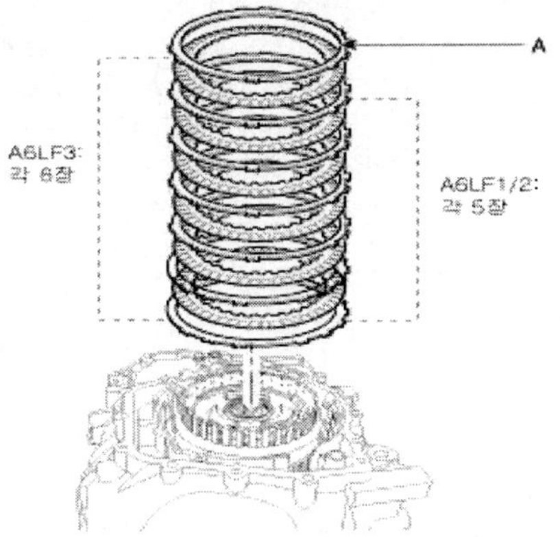

11. 원웨이 클러치 어셈블리 (A)를 장착한다.
*반시계 방향으로만 회전하는지 확인한다.

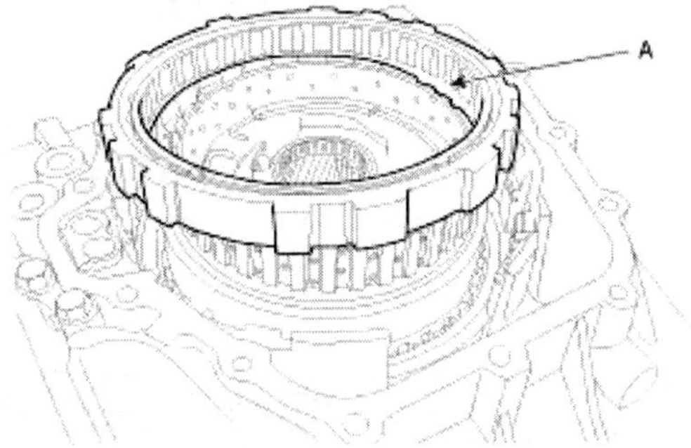

12. 스냅 링 (A)을 끼운다.

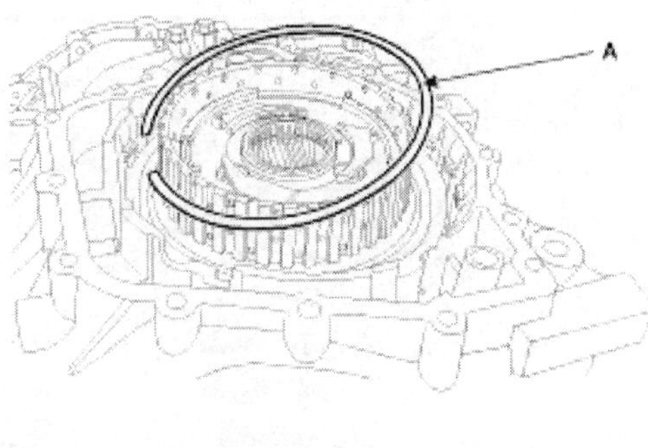

13. 오버드라이브 클러치 어셈블리 (A)를 장착한다.

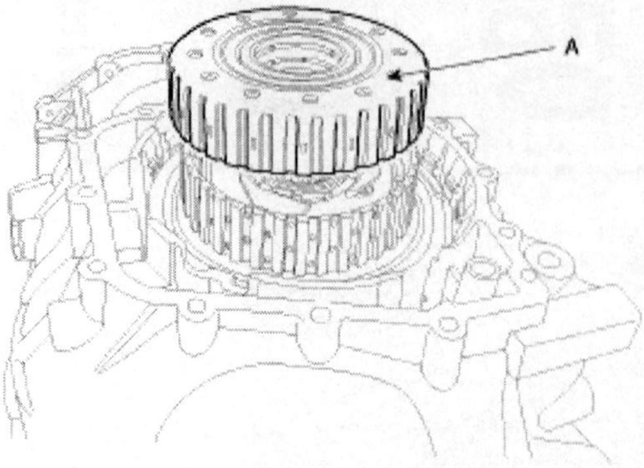

14. 리어커버 어셈블리에 스페이서 (A)를 선택하여 장착한다.

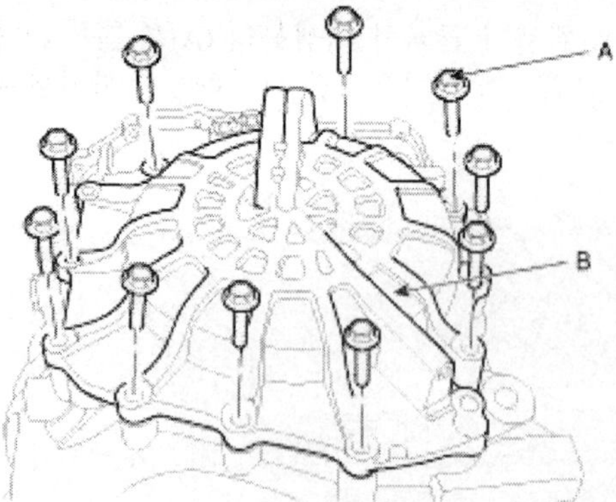

15. 언더 드라이브 브레이크 디스트 세트를 순서대로 장착한다.

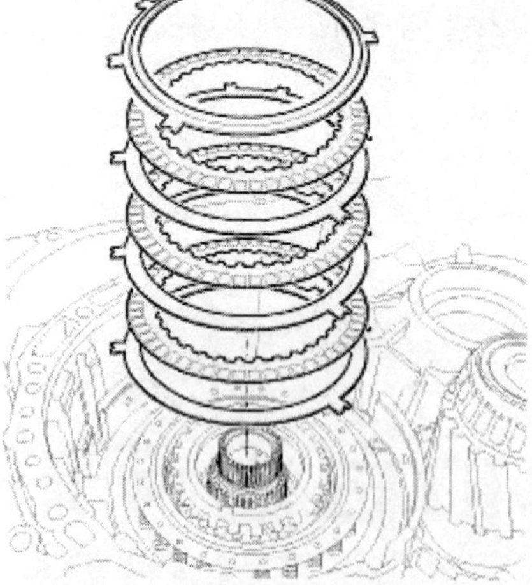

16. 언더 & 드라이브 브레이크 디스크 세트의 엔드 플레이를 규정값을 맞추기 위해 적정 스냅 링 (A)을 장착한다.

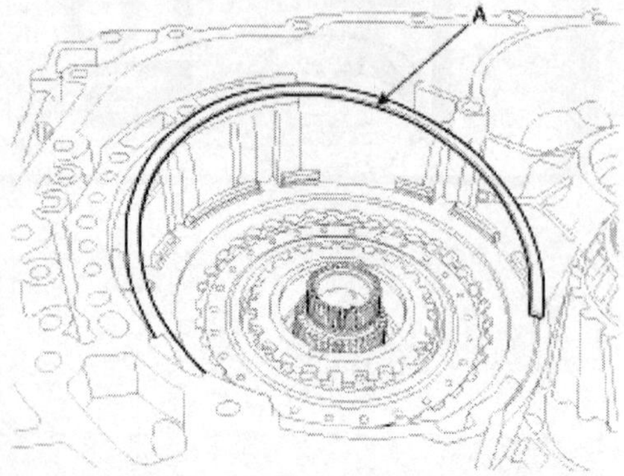

17. 언더 드라이브 브레이크 허브 어셈블리 (A)를 장착한다.

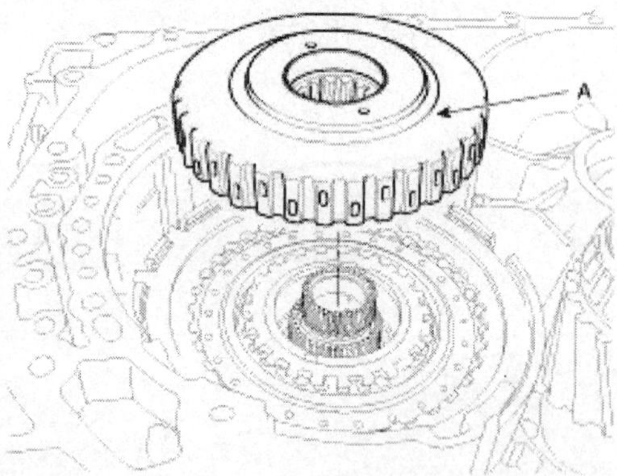

18. 스러스트 와셔 (A)를 장착한다.

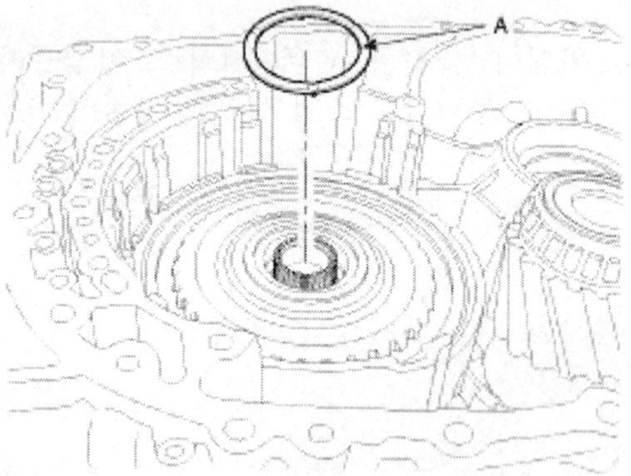

19. 35R 및 2/6 허브 어셈블리 (A)와 스러스트 와셔 (B)를 장착한다.

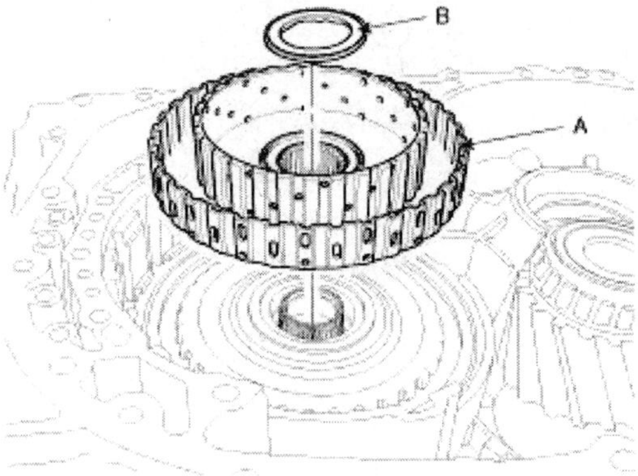

20. 3,5R 클러치 어셈블리 (A)를 장착한다.

21. 2/6 브레이크 디스크 세트를 순서대로 장착한다.

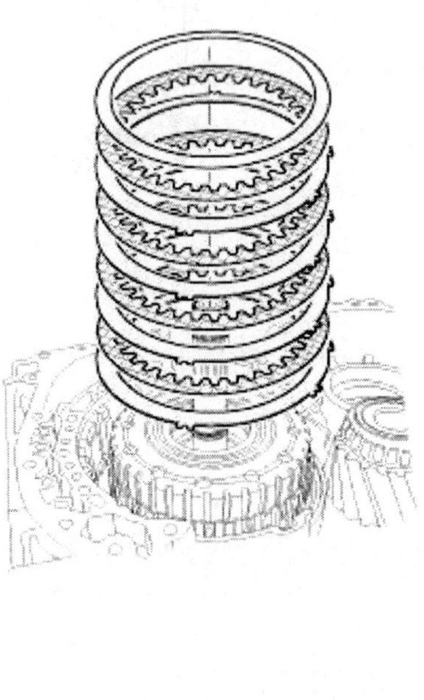

22. 볼트 7개를 조여 오일펌프 어셈블리 (A)를 장착한다.

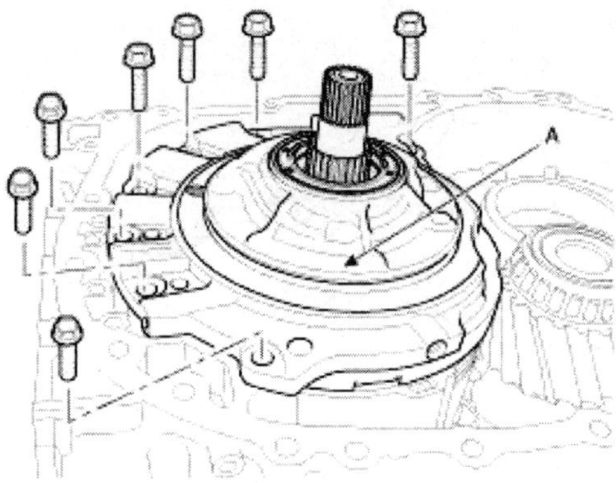

23. 디퍼렌셜 어셈블리 (A)를 장착한다.

24. 볼트 22개를 조여 변속기 케이스 어셈블리 (A)에 컨버터 하우징 어셈블리 (B)를 장착한다.

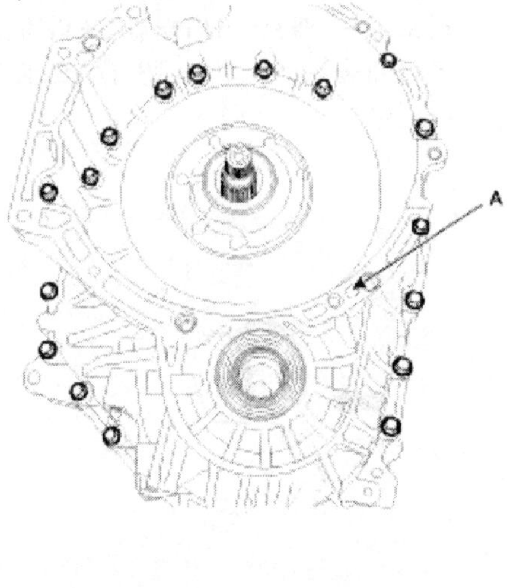

25. 파킹 로드 어셈블리 (A)를 파킹 로드 가이드 안으로 밀어넣는다.

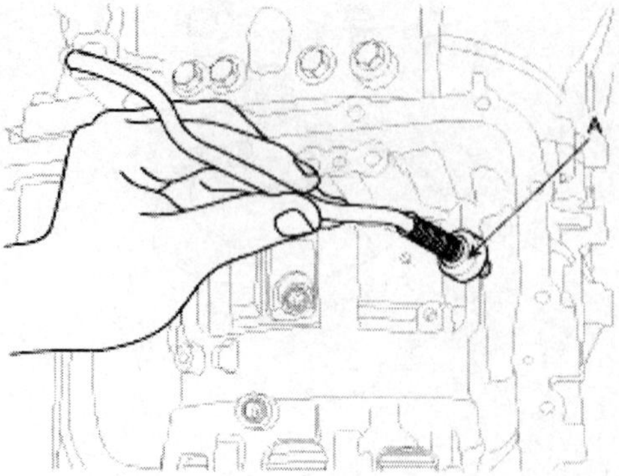

26. 디텐트 레버 어셈블리 (A)를 장착 한 후, 파킹 로드 어셈블리 끝단을 화살표 방향으로 밀어서 끼워넣는다.

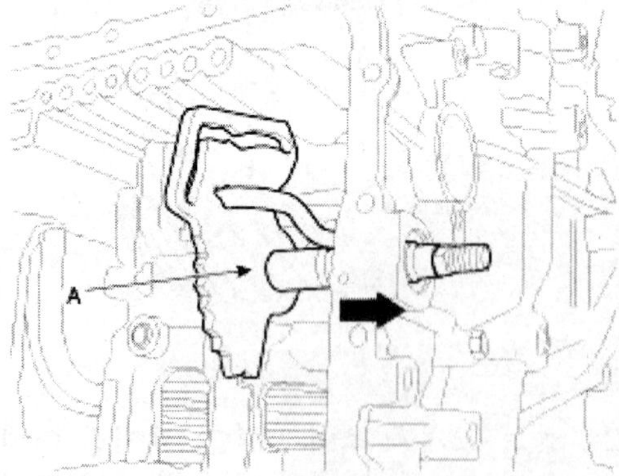

27. 메인 와이어링 어셈블리에서 우선 솔레노이드 밸브 커넥터를 조립하고 볼트 1개를 조여 고정 핀 (A)으로 고정시킨다.

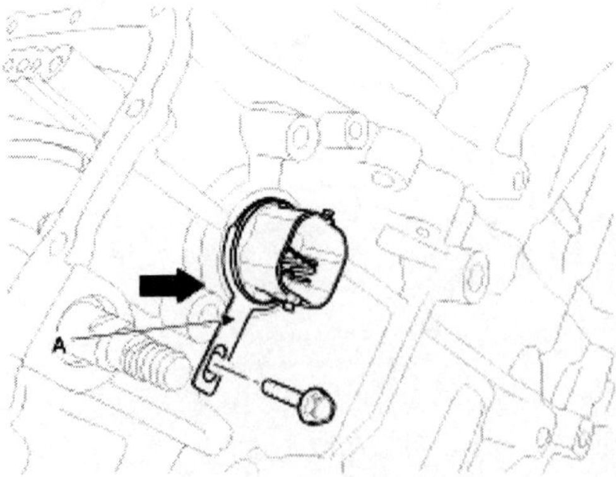

28. 메인 와이어링 고정볼트 2개를 체결한다.

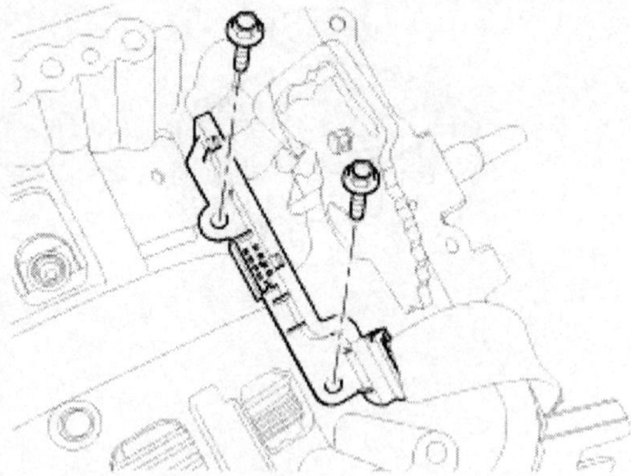

29. 볼트 (B-2개)를 조여 입출력 속도센서 어셈블리 (C)를 조립하고, 커넥터 (A)를 메인 와이어링과 연결한다.

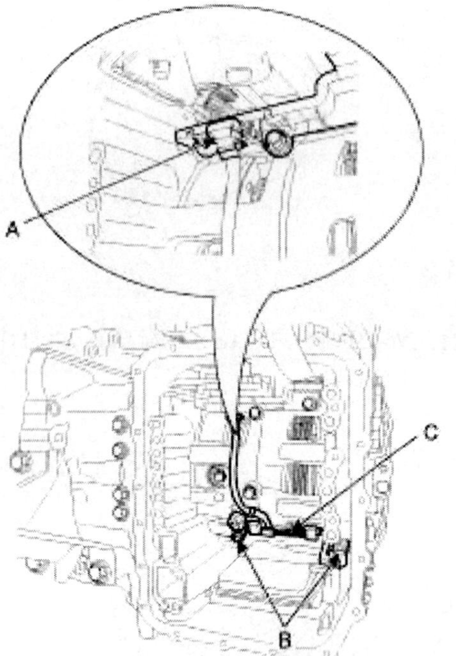

30. 밸브바디 어셈블리 (A)를 장착한다.

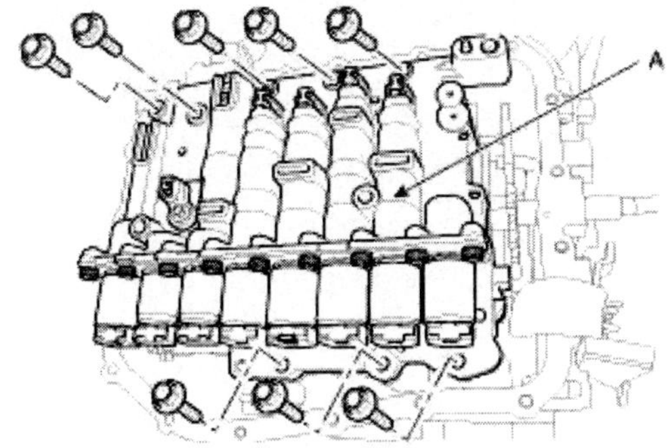

31. 디텐드 스프링 어셈블리 (A)를 조립하고 플레이트 (B)를 볼트 1개로 체결하여 고정시킨다.

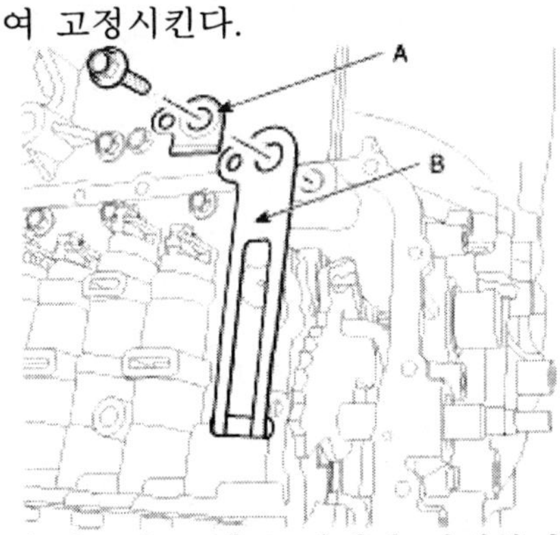

32. 솔레노이드 밸브 커넥터 어셈블리 (A)와 오일 온도센서 커넥터 (B)를 연결하고 볼트 (C-3개)로 고정시킨다.

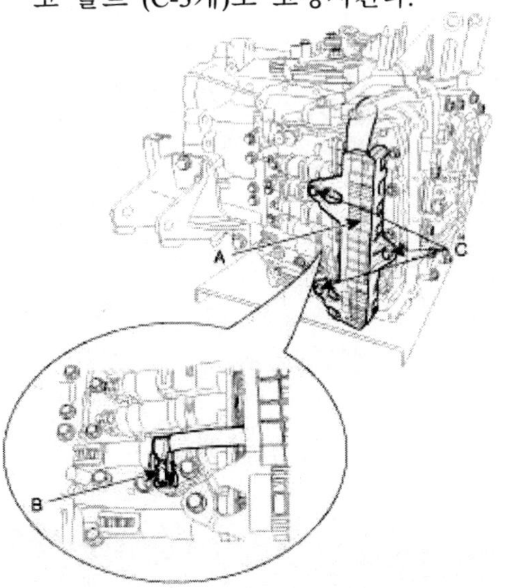

33. 볼트 19개를 조여 오일 팬 (A)을 장착한다.

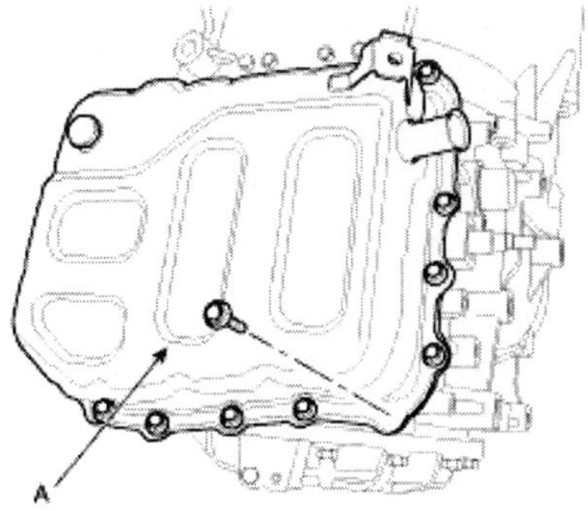

34. 볼트 2개를 조여 인히비터 어셈블리 (A)를 장착한다.

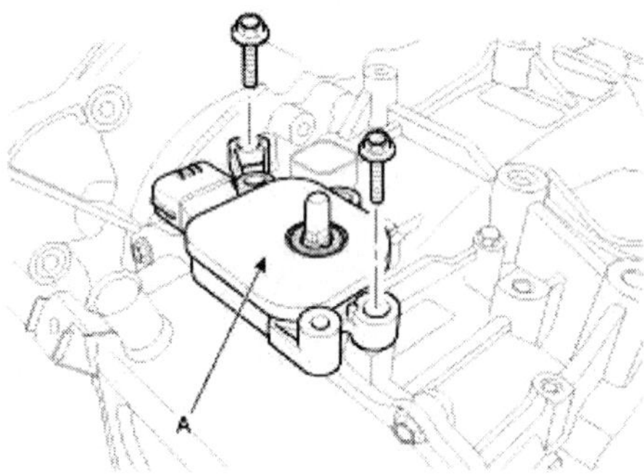

35. 너트 1개를 조여 메뉴얼 컨트롤 레버 (A)를 와셔 (B)와 함께 장착한다.

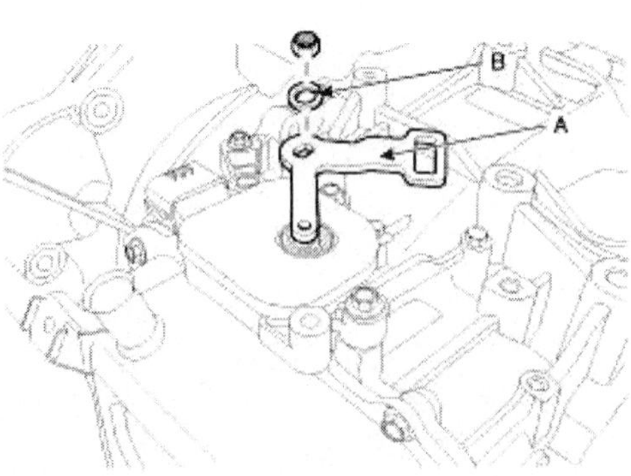

제 7 장
AHB (Active Hybraulic Boost)

일반적인 차량의 브레이크는 차량을 감속 또는 정지하는데 사용 되어져 왔다. 그리고 엔진의 흡기 매니폴드에서 발생되는 진공 또는 별도의 진공펌프를 장착하여 제동력을 증대하는 배력장치 즉 진공 부스터를 장착하여 작은 힘으로 큰 제동력을 확보할 수 있었다. 그렇지만 하드타입의 하이브리드 전기자동차는 주행중 엔진 정지상태인 EV 모드에서 차량 운행이 가능하기 때문에 엔진이 정지되어 있는 상태에서는 충분한 제동력 확보가 어렵다. 따라서 하이브리드 전기자동차는 기존 차량과 다른 배력장치가 필요하게 되었다. 이번 장에서는 하이브리드 전기차에 적용된 액티브 하이드로릭 부스터 브레이크 시스템에 대하여 설명하고자 한다. 그리고 제동시 발생되는 운동에너지를 이용하여 하이브리드 차량에 필요한 전기에너지로 변환 시키는 회생제동에 대해서도 설명 하고자 한다.

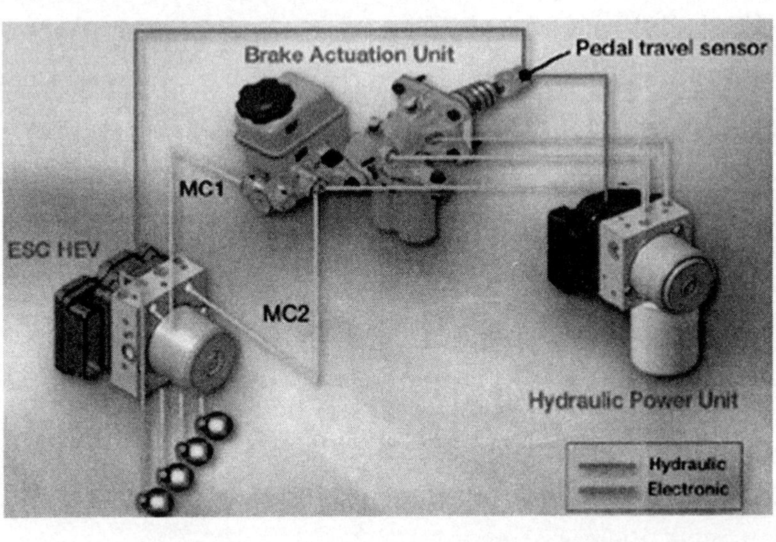

1. 개요

1) 개요

HEV의 제동시스템은 제동 중 배터리 충전을 위해 회생제동 브레이크 시스템AHB를 적용하였다. 이 시스템은 모터를 이용해 유압을 적접 생성하고 그 유압을 통행 제동력을 확보하도록 한 전동식 유압 부스터이다. 따라서 EV모드 주행에서 일관된 제동력과 제동감 구현이 가능하며, 회생제동 모드에서도 주행 상태에 따라 수시로 변화하는 모터 발전량과 연동해 일정한 제동력을 확보할 수 있다.

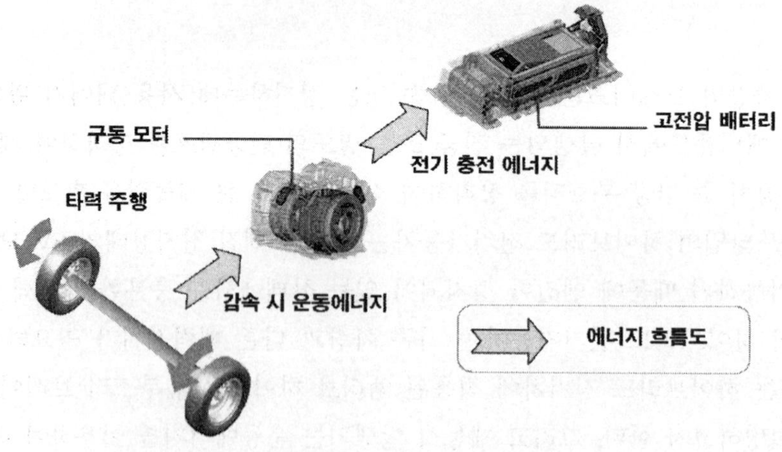

(1) 회생제동의 원리

회생제동이란 감속 또는 제동 시에 전기 모터를 발전기로 활용해서 차량의 운동에너지를 전기 에너지로 변환시켜 고전압 배터리를 충전하는 것을 말한다. 이로 인해 에너지 손실을 최소화 하여 연비를 향상시키는 효과가 있다. 특히 가속 및 감속이 반복되는 시가지 주행 시에 큰 연비 향상 효과가 뛰어나다.

(2) 회생제동과 유압제어의 협조제어

① 운전자 요구 제동력, 회생제동력, 유압제동력

② 운전자 요구 제동력과 무관한 증압 및 감압 모드 필요

③ 회생 제동량은 차량의 속도, 배터리의 충전량 등에 의해서 결정 됨

④ 운전자의 요구 제동력(전체 제동력)은 회생 제동력과 유압제동력을 제어함으로써 배분 됨

⑤ 간접 제어로 인한 브레이크 라인의 맥동이 차단되어 페달 제동감 향상

2) 회생제동 협조제어 원리

제동력 배분은 유압 제동을 제어함으로써 배분되고, 전체 제동력(유압 회생)은 운전자가 요구하는 제동력이 된다. 고장등의 이유로 회생제동이 되지 않으면, 운전자가 요구하는 전체 제동력은 유압 브레이크 시스템에 의해 공급 되어 진다.

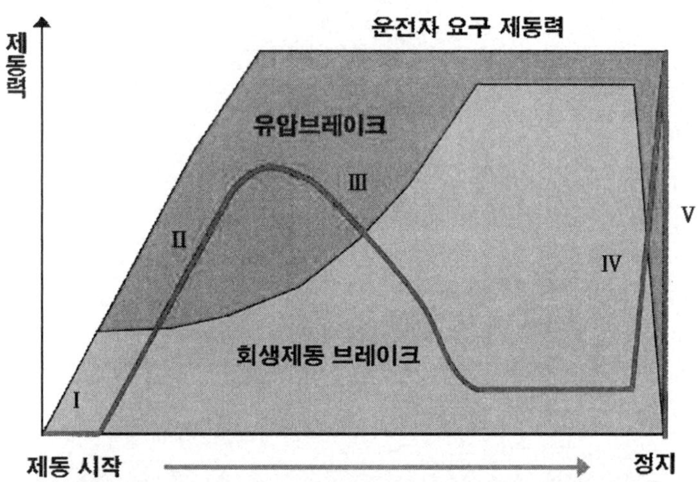

운전자 요구 제동력 = 유압제동력 + 회생제동력

I	회생제동	운전자 요구 = 회생제동
II	회생+유압	압력증가
III		압력감소
IV		빠른 유압증가
V	유압브레이크	운전자요구 = 유압제동

위 제동력은 분배도에서 굵은 곡선은 유압의 변화를 나타내고 있다.

(1) 브레이크 페달 작동 초 제동력이 발생되기까지 회생제동 구간

(2) 유압이 증가하는 구간

(3) 유압이 감소되는 만큼 회생제동 구간이 넓어 짐

(4) 차량의 속도가 정지시점에 가까움에 따라 운동에너지가 전기에너지로 변환이 급격이 떨어지므로 유압이 운전자의 제동요구량에 맞추어 급격히 상승하는 구간

(5) 유압제동으로 챠량을 정지 시키는 구간

2. 시스템 구성

1) 시스템 구성 및 특징

(1) 전체 구성도

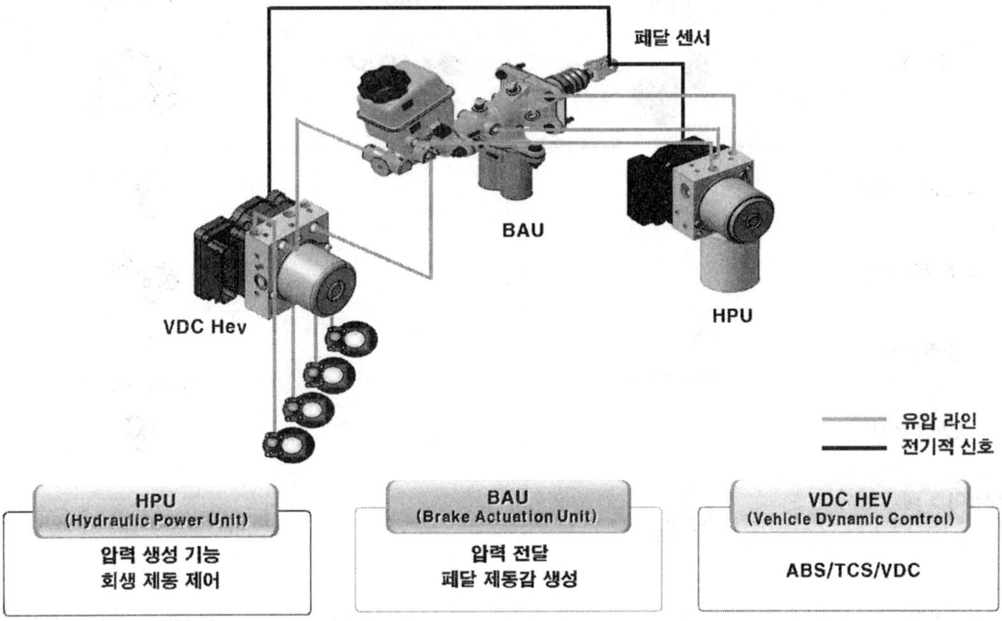

(2) 시스템 이해

① 시스템의 구성 품목으로 크게 HPU, BAU, VDC Hev로 나눌 수 있다.

② HPU(Hydraulic Power Unit)은 제동에 필요한 유압을 생성한다.
진공 부스터 사양에서 운전자가 브레이크 페달을 밟았을 때 진공에 의해 배력되는 것과 마찬가지로 마스터 실린더에 증압 된 유압을 공급 함으로 전체 브레이크 라인에 압력을 공급한다.

③ BAU(Brake Actuation Unit)HP에서 발생된 압력을 VDC Hev을 통하여 각 바퀴의 캘리퍼에 압력을 전달한다. 또한 페달과 연결되어 운전자의 제동 요구량 및 제동 느낌을 생성 한다

④ VDC는 기존과 마찬가지로 ABS, TCS, VDC 제어 등을 수행 한다.

2) 시스템 구성품

(1) 구성품 배열

모델명: AHB Ⅰ + VDC HEV			
구 분	HPU	BAU	VDC HEV

휠 스피드 센서			
요 & 2G 센서			
압력센서	 HPU 내장(3)		 HECU 내장(1)
조향각 센서			
브레이크 페달 센서 (BPS)			

EV 차량의 브레이크 구성부품은 제동 배력 장치인 HPU, 발생된 압력을 VDC Hev를 통해서 각 바퀴의 캘리퍼 압력을 전달하는 BAU, 기존과 제동 시스템과 동일한 기능(ABS,TCS,VDC)을 수행하는 VDC 유니트로 구성되어 있다.

차체자세제어를 수행하는 VDC는 휠 스피드 센서 요& 2G 센서, 압력센서, 조향각 센서가 있으며, 신규로 브레이크 페달 센서(BPS)가 추가 되었다.

- AHB(Active Hydraulic Boost) : 전기 펌프로 브레이크 유압을 형성하는 일종의 제동 배력장치 시스템
- HPU(Hydraulic Power Unit) : 운전자 요구제동력을 계산하고 회생제동과 유압 제동으로 분배후 유압
- 제어 BAU(Brake Actuation Unit) : 리저버,마스터 실린더,진공부스터 기능 수행(브레이크 페달 느낌 형성)
- BPS(Brake Position Sensor): 브레이크 페달 스트로크 감지센서

3) 구성부품 기능

(1) 주요특징

- 3개의 피스톤 펌프 적용
- 펌프 및 구동모터 내구성 향상
- 고압 메탈 벨로우즈형 어큐뮬레이터 적용
- 부스팅 챔버 압력제어

(2) 성능 및 소프트 웨어

- 솔레노이드 밸브 전류제어
- 구동모터 전류제어
- 압력센서 정보 기반 제어

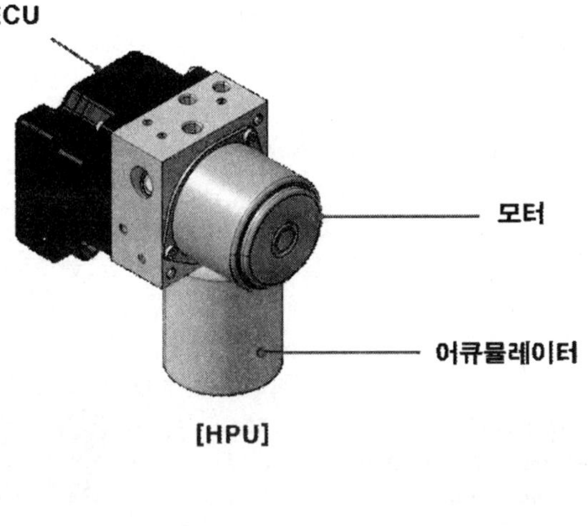

[HPU]

HPU의 특징은 3개의 피스톤 펌프로 작동하여 압력 맥동 및 진동을 저감 시켰으며 승압 성능이 향상되었다. 고압 메탈 주름 형상의 어큐뮬레이터가 장착되어 부스팅 챔버에 안정된 압력을 공급 할 수 있으며, 내부에는 선형제어 솔레노이드 밸브가 장착되어 정밀한 압력제어가 가능하다. 솔레노이드 밸브의 작동은 전류제어로 이루어지며, 저압제어 성능이 향상된다. 구동모터 펌프도 전류제어로 이루어지며, 진동저감 및 전력소모 감소 효과를 도모 하였다. HPU의 제어는 압력센서의 출력 값을 기준으로 제어된다.

(3) HPU 구성

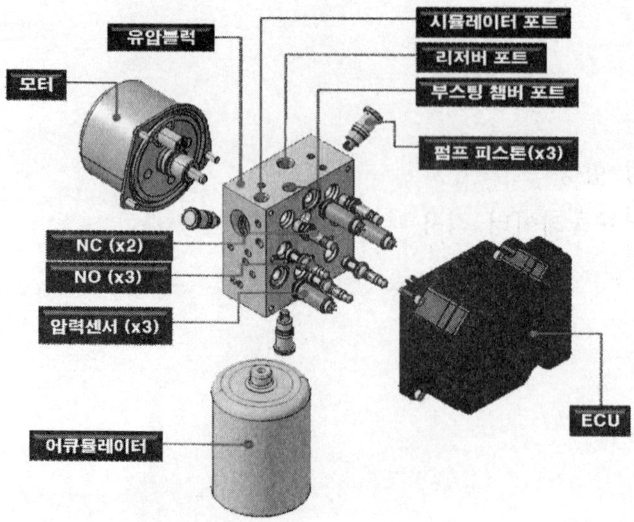

HPU

HPU는 ECU를 포함한 어셈블리로 구성되어 있으며 내부 부품으로 솔레노이드 밸브 5개 압력센서 3개, 펌프 피스톤 3개로 구성되어 있고 외부 부품으로 어큐뮬레이터, 모터, ECU 등으로 구성된다.

(4) 고압 어큐뮬레이터(High Pressure Accumulator)

고압 어큐뮬레이터는 내부에 질소 가스가 충진 되어 있으며, 모터펌프 작동시 HPU 회로내에 맥동을 흡수하여 안정된 유압을 제공하는 기능을 한다.

- ❖ 주름형 메탈 타입
- ❖ 질소 가스 충진
- ❖ 작동 유압: 140 ~ 180bar
- ❖ 최대 배출 유량: 46.3cc(180 → 100bar)
- ❖ 작동 유량: 17.4cc(180 → 140bar)

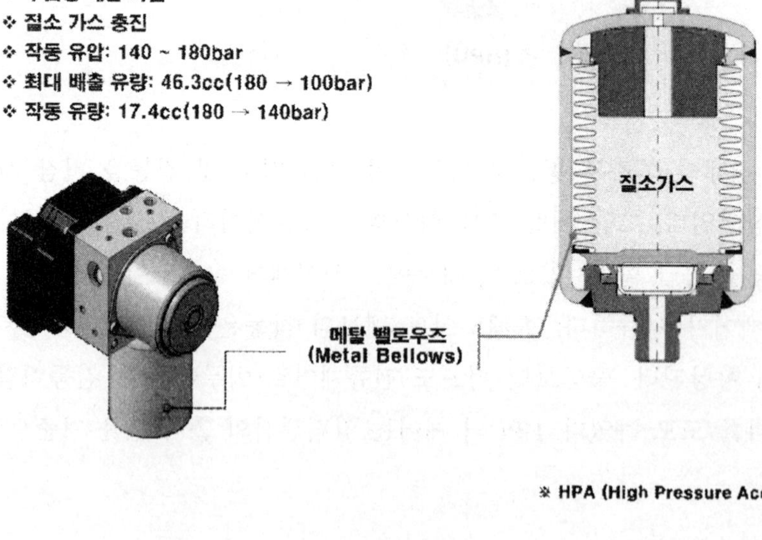

※ HPA (High Pressure Accumulator)

(5) HPU ECU

HPU ECU는 IG S/W 또는 브레이크 램프 스위치 작동 신호 입력시 Wake up된다. 특히 브레이크 페달센서는 2개의 신호가 입력되어 배선의 접촉불량으로 인한 신뢰성을 향상 시켰다. IG OFF 상태에 IG ON시 브레이크 경고등이 점등되었다가 3초후 소등되면 AHB 시스템은 정상이다.

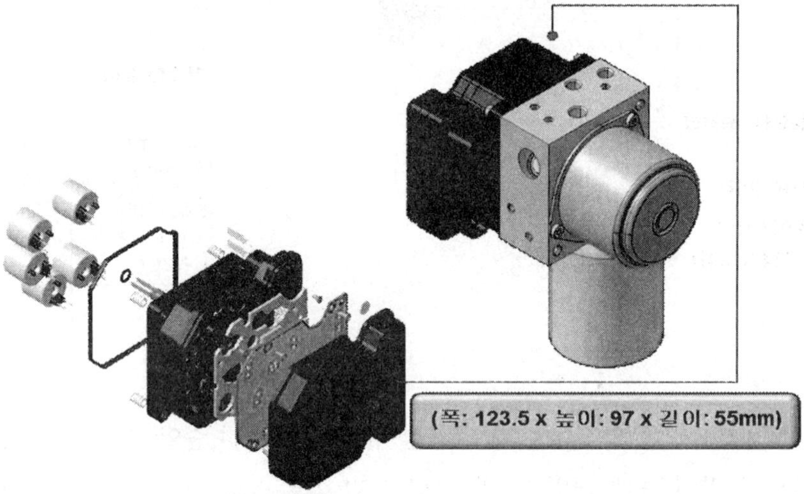

HPU ECU

(6) BAU(Brake Actuation Unit)

① 하드웨어 특징

- 유압 부스터 타입

② 소프트 웨어 특징

- 스프링 & 댐퍼 조합 이용
- 부드럽고 안정감 있는 페달느낌 확보
- 맥동전달 차단/이격
- 시뮬레이팅 & 압력 챔버 분리

③ 고장시 제동 안전성 확보

- 진공 타입 부스터 승압성능 HPU 압력송출

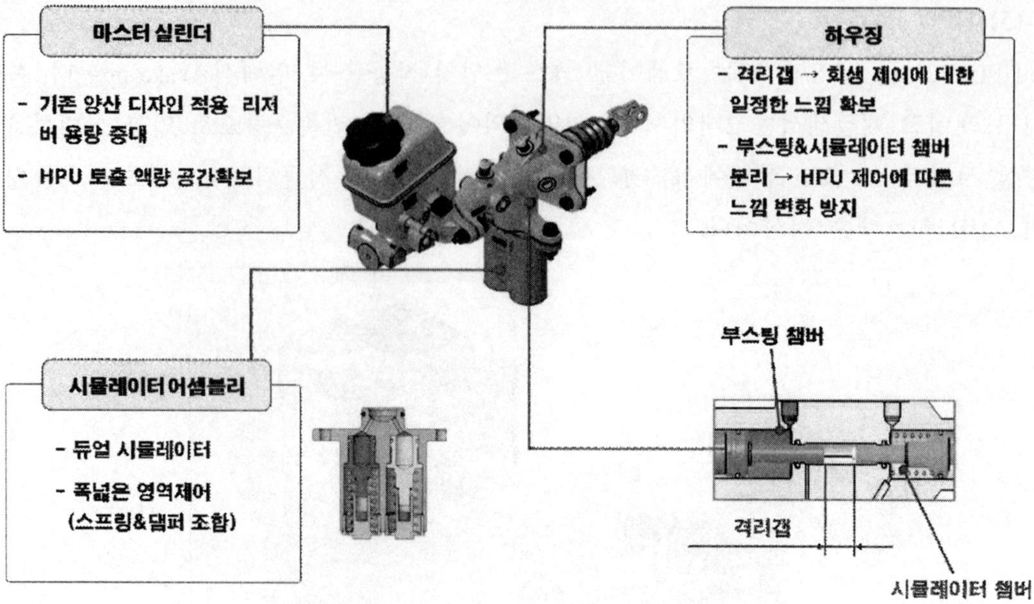

마스터 실린더는 기존 양산차량과 외관상 변함이 없으나,승압 부분의 유압 사용으로 리저버탱크의 용량이 증대 되었다. 위 그림과 같이 부스팅 챔버와 시뮬레이터 챔버 사이 격리갭을 두어 HPU 작동 및 회생제도에 따른 페달감의 변화가 발생하지 않도록 하였다.

3. AHB 시스템 작동원리

1) AHB 유압흐름

(1) 브레이크 비작동

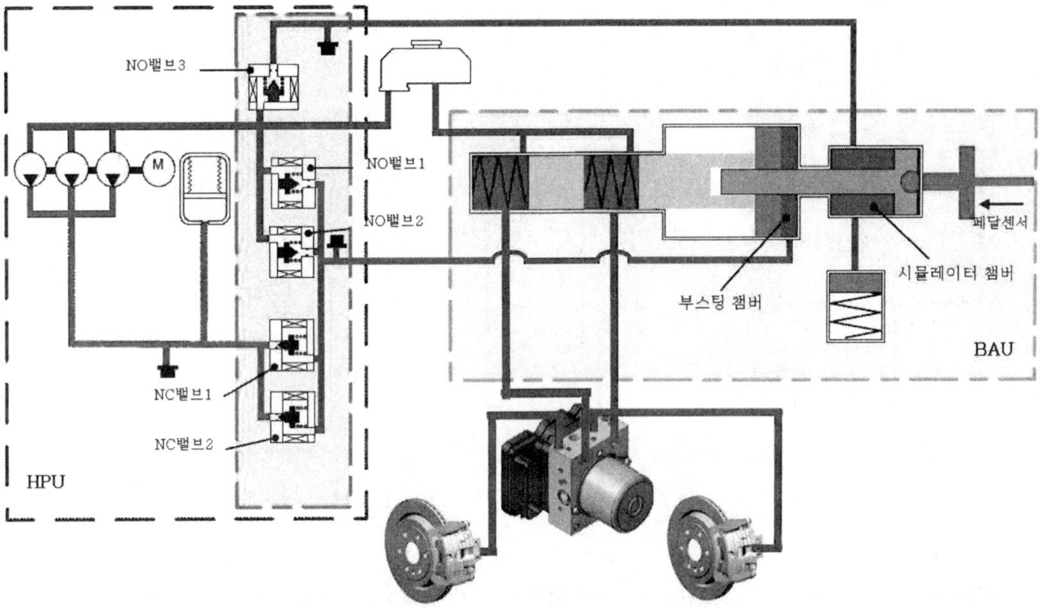

AHB 시스템	NO 밸브 1	NO 밸브 2	NO 밸브 3	NC 밸브 1	NC 밸브 2	모터
Mode	OFF(열림)	OFF(열림)	OFF(열림)	OFF(닫힘)	OFF(닫힘)	OFF

① HPU 내부는 NO 밸브 3개, NC 밸브2개 및 모터펌프로 구성되어 있다.

② NO 밸브3은 BAU의 시뮤레이터 챔버와 연결되어 있으며 비제동시 열려있고 제동시 닫힌다.

③ NO 밸브 1,2는 BAU의 부스팅 챔버와 리저버 탱크 사이에 장착되어 있으며 열림시 부스팅 챔버의 압력이 감압된다

④ NC 밸브 1,2는 고압을 생성하는 모터펌프와 부스팅 챔버 사이에 장착되어 있으며 모터펌프에서 생성된 압력은 밸브가 닫힘시 부스팅 챔버로 가는 압력을 차단하여 열림시 펌프압력이 부스팅 챔버에 전달 된다.

⑤ HPU 내부에는 압력센서 3개가 내장되어 있다. P1 압력센서는 펌프에서 발생된

압력을 측정하며, P2 압력센서는 마스터 실린더 즉 부스팅 챔버의 압력을 측정한다. P3 압력센서는 브레이크 페달과 연결된 시뮬레이터 챔버의 압력을 측정하여 운전자의 제동압력을 측정한다.

(2) 일반제동시

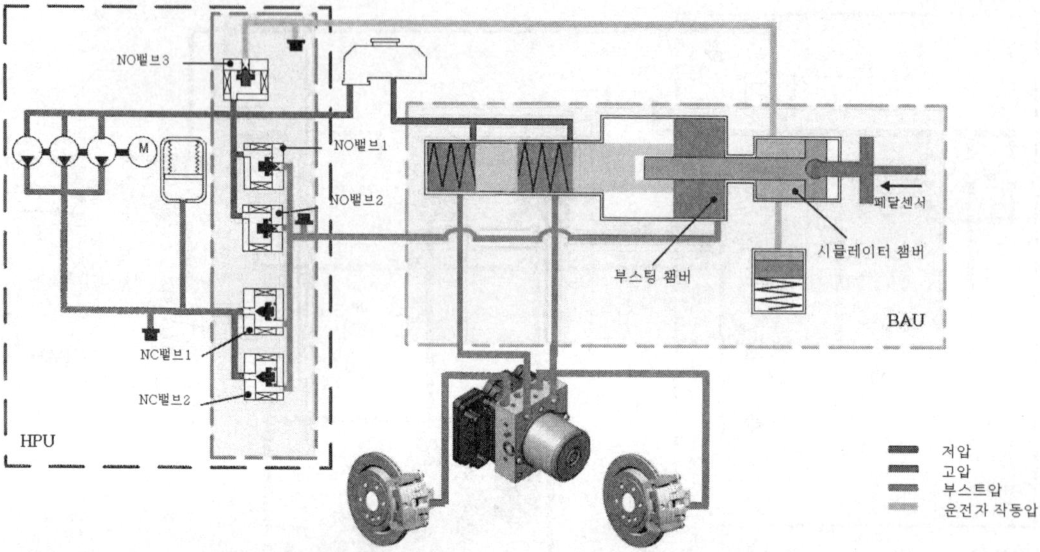

AHB 시스템	NO 밸브 1	NO 밸브 2	NO 밸브 3	NC 밸브 1	NC 밸브 2	* 모터
Mode	ON(닫힘)	ON(닫힘)	ON(닫힘)	ON(열림)	ON(열림)	ON/OFF

① 일반제동시 NO 밸브 1,2,3는 "ON" 상태로 닫히게 되며 펌프는 챔버의 압력에 따라 ON 또는 OFF 작동 한다.

② NC 밸브 1,2는 "ON" 상태로 열리게 되어 펌프에서 형성된 압력이 부스팅 챔버에 공급되어져 마스터 실린더에 압력이 형성되어 진다.

(3) 회생 제동시

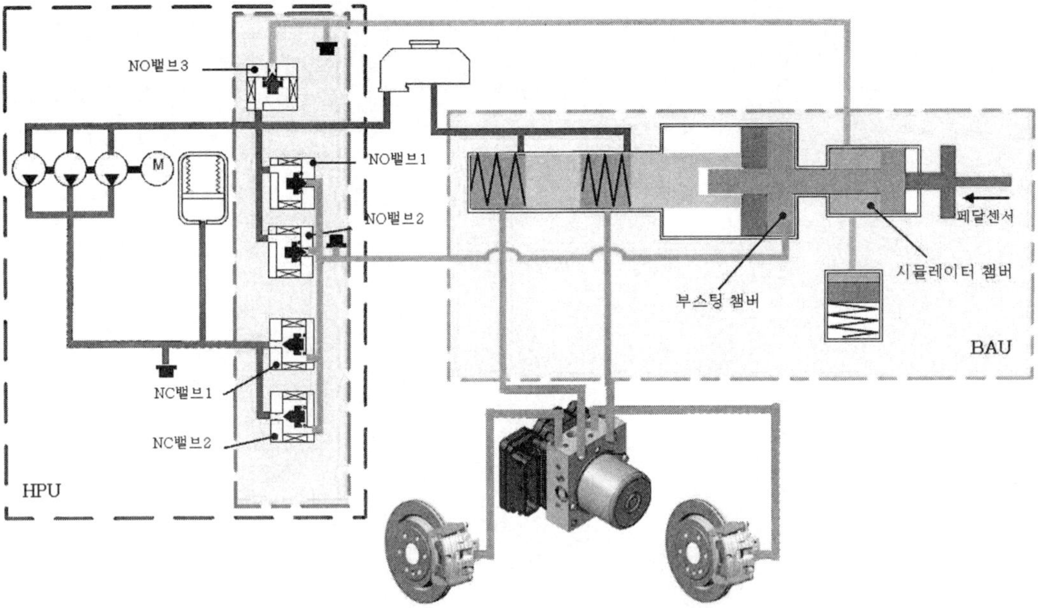

AHB 시스템	NO 밸브 1	NO 밸브 2	NO 밸브 3	NC 밸브 1	NC 밸브 2	* 모터
Mode	전류제어	전류제어	ON(닫힘)	전류제어	전류제어	ON

① 회생제동시 NO 밸브 1,2,3 와 NC 밸브 1,2는 전류제어를 통하여 유압을 감압 또는 증압시켜 부스팅 챔버의 압력을 조절하므로 회생제동이 가능하도록 작동 한다.

② 전체 제동력(운전자 요구제동력)내에서 유압제동력 증압시 회생 제동력은 저하되고, 유압제동력 감압시 회생제동력은 증가되어 생성되는 전기에너지 또한 증가된다.

제 8 장
주행 안전 시스템

1. 주행 안전시스템 개요

차량 발달의 고급화가 이루어지며 그에 따른 차량의 전장 시스템 및 주행 안전장치의 기능이 최첨단으로 진화되고 있는데, 이장에서는 차량에 적용된 최첨단 주행 안전 시스템들을 간략하게 이해하고 활용방법에 대해 알아봅니다.

2. ASCC(Advanced Smart Cruise Control)

크루즈 컨트롤 시스템은 정상 주행 조건 (약 40km 이상) 에서 설정된 속도를 유지하는 속도 조절 시스템이다.

주요 구성부품은 크루즈 컨트롤 스위치, 트랜스미션 레인지 스위치, 브레이크 스위치, 차속 센서, ECM과 ETS 모터로 구성된다.

크루즈 컨트롤 시스템은 스티어링 휠의 오른쪽에 있는 "ON/OFF" 메인 스위치에 의해 작동 대기/취소가 가능하며, 스위치의 작동을 통해 설정 속도를 올리거나 내릴 수 있다.

정속 주행 중에 브레이크를 밟거나 변속 레버를 변속하면 정속주행은 자동 해제되고, 쓰로틀은 공회전 위치로 변경된다.

1) ASCC 시스템 구성

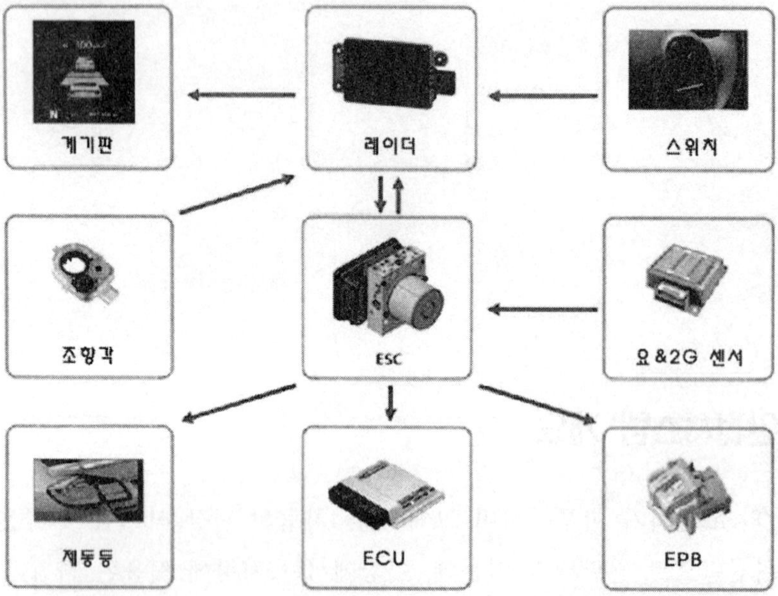

2) ASCC 기능

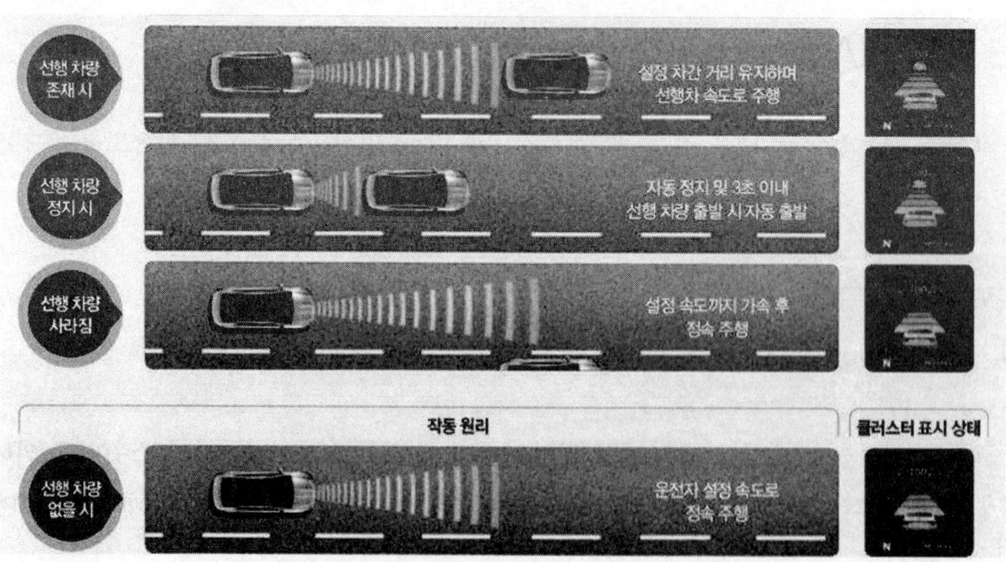

■ 스위치 기능 상세설명

(1) "ON/OFF" 스위치

크루즈 컨트롤 시스템의 메인 스위치로서 시스템을 ON, OFF 할수 있다.

① 시스템 ON 상태 - 계기판에 CRUISE 점등

② 시스템 OFF 상태 - 계기판에 CRUISE 소등

(2) "SET/-" 스위치

① 시스템 설정

"SET/-" 스위치를 눌러 시스템을 설정한 순간의 계기판이 가리키는 속도가 설정 속도가 된다.

② 설정 속도 감소

시스템이 설정된 상태에서 "SET/-" 스위치를 누르면 설정 속도가 감소 하게 된다.

③ 설정 속도 감소 스위치 조작 방법

"SET/-" 스위치를 짧게 누르면 약 2km/h 씩 감소된다.

"SET/-" 스위치를 길게 누르면 점차적으로 속도가 감소된다.

(3) "RES/+" 스위치

① 시스템 재설정

시스템 자동 해제 조건에 의해 시스템이 해제된 경우, "RES/+" 스위치를 눌러 해제되기 전의 설정 속도로 재설정 할수 있다.

② 설정 속도 증가

시스템이 설정된 상태에서 "RES/+" 스위치를 누르면 설정 속도가 증가 하게 된다.

③ 설정 속도 증가 스위치 조작 방법

"RES/+" 스위치를 짧게 누르면 약 2km/h 씩 증가된다.

"RES/+" 스위치를 길게 누르면 점차적으로 속도가 증가된다.

(4) "CANCEL" 스위치

시스템이 설정된 상태에서 "CANCEL" 스위치를 누르면 시스템 설정이 해제 된다.

3) 전방 레이더 센서

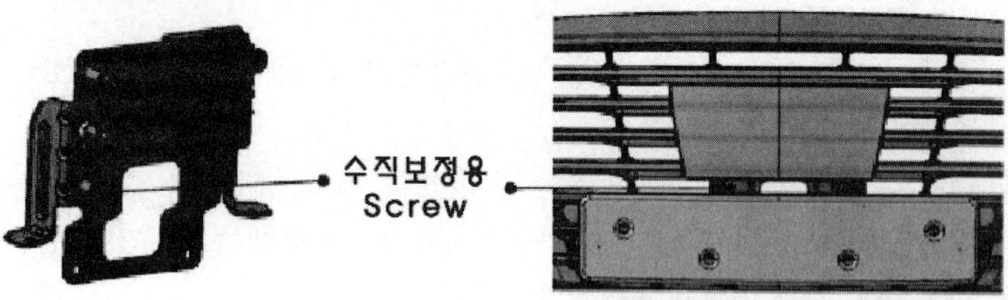

전방 레이더 센서 장착상태

4) 시스템 팝업 메세지

ASCC 스위치 ON

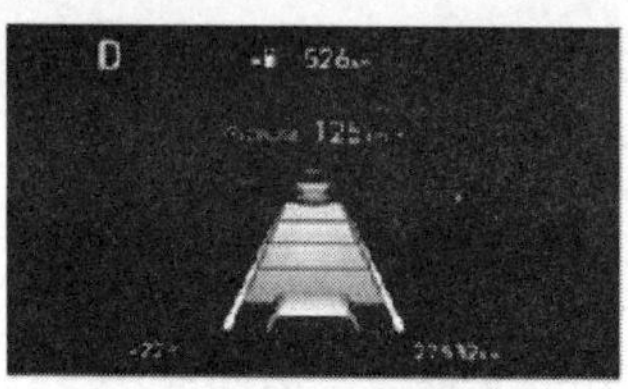

차간거리 4단계 제어

ASCC 자동해제

ASCC 비작동 조건

ASCC 시스템 고장

레이더 이물질 가림

5) 전방 레이더 센서 얼라이먼트

<table>
<tr><td>수 직</td><td>
▸ 수평면 확보를 위한 리프트</td><td>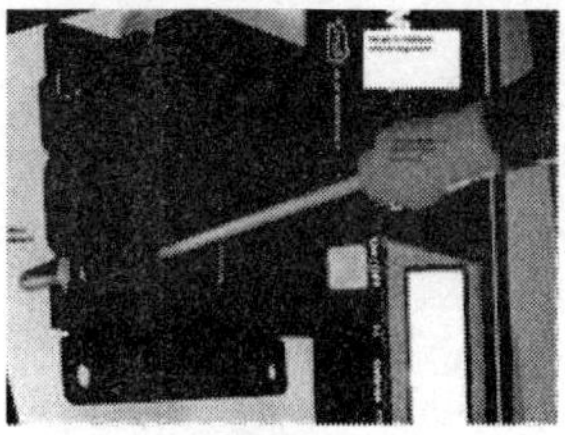
▸ 수직 보정 방법</td><td>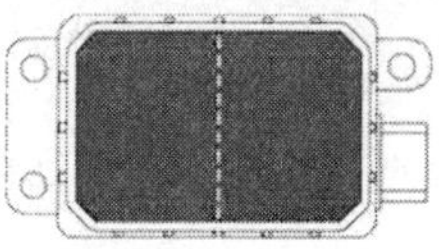
▸ 수평계 측정 기준위치 (90도)</td></tr>
<tr><td>수 평</td><td></td><td colspan="2">1. 차속 50km/h 이상 (저속에서는 진행되지 않음)
2. 가급적 직선구간 (곡선에서는 진행되지 않음)
3. 가드레일 등 주변에 고정물체 많을 것
4. 눈, 비가 없는 건조하고 맑은 날
5. 터널, 톨게이트 등의 구조물을 통과하는 코스는 피할 것</td></tr>
</table>

3. LKAS(Lane Keeping Assist System) 주행 조향 보조 시스템

1) LKAS 개요

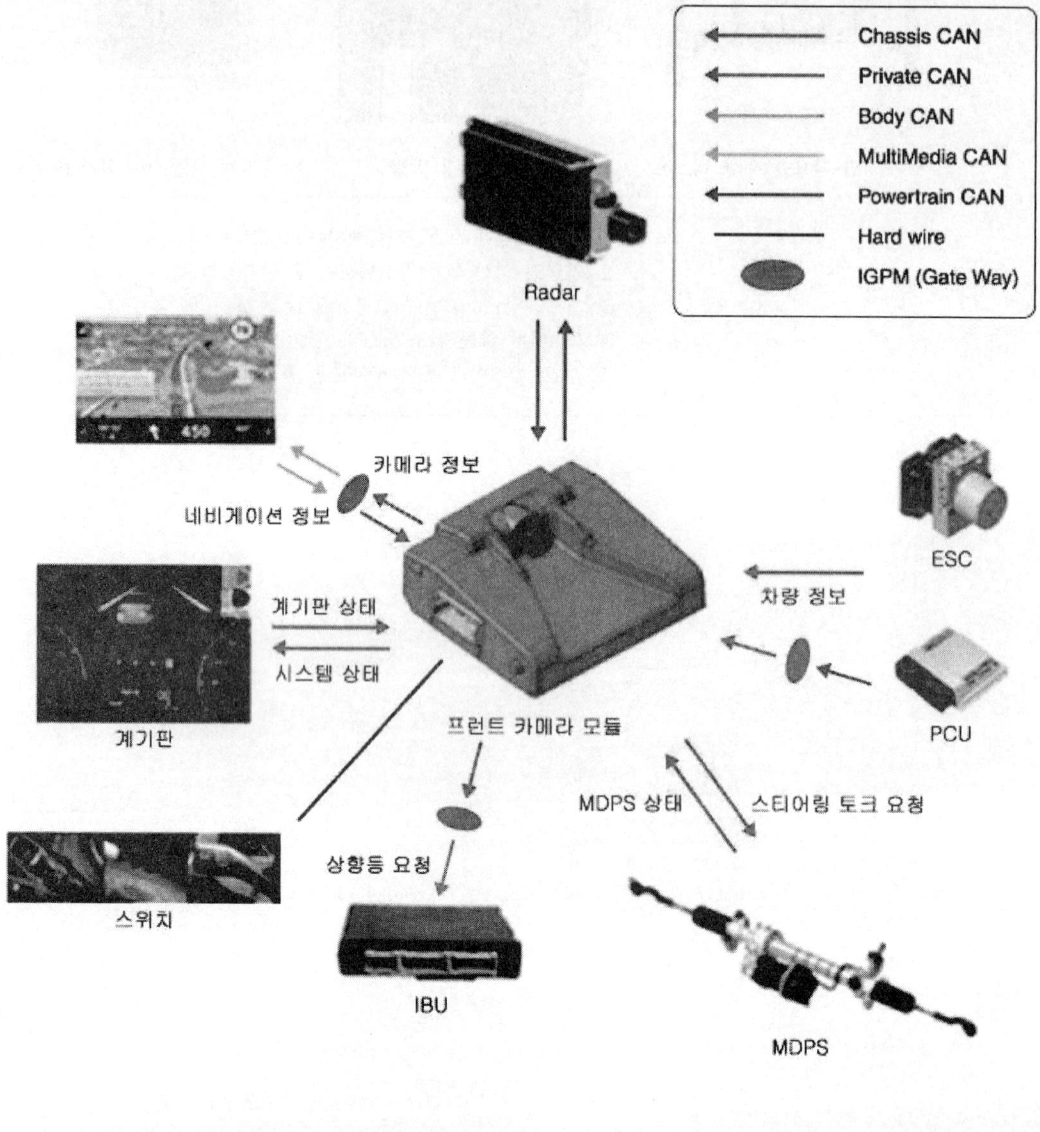

2) 시스템 기능

주행 조향 보조 시스템(LKAS) 유닛은 전방카메라의 인식 정보(차선/광원/차량/보행자)와 차량 신호정보(CAN 통신)를 이용하여 아래의 기능을 지원한다.

(1) 주행 조향 보조 시스템(LKAS, Lane Keeping Assist System) : 의도하지 않은 차선 이탈을 감지하여 경보 및 MDPS를 이용한 조향제어를 통해 차선유지를 보조.

(2) 상향등 자동 제어(HBA, High Beam Assist) : 주행 차량 전방의 선행차량 및 대향 차량의 램프 광원을 인지하여 상향등의 On/Off를 제어하는 시스템.

(3) 부주의 운전 경보(DAA, Driver Attention Alert) : 주행패턴을 분석하여 경보음 및 경보 메시지 표출.

(4) 고속도로 주행지원(HDA, Highway Driving Assist) : SCC 레이더와 연동하여 고속도로 내에서 차간거리 및 차로를 유지하는 통합제어 기능.

(5) 후측방 충돌 회피(ABSD), 자동 긴급 제동(AEB)시스템 지원

3) 전방인식 카메라 기능

DAA (Driver Attention Alert)	LKAS (Lane Keeping Assist System)	HBA (High Beam Assist)

운전자 부주의 운전시 경보	차선 이탈 방지를 위한 조향보조	전방 차량에 따른 하이빔 (ON/OFF)
		 차량인식  보행자인식
표지판 인식	차선이탈경보/유지	

4) DAA(Driver Attention Alert) 부주의 운전 경보

(1) 시스템 레이아웃

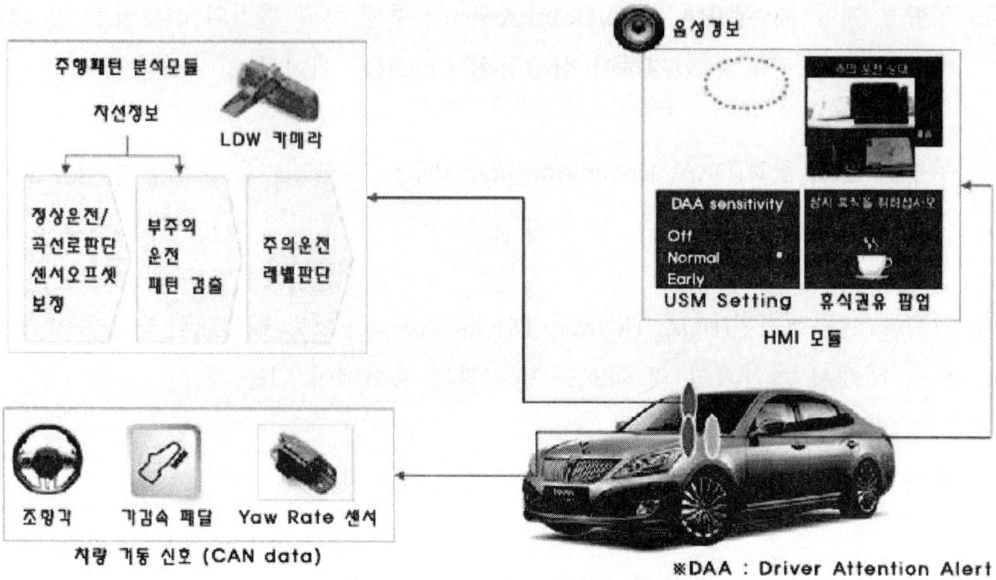

(2) 연속 주행시간 반영

부주의 운전 패턴 없이 운전을 하더라도, 휴식 없이 연속 주행할 경우 심리적 피로도를 반영

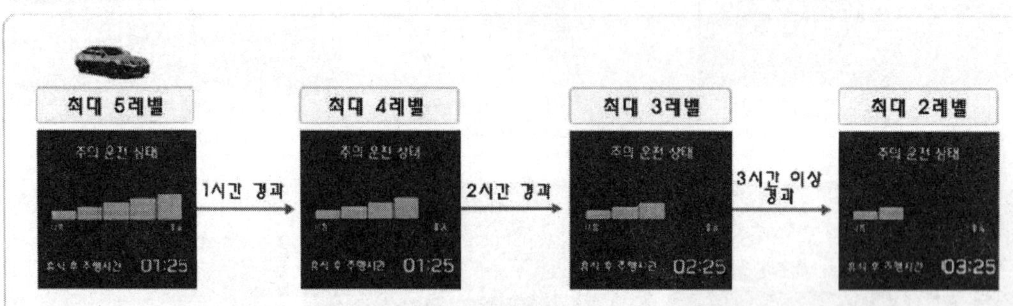

급감속 패턴 (Slam brake)

운전자가 전방 충돌의 위험을 느껴 급 감속한 경우, 부주의 운전 상태로 레벨에 반영

5) HDA(Highway Driving Assist) 고속도로 주행지원 시스템

차간거리 제어/차선유지 제어/고속도로 본선 판단

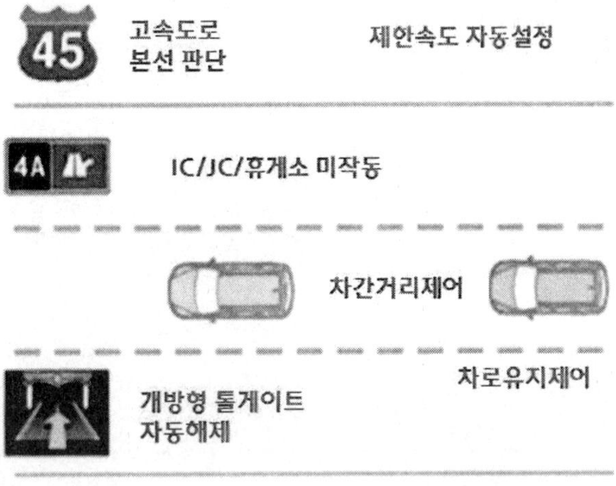

4. AEB(Autonomous Emergency Braking System) 자동 긴급 제동 시스템

1) AEB 개요

AEB 시스템은 운전자의 주의 산만과 같은 요인으로 제동시점이 늦어지거나 제동력이 충분히 확보 되지 않아 발생할 수 있는 사고에 대한 충돌회피 또는 피해경감을 목적으로 하는 기능이다.

▶AEB 기능 동작 개요

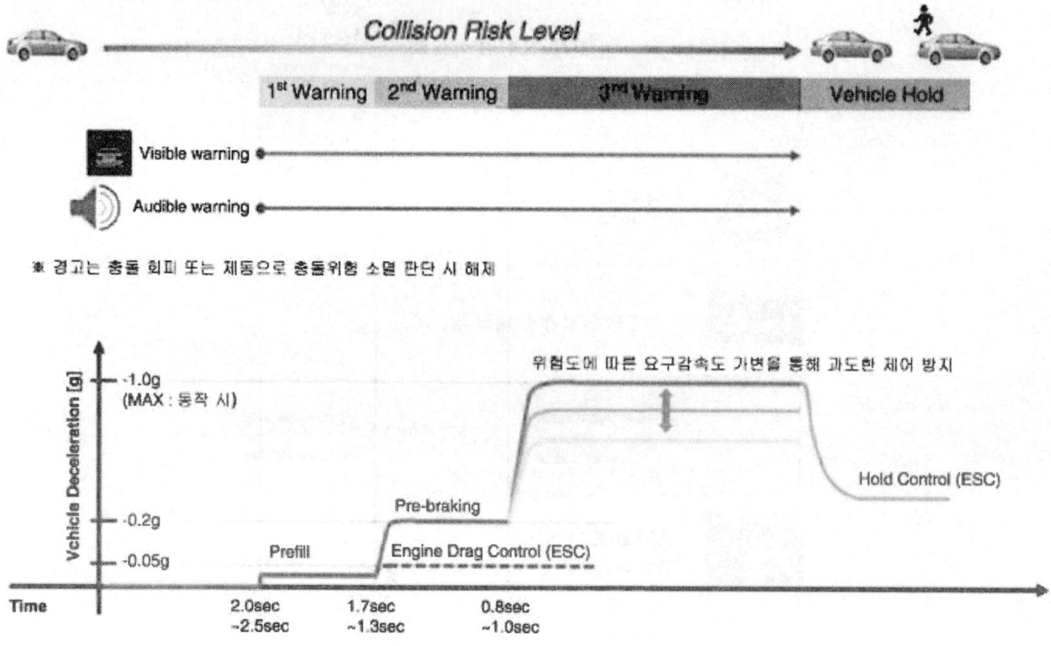

(1) 주요 사항

① AEB 작동 ON/OFF 및 경보 시점 3단계 제어

② (빠름-보통-늦음) USM에서 설정

③ 경보 형태는 계기판 이미지와 부저음

④ 사물의 정확한 인식을 위해 레이더와 카메라 정보 퓨전

2) AEB 시스템 구성

3) AEB 작동

<table>
<tr><th colspan="2" rowspan="2">구 분</th><th colspan="2">작동 사양</th></tr>
<tr><th>차량 AEB</th><th>보행자 AEB</th></tr>
<tr><td colspan="2">작동 속도</td><td>- 동작 범위 : 0~180Km/h
- HIGH G 제어 : 0~80Km/h
(80Km/h 이상시 HIGH G 제어 금지)</td><td>- 동작 범위 : 0~70Km/h
- HIGH G 제어 : 0~70Km/h
(70Km/h 이상시 모든 경고 제어 금지)</td></tr>
<tr><td colspan="2">작동 거리</td><td>- 레이더 : 0~150m(Partial G 제어)
- 센서 퓨전 : 0~60m(HIGH G 제어)</td><td>- 센서 퓨전 : 0~50m(HIGH G 제어)</td></tr>
<tr><td colspan="2">제어
진입 속도</td><td colspan="2">8Km/h이상 (스위치는 Default ON)</td></tr>
<tr><td rowspan="3">HMI</td><td>경보
시점</td><td colspan="2">3단계(빠름-보통-늦음) 경고 시점 선택 가능 : 계기판 USM</td></tr>
<tr><td>경보
형태</td><td colspan="2">경고음과 계기판의 경고 메시지(전방 주의→추돌 주의→긴급 제동)</td></tr>
<tr><td>시스템
OFF</td><td colspan="2">시스템 OFF 선택시 고장시와 동일한 경고등 점등</td></tr>
</table>

5. ABSD(Active Blind Spot Detection) 후측방 충돌 회피지원 시스템

1) ABSD

후측방 경보 시스템은 리어 범퍼에 레이더 센서 2개가 장착되어 전파 레이더를 이용하여 후행 차량과의 거리 및 속도를 측정하여 주행 중 후측방 사각 지역 장애물 감지 및 경보(시각, 촉각, 청각)를 제공하는 시스템이다.

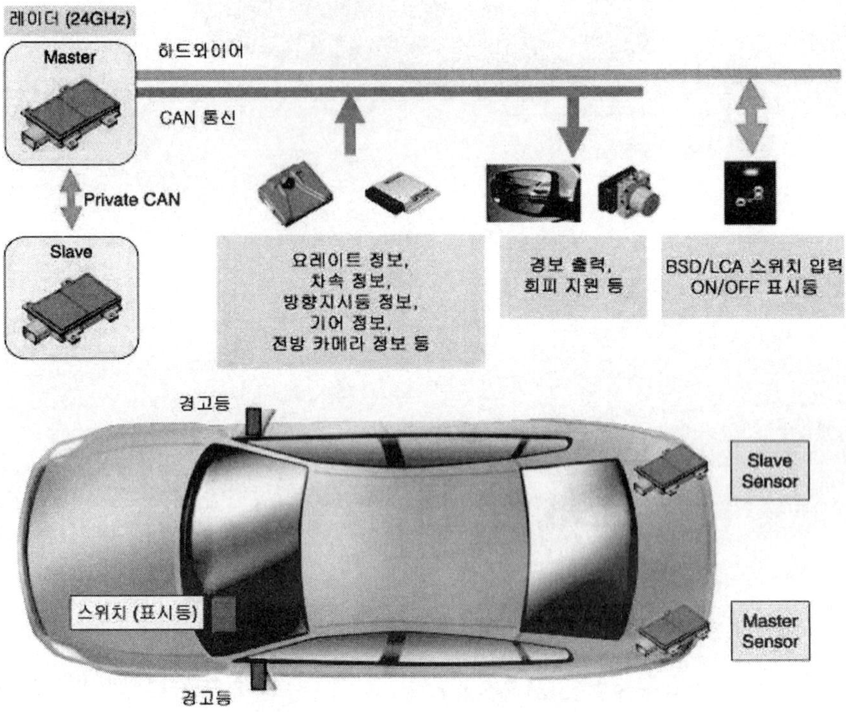

(1) 후측방 충돌 회피 지원(ABSD, Active Blind Spot Detection) : 후방 사각 지역에 있는 다른 차량을 감지해 사이드 미러 경고 표시를 통해 운전자에게 경고하거나 편제동 제어한다.

(2) 후측방 경보 시스템(BSD, Blind Spot Detection) : 후방 사각 지역에 있는 다른 차량을 감지해 사이드 미러 경고 표시를 통해 운전자에게 경고를 한다.

(3) 차선 변경 보조 시스템(LCA, Lane Change Assist) : 차량 양쪽의 후측방에 고속으로 접근하는 차량을 감지하여 운전자에게 경보한다.

(4) 측방 접근 경보 시스템(RCTA) : 자차를 후진 시 후방 측면에서 접근하는 대상차량에 대해서 경보를 발생한다.

ABSD (Active BSD)	BSD (Blind Spot Detection)	LCA (Lane Change Assist)	RCTA (Rear Cross Traffic Alert)
		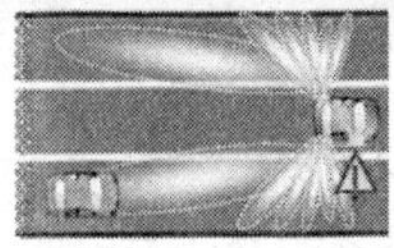	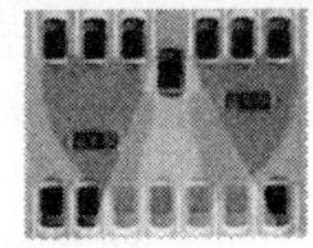
• 후측방 충돌 회피 지원	• 사각 지대 차량 경보	• 후방 고속 접근차량 경보	• 후진시 측면 접근차량 경보

사각지역 또는 후방 고속 접근 차량 존재 시 운전자에게 경보 또는 편제동 제어

부 품	내 용
ON/OFF 스위치	시스템 ON/OFF(운전자 선택)
경보 인디케이터	후측방 차량 접근시 운전자 경보
레이더 센서	기 능 : 후측방 접근 차량 감지 - 감지 거리: 후방 70m - 측정 DATA: 상대 속도 및 위치 주파수 : 24 GHz (Narrow Band)

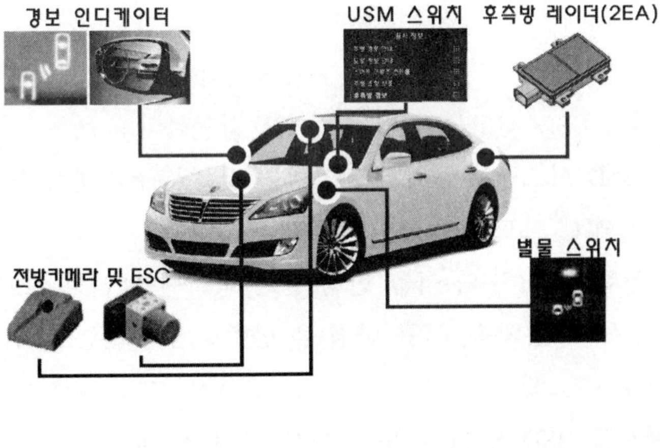

2) 시스템 동작모드

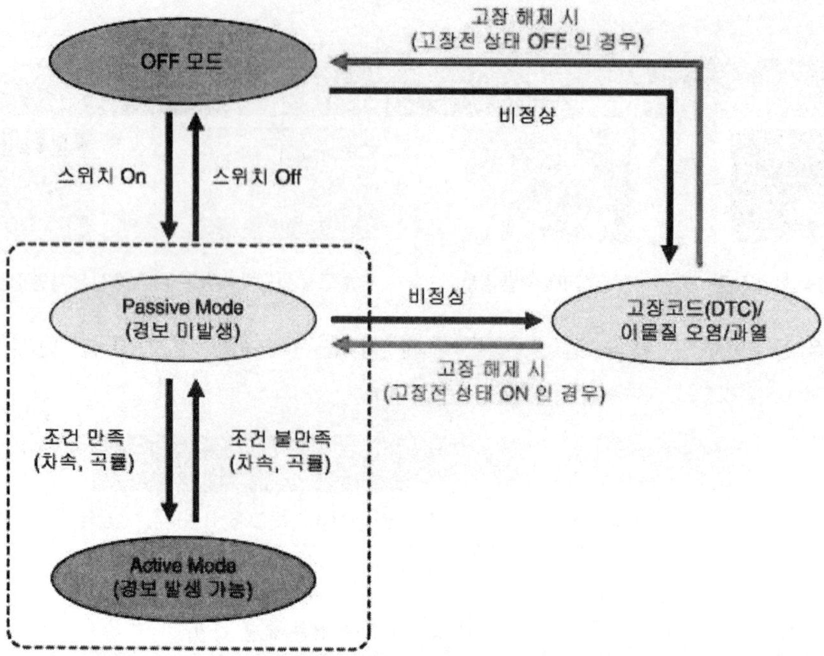

(1) 스위치 OFF 상태에서 시동을 걸면 OFF 모드

(2) OFF 모드에서 ON 스위치를 누르면 패시브 모드

(3) 스위치 ON 상태에서 시동을 걸면 패시브 모드

(4) BSD 스위치 ON 상태에서 시동을 걸거나, 또는 BSD 스위치 OFF 상태에서 ON하면 도어 미러의 BSD 경고등이 약 2~3초간 점등한다.
이런 점등은 BSD 시스템이 준비가 되었다는 것을 운전자에게 알려주기 위함이다.
(단, 시스템이 페일 모드이면 위의 점등 기능 안됨)

(5) 주행 중, 활성화 조건(차속, 곡률 반경)을 만족하면 액티브 모드(경고 발생)

(6) 주행 중, 활성화 조건(차속, 곡률 반경)을 만족하지 못하는 경우 경고 패시브 모드(경고 해제)

(7) 어떤 모드에서도 BSD & LCA 동작 이상 발생 시 페일 모드

(8) 페일모드에서 고장 해제 시 고장 이전상태로 복귀

(9) BSD & LCA 기능 동작(액티브/ 패시브 모드) 중, OFF 스위치를 누르면 OFF 모드로 이동

3) 동작 조건(BSD/LCA/RCTA)

BSD&LCA&RCTA on/off 스위치	

▸ 자차속도 : 30 ~ 255Km/h ▸ 목표차량 상대속도 : -10 ~ 255Km/h ▸ 곡률반경 : 125m ↑ ▸ TTC(추돌시간) : 4.5s ↓	▸ 기어 : R단 ▸ 자차속도 0 ~ -10km/h ▸ 목표차량 상대속도 : 4 ~ 36km/h ▸ 감지거리(좌/우) : 1 ~ 25m
BSD 및 LCA 기능과 RCTA 기능은 별도로 동작을 선택할 수 있다.	

제 9 장

배터리

1. 고전압 배터리 개요 (HVBS : High Voltage Battery System)

하이브리드 전기자동차(BMS)는 차량 내 타시스템(HCU, MCU 등)과의 통신을 통하여 배터리 SOC(State Of Charge), 파워제한, 자기진단, 셀밸런싱, 냉각제어를수행한다.

전기동력시스템은 DC 270V의 고전압배터리와 AC 270V/30KW급 3상교류동기모터, MCU(모터제어기), LDC, 파워케이블 등으로 구성되어있다.

기존차량에 장착되어 사용해왔던 DC 12V 배터리의 경우 하이브리드 전기자동차에서는 일반 바디전장이나 각종제어 ECU 동작을 위한 보조 배터리의 개념으로 이해해야 하며, 정격전압 270V의 고전압배터리시스템은 12V 보조배터리와는 완전히 분리되는 독립적인 전원시스템임을 주지해야 한다.

다음 그림은 고전압배터리 시스템과 연결된 전체적인 하이브리드 시스템 구성도이다.

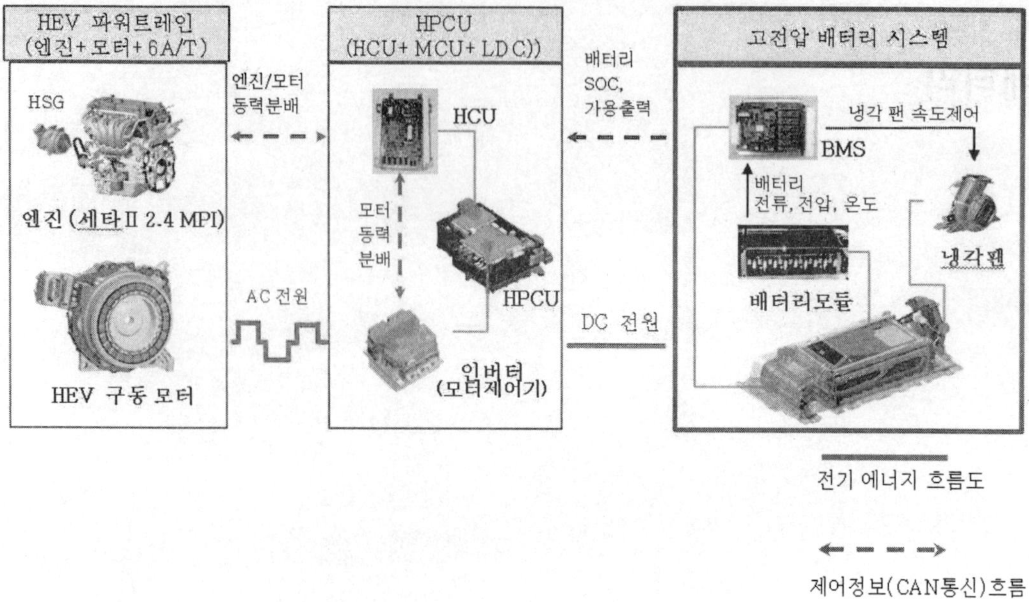

■ 고전압배터리시스템(HVBS : High Voltage Battery System)

■ 배터리관리시스템(BMS : Battery Management System)

- BMS는 고전압배터리시스템을 제어하는 제어기

2. 시스템 구성

1) 주요 구성품 및 기능

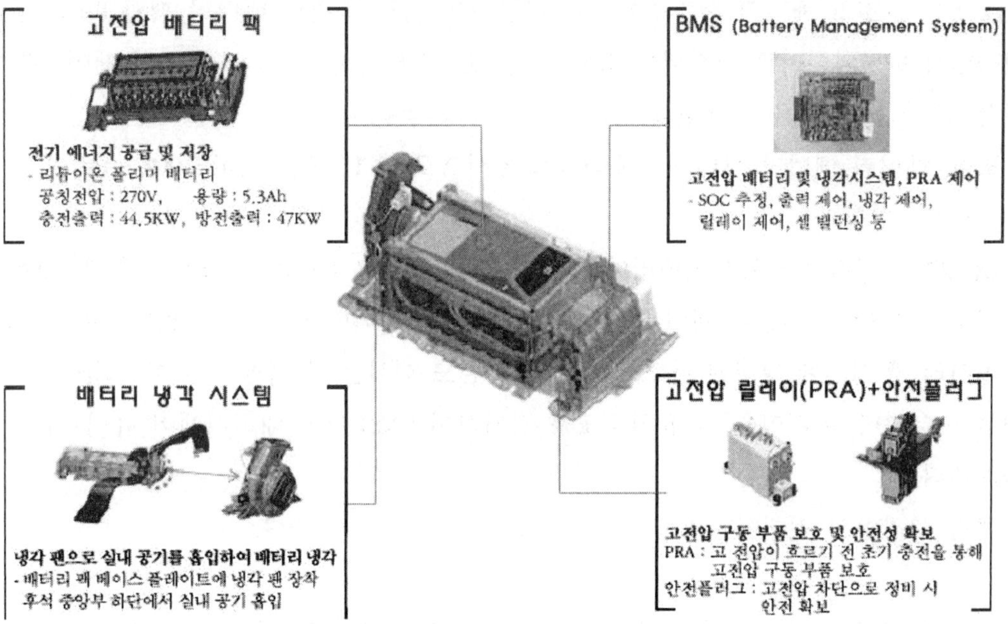

■ PRA 약어 : Power Relay Assembly

2) 장착위치

고전압 배터리는 트렁크 내에 위치하고 있으며, Steel Package Cover에 의해 보호된다. Steel Cover를 탈거하면 중앙에 고전압 배터리 모듈이 장착되어 있다.

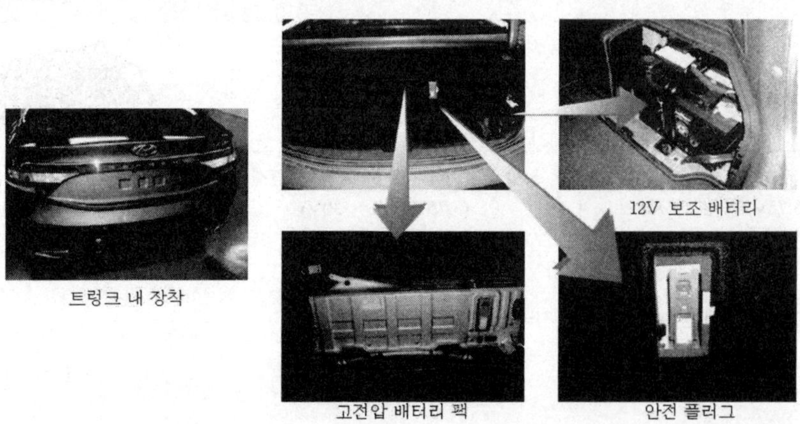

3. BMS(Battery Management System)

1) BMS 개요

BMS는 고전압 배터리 시스템을 제어하는 제어기로 주변의 배터리 팩과 PRA, 냉각 시스템과 하드와이어로 연결되어 SOC 추정, 출력 제어, 냉각 제어, 릴레이 제어, 셀 밸런싱, 고장 진단 등을 수행한다.

또한, 배터리 에너지 상태 정보를 CAN 통신으로 HCU 또는 인버터(MCU)로 송신하는 역학을 한다.

DC 270V 정격의 리튬이온폴리머(Li-Pb) 배터리는 DC 3.75V의 배터리 셀 총 72개가 직렬로 연결되어 있고, 한 개의모듈은 8개의 셀로 구성되며, 9모듈+1BMS는 1팩이 된다.

배터리 팩 상단에 장착된 온도센서 및 외기온도 센서는 부 특성 더어미스터(NTC) 소자를 사용하며, 배터리 냉각 유입온도를 감지하여 BMS ECU(배터리제어 유니트)로 입력시킨다.

차량 가감속시 전기에너지를 저장 및 공급하는 기능을 한다.

- 배터리 팩 사양 : 리튬이온폴리머 270V, 5.3Ah, 34KW
- 전류차단 구조 적용으로 과충전 안전성확보

2) 고전압 배터리 구성

셀(cell)	셀 모듈 (Cell Module)	배터리 팩 (Battery Pack)
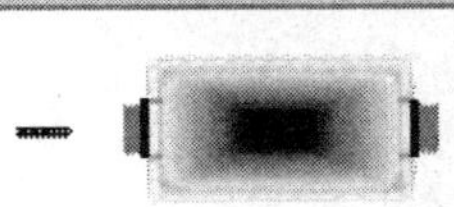		
배터리 구성의 최소 단위 1셀 = 3.75V, 용량 5.3Ah	1 모듈 = 8개의 셀이 직렬로 연결 (3.75V × 8 = 30V)	1팩 = 9개의 모듈이 직렬로 연결 (30V × 9 = 270V)

배터리 어셈블리에는 1개의 외기온 센서와 2개의 배터리 온도 센서가 장착되어 있다. 이들 센서는 부특성 써미스터 소자를 사용하며, 감지된 온도를BMS로 입력한다.
배터리 온도 센서 측정 값 : 외기온 25℃에서 10KΩ±10%

3) 리튬이온 폴리머 배터리 특징

	NI-MH (니켈 메탈 수소)	LI-PB (리튬이온 폴리머)	비고
셀당 전압	1.0V~1.6V(1.2V)	2.5V~4.3V(3.75V)	동일 전압인 경우 부피가 작아진다
수명	보통	우세	
특징	내부 수소가스 있음	내부 수소가스 없음	가스 배출 없음
자기방전 (selfdischarge)	보통	거의 없음 (모비스 보관품 기준 18개월)	3개월마다 상태체크 23±3℃ / 습도60%

4) 배터리사양

항목	세부내용	비고
타입	LI-PB(리튬이온 폴리머)	
정격전압	270V	3.75V×72셀
정격용량	5.3Ah	
중량	약 38kg	배터리 팩 어셈블리
가용전압	200V~310V	각 셀(2.5V~4.3V) 1.5V이하, 4.8V이상시 고장판정 조건
가용전유	(-)200A~(+)200A	(-)충전, (+)201방번
가용온도	-30℃~55℃	

5) 소프트웨어 구성

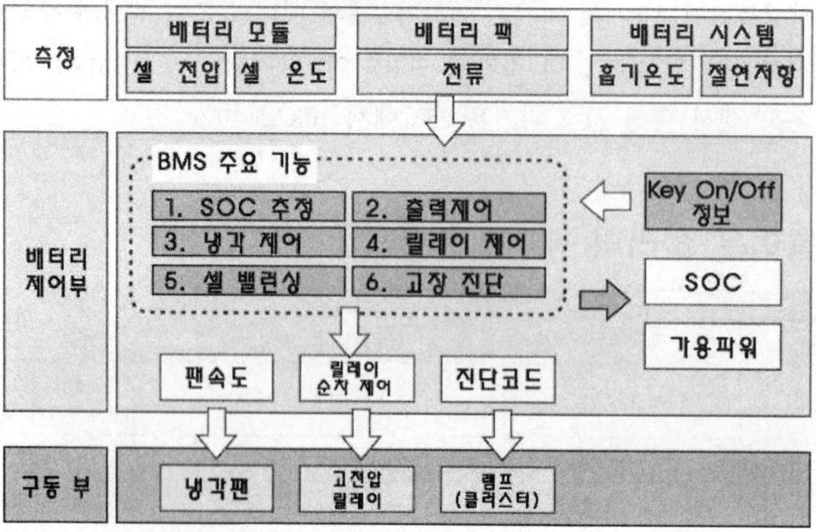

6) BMS 제어 기능

(1) SOC 모니터링 및 파워제한

하이브리드 자동차는 모터를 이용하여 엔진의 동력을 보조하기 때문에 고전압 배터리가 최적의 효율을 낼 수 있도록 SOC를 최적의 상태로 유지해야 한다. BMS는 배터리의 전압 및 전류, 온도를 측정하여 배터리의 SOC를 계산하고 이 값을 HCU에 송부하며, 최종적으로 HCU가 배터리의 적정 SOC 영역을 관리한다.

① SOC 0% : 셀 전압 2.5V, 배터리 팩 200V

② SOC 100% : 셀 전압 4.3V, 배터리 팩 310V

③ SOC 60% : 셀 전압 3.75V, 배터리 팩 270V

고전압 배터리의 SOC는 최소 25% ~ 최대 92%로 유동성이 있으나 이 범위를 벗어나서는 안 된다.

평상시에는 약 60±15% 정도로 제어된다.

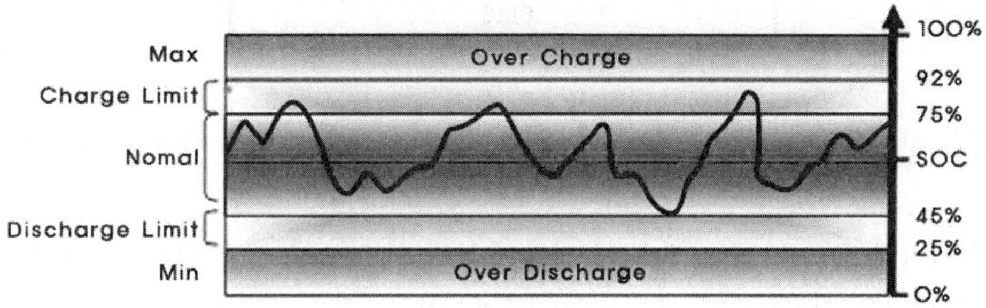

BMS는 배터리 SOC 값을 산출하여 SOC 92%이상에서는 충전을 제한하고, SOC 25% 미만에서는 방전을 제한하도록 HCU에 요청한다.

HCU는 고전압 배터리가 최적의 효율을 낼 수 있는 영역인 약 60±15%의 SOC 상태를 유지하도록 제어하며 이 조건에서는 정상적으로 배터리 충전 및 방전이 이루어진다.

(2) 셀 밸런싱

고전압 배터리는 배터리 내구 수명을 증대시키고 배터리의 에너지 효율을 증대 시키기 위해 배터리 충전 시 모든 Cell 전압을 동일하게 유지해야 하는데, 이를 셀 밸런싱이라 한다.

BMS는 셀 밸런싱을 위해 위해 총 72개의 셀 중 가장 낮은 셀 전압에 맞추어 다른 셀의 전압을 떨어뜨린다.

BMS가 배터리 셀들의 전압을 맞추지 못해 셀간 최대 전압 차가 1V 이상이 되면 고장코드가 발생한다.

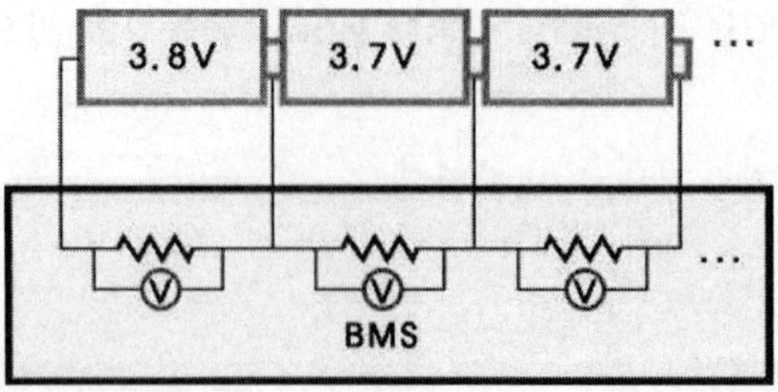

그림과 같이 배터리 셀들은 BMS와 전압 센서 신호 라인으로 연결되어 있다.

만약 하나의 셀이 다른 셀에 비해 전압이 높다면, BMS는 셀에 연결된 저항을 사용하여 셀 방전을 시킴으로써 전압을 낮춰주게 된다.

■ 셀 밸런싱은 승압 기능은 없으며, 낮은 전압을 기준으로 밸런싱을 수행한다.

(3) 각 제어

고전압 배터리가 최적의 효율을 내기 위해서는 온도 관리가 매우 중요하다. 특히 하이브리드 자동차에 탑재된 고전압 배터리는 고온에 장시간 노출 될 경우 성능 저하 등이 발생할 수 있으므로, 냉각 팬 제어를 통해 적정 온도를 유지해야 한다.

배터리가 최적의 성능을 발휘할 수 있는 온도는 평균 31℃ 로 BMS는 배터리 온도 정보, 차속 등을 참조하여 냉각 팬 속도를 결정 하고, PWM제어를 통해 블로워 릴레이를 제어함으로써 최적의 온도를 유지한다.

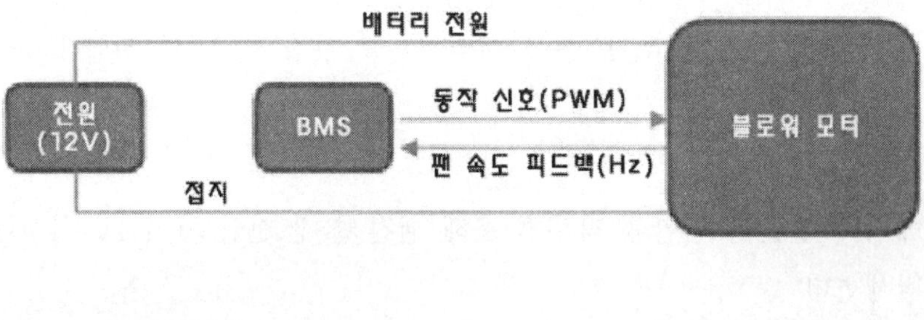

(4) RA (Power Relay Assembly)제어

▸ 프리차저 릴레이 & 프리차저 저항

BMS는 메인 릴레이를 작동시키기 이전에 프리차저 릴레이를 먼저 동작시켜 고전압

배터리 전원을 인버터 측으로 인가한다. 이때 프리차저 릴레이가 작동되면 저항을 통해 270V 고전압이 인버터 측으로 공급되기 때문에 순간적으로 돌입 전류에 의한 인버터 손상 방지 할 수 있다.

▸ 메인 릴레이

고전압 배터리의 DC 270V 전원을 인버터 측으로 공급하는 역할을 하는 릴레이 이다. 키 스타트가 되고 고전압 전기 동력 시스템이 정상일 경우 배터리 모듈은 메인 릴레이를 작동시켜 고전압 배터리 전원을 인버터로 공급하여 HSG를 이용한 엔진 시동을 준비한다.

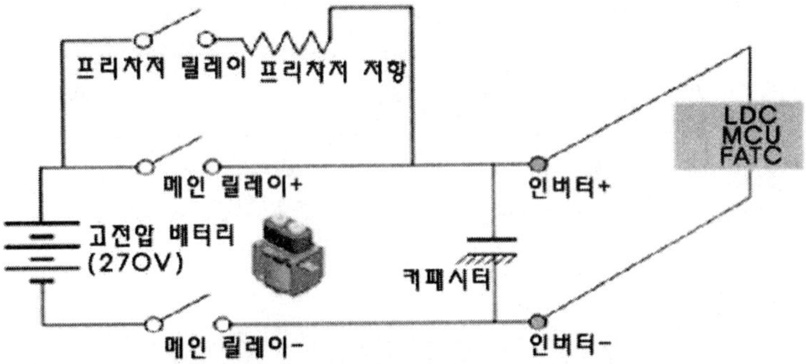

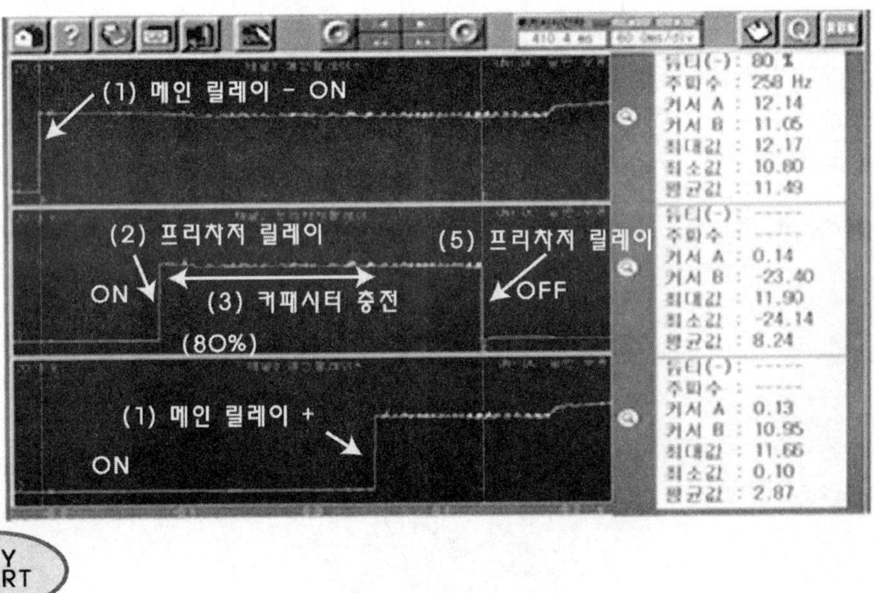

KEY START

(1) 메인 릴레이(-) ON → (2) 프리차저 릴레이 ON → (3) 커패시터 충전(80%) → (4) 메인 릴레이(+) ON → (5) 프리차저 릴레이 OFF

4. 배터리 냉각 시스템

고전압 배터리 냉각은 공냉식으로 실내(후석 중앙부 하단) 공기를 냉각 팬으로 흡입하여 배터리 냉각 후 외부로 배출하는 방식이다. 냉각 팬은 BMS로부터 PWM 방식으로 명령을 받아 BLDC 모터가 작동함으로써 제어된다. BMS는 차속과 고전압 배터리 온도를 참조하여 9단계로 냉각 팬 속도를 제어한다. 최종적으로 냉각 팬 속도를 결정하게 된다.

■ 냉각 과정 : 냉각 팬 작동 → 차량 실내 공기가 흡입 덕트로 유입 → 고전압배터리 냉각 → 배출 덕트를 통해 차량 외부로 배출

Duty (%)	20	28	36	55	62	70	80	90	90
STEP (블로워 속도)	1	2	3	4	5	6	7	8	9

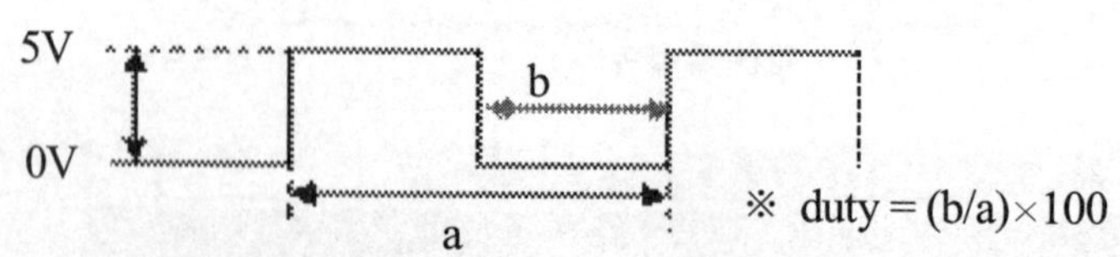

■ PWM 동작 로직
- ▸ 주파수 : 300Hz (100Hz ~ 500Hz)
- ▸ 전압 레벨 : 0V ~ 5V

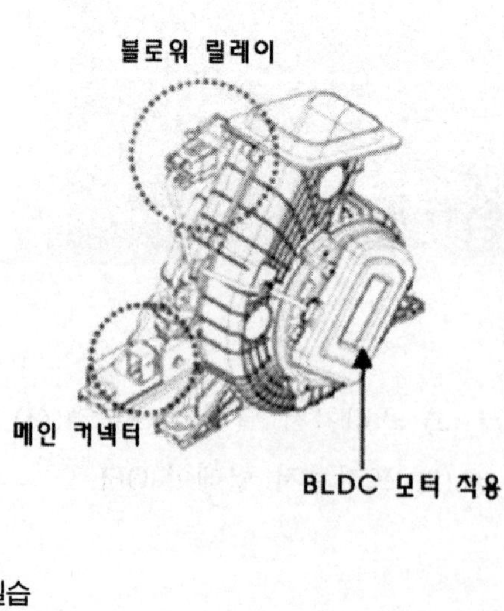

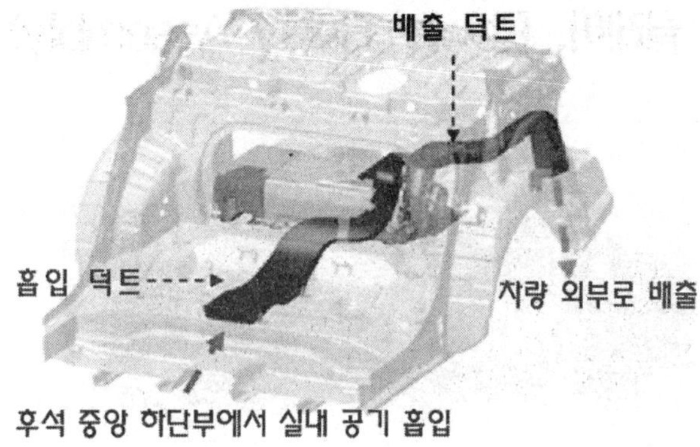
배출 덕트
흡입 덕트
차량 외부로 배출
후석 중앙 하단부에서 실내 공기 흡입

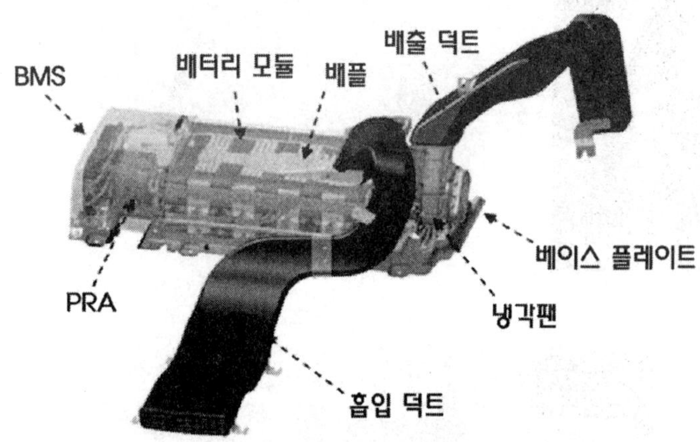
BMS
배터리 모듈
배플
배출 덕트
베이스 플레이트
PRA
냉각팬
흡입 덕트

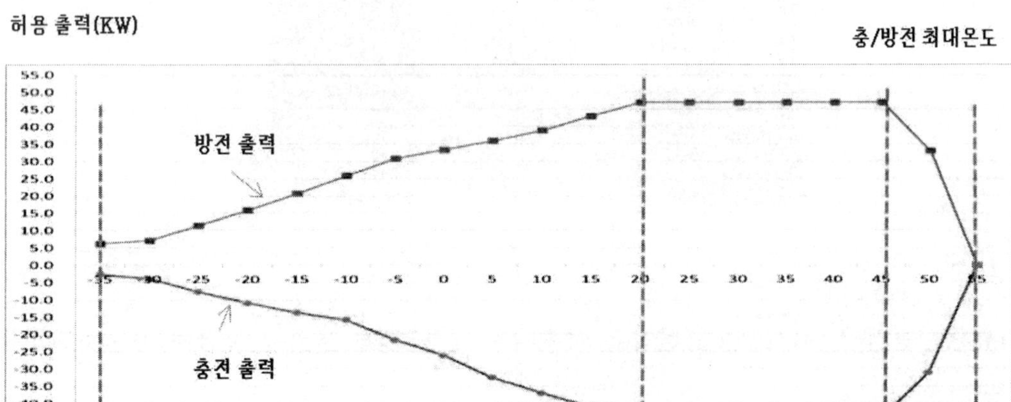
허용 출력(KW)
충/방전 최대온도
방전 출력
충전 출력
충/방전 최저온도
최적 효율 구간

5. PRA(고전압 릴레이, Power Relay Assembly)

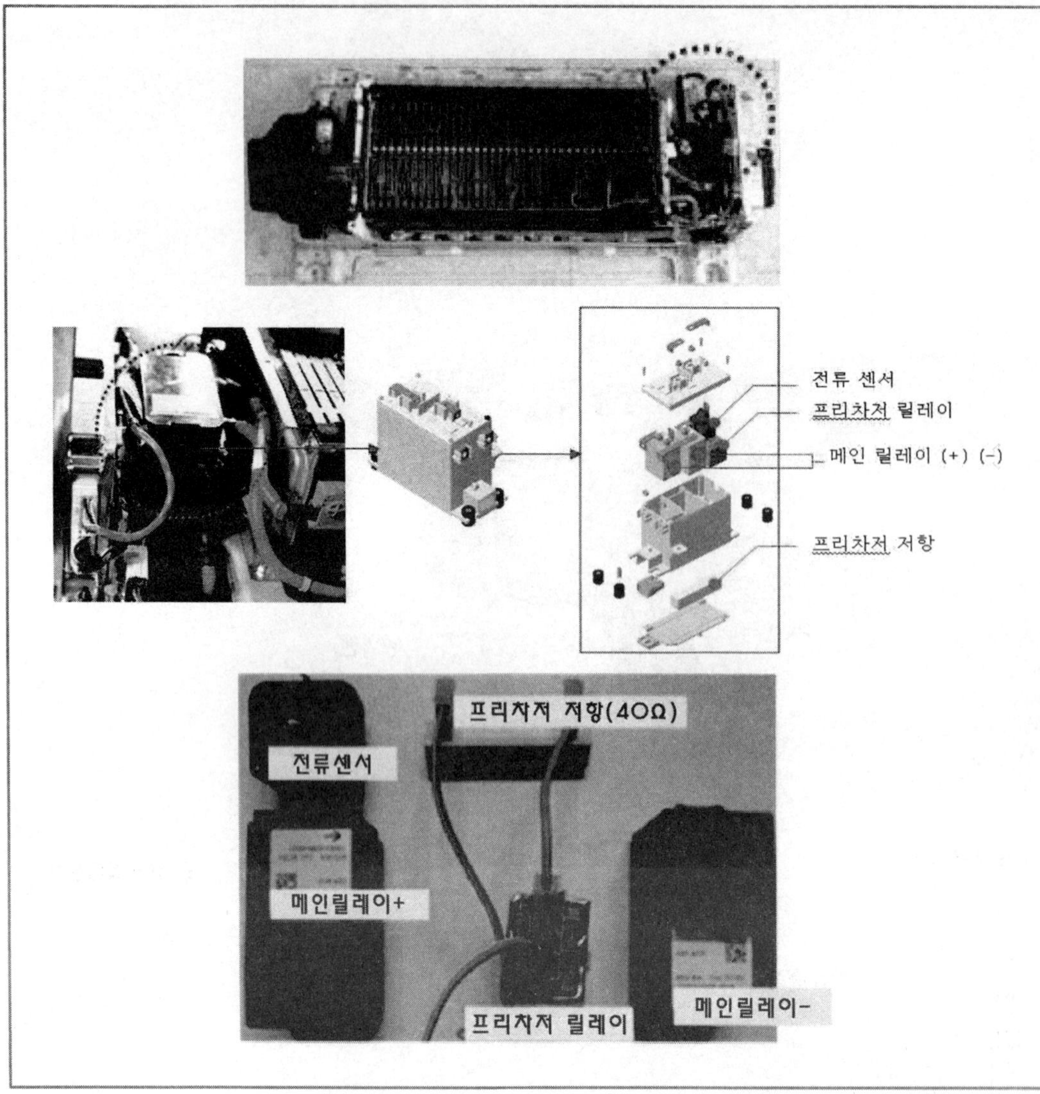

PRA는 고전압 배터리와 고전압을 사용하는 부품 간에 전원을 공급하거나 차단하는 역할을 한다.

고전압 배터리 어셈블리의 측면에 장착되어 있으며, (+) 메인릴레이, (-) 메인릴레이, 프리차저릴레이, 프리차저저항, 그리고 전류센서로 구성되어 있다.

6. 배터리 장치 실습

(1) 고전압 릴레이(PRA) 전압 측정

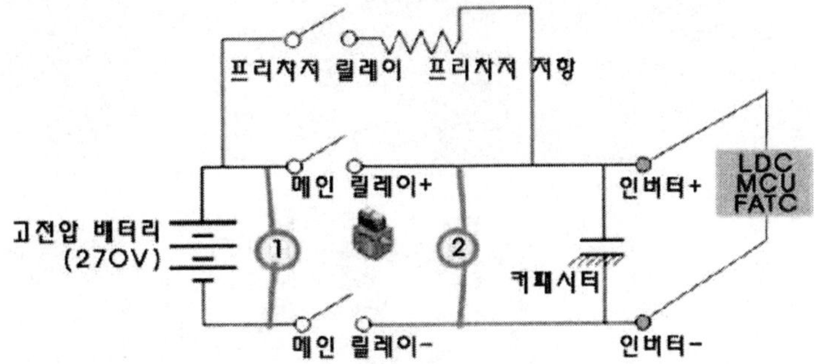

고전압 릴레이는 안전 플러그 연결 상태에서 PRA 내부 메인 릴레이 OFF시와 ON시의 전압을 측정하여 출력 값을 비교함으로써 점검할 수 있다.

- ①,②번 측정 값이 270V로 동일 : PRA 정상 작동
- 번 270V, ②번 0V 출력 시 : PRA 작동 불량

(2) PRA 내부 메인 릴레이 OFF 시 전압 측정

(3) PRA 내부 메인 릴레이 ON 시 전압 측정

(4) 고전압 릴레이(PRA) 전류 측정

고전압 배터리에 흐르는 전류 값을 나타내며, 동작 전류는 충전 시 (-)200A ~ 방전 시 (+)200A이다. IG ON(No Start)시 0A이고 고 배터리 충전 시(-)값, 방전 시(+)값을 나타낸다. 이 값은 BMS의 SOC 계산에 활용된다.

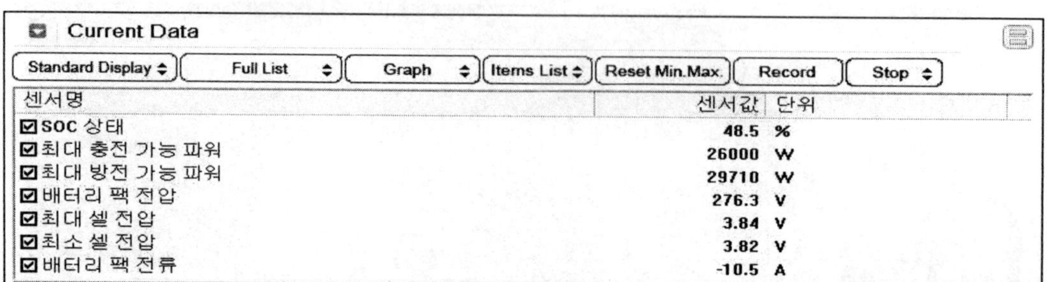

Current Data

Standard Display | Full List | Graph | Items List | Reset Min.Max. | Record | Stop

센서명	센서값	단위
SOC 상태	48.5	%
최대 충전 가능 파워	26000	W
최대 방전 가능 파워	29710	W
배터리 팩 전압	276.3	V
최대 셀 전압	3.84	V
최소 셀 전압	3.82	V
배터리 팩 전류	-10.5	A

- P단 상태에 브레이크 페달과 가속 페달을 동시에 밟을 시 HSG에 의해 고전압 배터리 팩 전류가 -10.5A로 충전상태를 나타냄

7. 서비스 데이터 1

항 목	구 분	분석 내용
SOC 상태	의미	배터리 SOC 추정 값
	데이터 분석	Key ON후 부터 충전상태 표시
최대 충전 가능 파워	의미	현재 배터리 SOC, 온도상태에서 최대로 충전을 받을 수 있는 파워
	데이터 분석	최대 충전 가능한 값 : 44.5kW / 최소 충전 가능한 값 : 0kW
최대 방전 가능 파워	의미	현재 배터리 SOC, 온도상태에서 최대로 방전 할 수 있는 파워
	데이터 분석	최대 방전 가능한 값 : 47kW / 최소 방전 가능한 값 : 0kW
BMS 메인 릴레이 ON 상태	의미	배터리시스템內 PRA의 메인릴레이 ON(릴레이 붙음), Off(릴레이 떨어짐)을 의미
	데이터 분석	고전압 메인릴레이가 ON시 YES / 고전압 메인릴레이가 Off시 NO
배터리 사용가능 상태	의미	고전압 배터리 사용 가능 유무를 나타냄
	데이터 분석	고전압 릴레이가 Off되어 배터리를 사용할 수 없을 경우 No 고전압 릴레이가 On되어 있어도, 배터리 충/방전 허용치가 모두 OkW일 경우 No를 표시함
BMS 경고	의미	고전압 배터리시스템의 경고(부분고장) 여부를 나타냄
	데이터 분석	고전압 배터리의 경고 발생시 YES로 표시되며, 충방전 출력 허용치가 일부분 제한됨
BMS 고장	의미	고전압 배터리시스템의 고장 여부를 나타냄
	데이터 분석	고전압 배터리의 고장 발생시 YES로 표시되며, 충방전 출력 허용치가 0kW로 되며, "메인릴레이 ON 상태"가 No로 바뀜
BMS 융착 상태	의미	고전압 (+)(-) Main Relay가 BMS의 제어와 상관없이 붙어 있음을 의미
	데이터 분석	YES : 융착 발생 / NO : 융착 미발생
BMS 과충전 보호상태	의미	고전압 배터리 과충전 발생 가능성 존재시, 과충전 방지 제어 수행 요청 유무
	데이터 분석	YES : 과충전 방지 수행 요청 / No : 과충전 방지 수행 미 요청
최소 셀 전압	의미	고전압 배터리 72개 셀 전압중 최소값을 나타냄
	데이터 분석	충전시 전압이 높아짐 / 방전시 전압이 낮아짐 고전압 배터리 셀 전압 2.5~4.3V 이내에서 동작
최소 전압 셀 위치	의미	고전압 배터리 72개 셀 전압중 최소값 셀의 위치를 나타냄
	데이터 분석	1~72사이를 나타냄

7. 서비스 데이터 2

항 목	구 분	분석 내용
팬 단수	의미	고전압 배터리 냉각을 위한 냉각팬의 동작 단수를 나타냄
	데이터 분석	냉각팬이 동작을 할때는 1~9단을 표현함 / 냉각팬이 동작하지 않을때는 0단을 나타냄
팬 컨트롤 듀티	의미	고전압 배터리 냉각팬을 실제 구동하는 PWM duty값을 나타냄
	데이터 분석	냉각팬 단수가 높을수록 팬 듀티는 높아짐
보조배터리 전압	의미	12V배터리 전압
	데이터 분석	9~16V
누적 충전 전류량	의미	고전압 배터리로 충전되는 충전 전류의 누적량을 Ah로 환산한 값
	데이터 분석	누적 충전량은 BMS ECU가 동작하면서 차량 운행중 발생한 충전량을 지속적으로 누적한다. 실제 운행간 고전압 배터리가 얼마나 많이 사용되었는지를 파악하는 참조데이터이다.
누적 방전 전류량	의미	고전압 배터리에서 방전되는 방전 전류의 누적량을 Ah로 환산한 값
	데이터 분석	누적 방전량은 BMS ECU가 동작하면서 차량 운행중 발생한 방전량을 지속적으로 누적한다. 실제 운행간 고전압 배터리가 얼마나 많이 사용되었는지를 파악하는 참조데이터이다.
누적 충전 전력량	의미	고전압 배터리로 충전되는 충전 파워의 누적량을 kWh로 환산한 값
	데이터 분석	누적 충전 전력량은 BMS ECU가 동작하면서 차량 운행중 발생한 충전 전력량을 지속적으로 누적한다. 실제 운행간 고전압 배터리가 얼마나 많이 사용되었는지를 파악하는 참조데이터이다.
누적 방전 전력량	의미	고전압 배터리에서 방전되는 방전 파워의 누적량을 kWh로 환산한 값
	데이터 분석	누적 방전 전력량은 BMS ECU가 동작하면서 차량 운행중 발생한 방전 전력량을 지속적으로 누적한다. 실제 운행간 고전압 배터리가 얼마나 많이 사용되었는지를 파악하는 참조데이터이다.
총 동작 시간	의미	BMS가 동작한 총 시간
	데이터 분석	IG ON하여 BMS ECU가 wake up 한 순간부터 IG Off시까지 BMS ECU는 동작을 하게 되며, 그 동작 시간을 모두 누적한 시간 실제 운행된 시간이 얼마나 되는지 파악하는 참조데이터이다. BMS ECU가 교체되면 0부터 다시 시작하게 된다.

7. 서비스 데이터 3

항 목	구 분	분석 내용
MCU 준비	의미	MCU의 동작 유무를 나타낸다.
	데이터 분석	YES일경우 MCU가 동작함을 나타냄 YES의 경우 MCU가 동작한다는 단순 의미이며, 이동작이 정상동작인지 비정상(고장)인지를 나타내는 지표는 아님
MCU 메인릴레이 OFF요청	의미	MCU가 고전압 Main Relay의 OFF 요청 유무를 나타낸다.
	데이터 분석	YES : 고전압 메인릴레이 Off 요청 / NO :고전압 메인릴레이 Off 미 요청 MCU內 고장 발생시 MCU는 자체 판단 로직에 의하여 Main Relay Off를 요청할 수 있다.
MCU 제어가능 상태	의미	모터제어기의 제어 가능 유무를 나타냄
	데이터 분석	YES: 모터제어기 동작 가능, 즉 배터리 충방전 가능 No: 모터제어기 동작 불가, 즉 배터리 충방전 불가능 가능
MCU(GCU) 준비	의미	GCU(HSG컨트롤 유닛)의 동작 유무를 나타낸다.
	데이터 분석	YES일경우 GCU가 동작함을 나타냄 YES의 경우 GCU가 동작한다는 단순 의미이며, 이 동작이 정상 동작인지 비정상(고장)인지를 나타내는 지표는 아님
MCU(GCU) 메인릴레이 OFF 요청	의미	GCU가 고전압 Main Relay의 OFF 요청 유무를 나타낸다.
	데이터 분석	YES : 고전압 메인릴레이 Off 요청 / NO : 고전압 메인릴레이 Off 미 요청 GCU內 고장 발생시 GCU는 자체 판단 로직에 의하여 Main Relay Off를 요청할 수 있다.
MCU(GCU) 제어가능 상태	의미	GCU제어기의 제어 가능 유무를 나타냄
	데이터 분석	YES: GCU 제어기 동작 가능, 즉 배터리 충방전 가능 NO: GCU제어기 동작 불가, 즉 배터리 충방전 불가능 가능
HCU 준비	의미	HCU의 동작 유무를 나타낸다.
	데이터 분석	YES일경우 HCU가 동작함을 나타냄 YES의 경우 HCU가 동작한다는 단순 의미이며, 이동작이 정상동작인지 비정상(고장)인지를 나타내는 지표는 아님
HCU 엔진 스타트 신호	의미	엔진으로 시동 시도시 시동 완료를 나타내는 신호
	데이터 분석	YES : 시동완료
인버터 커페시터 전압	의미	모터/제너레이터 제어기인 인버터 커페시터의 전압값을 나타낸다.
	데이터 분석	고전압 Main Relay ON시 배터리팩전압과 유사함 / 고전압 Main Relay OFF시 0V를 나타냄 고전압 Main Relay OFF시 및 모터 회전시 역기전력에 의해 전압값이 급변함

7. 서비스 데이터 4

항 목	구 분	분석 내용
구동 모터 속도	의미	모터의 회전수(rpm)를 나타냄
	데이터 분석	모터회전시 0~6000rpm사이를 나타냄
현재 제너레이터 (HSG) 속도	의미	제네레이터의 회전수(rpm)를 나타냄
	데이터 분석	제네레이터(HSG) 모터회전시 0~13000rpm사이를 나타냄
절연 저항	의미	고전압 메인 릴레이 ON 상태에서 고전압 계통 과 차량 샤시와의 절연 저항값을 나타낸다.
	데이터 분석	정상일시 절연저항값은 약 2Mohm이상을 나타낸다. 절연저항이 비정상적일 경우 300kohm이하를 나타낸다.
배터리 셀 전압1~72	의미	고전압 배터리 72개 셀 전압을 나타냄
	데이터 분석	충전시 전압이 높아짐 / 방전시 전압이 낮아짐
최대 내부저항	의미	고전압 배터리셀 72개의 내부 저항값중 최대값을 나타냄
	데이터 분석	통상 2~6mOhm정도를 나타낸다. / 배터리의 열화정도를 나타낸다. 고전압 배터리의 사용이 장기화 될경우 배터리셀은 점차 노화가 진행되고, 이때 배터리 자체의 저항(내부저항)성분도 커지게 된다.
최대 내부저항 배터리 셀번호	의미	고전압 배터리셀 72개의 내부 저항값중 최대값을 나타내는 셀의 번호를 나타냄
	데이터 분석	1~72의 값을 갖음
평균 내부저항	의미	고전압 배터리셀 72개의 내부 저항값의 평균을 나타냄
	데이터 분석	통상 2~6mOhm정도를 나타낸다. / 배터리의 열화정도를 나타낸다. 고전압 배터리의 사용이 장기화 될경우 배터리셀은 점차 노화가 진행되고, 이때 배터리 자체의 저항(내부저항)성분도 커지게 된다.
배터리 셀간 전압편차	의미	1~72셀 간 전압편차
	데이터 분석	최소 셀과 최대 셀의 전압 1V이상 차이 시 점검 필요

8. 작업 주의 사항

(1) 이그니션 스위치 OFF

(2) 12V 배터리 (-) 케이블 탈거

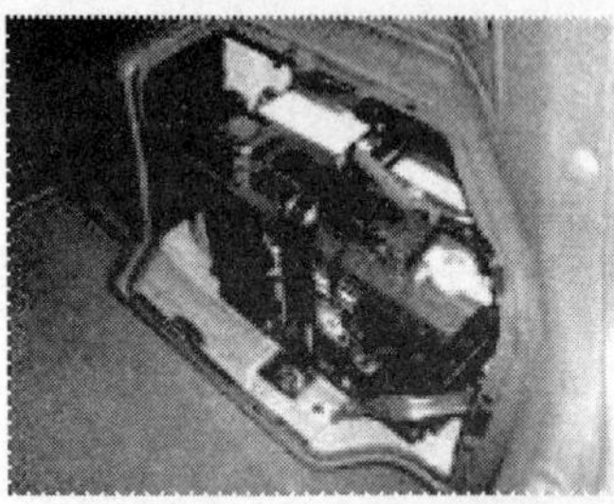

(3) 고전압 차단 (안전 플러그 탈거)

Lock 해제 　그립 90도 당김 　안전플러그 탈거

(4) 커패시터 잔류 전압 OV 확인

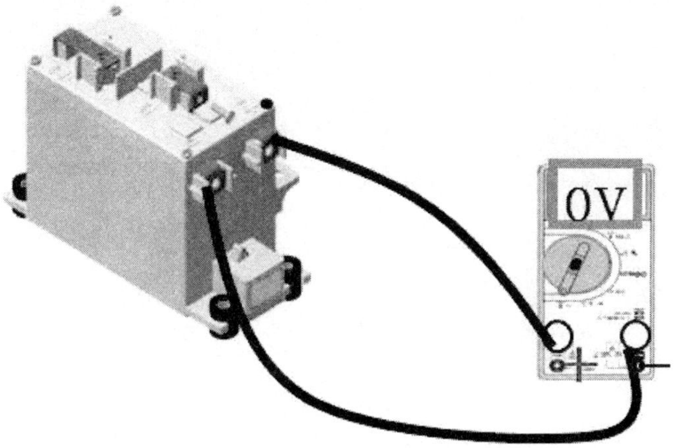

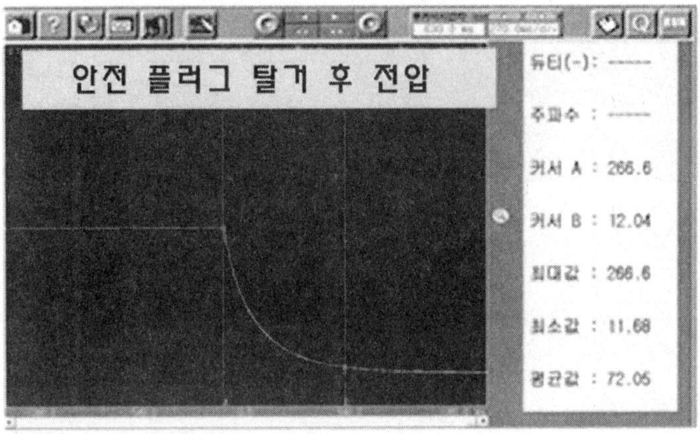

■ 안전 플러그 제거 후

인버터내의 커패시터에 충전되어 있는 고전압을 방전시키기 위한 시간이 필요하므로 반드시 5~10분 이상 대기 후 테스터로 DC-Link 전압이 0V임을 확인 후 고전압 부품을 취급해야 한다.

제 10 장

LDC(Low DC/DC Converter)

저전압 직류 변환 장치(LDC: Low DC/DC Converter)는 하이브리드 파워 컨트롤 유닛(HPCU)에 포함되어 있으며, 고전압 배터리의 전압을 저전압(+12V)로 변환하여 알터네이터와 같이 보조 배터리를 충전하는 역할을 하며, 하이브리드 자동차의 12V 전장 전원을 공급하는 장치이다. 그러므로 기존의 충전장치인 알터네이터를 삭제하여 엔진 부하를 줄여서 차량의 연비를 향상시키고, EV모드 주행(엔진 OFF)시에도 지속적인 전장 전원 공급이 가능하다.

1. LDC 원리

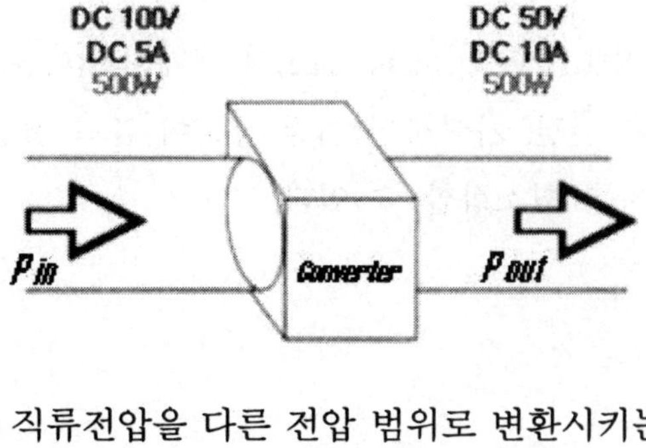

일반적으로 컨버터란 직류전압을 다른 전압 범위로 변환시키는 장치를 말한다. 예를 들어, 100V, 5A의 입력 전원이 500W이다. 컨버터를 지나면 50V, 10A로 변환시켰을 때 500W로 동일하게 출력이 된다.

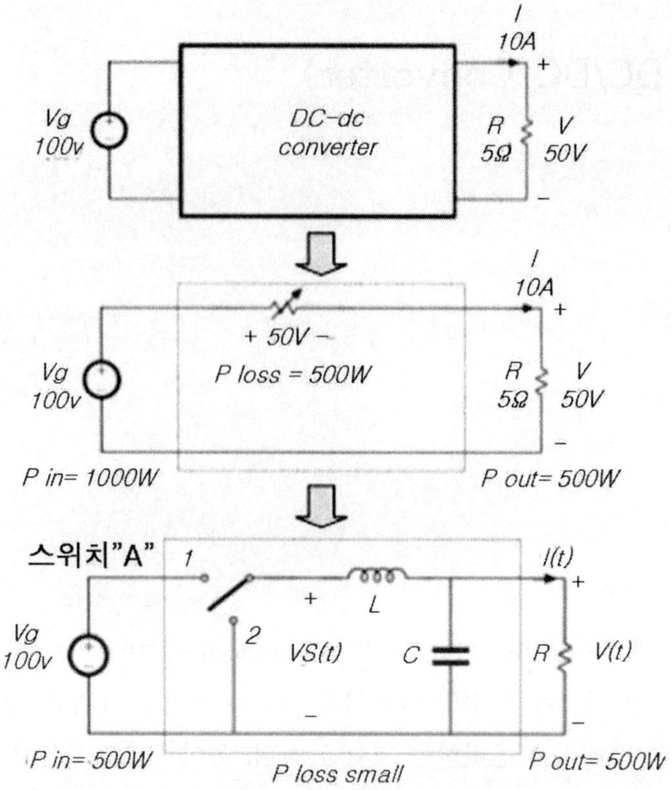

회로를 보면, 100V의 입력 전압을 DC-DC converter를 통하여 50V로 하강시키는 것이 최종 목적이라고 가정해 본다. 우측 상단 회로에서 회로 중앙에 가변저항을 설치하면 결론적으로 50V의 전압을 얻을 수는 있으나 가변저항에 의해 총 입력 에너지의 절반이 손실되는 것을 알 수 있다. 연비가 매우 중요시되는 친환경 자동차에서 이러한 손실은 최소화 되어야 한다.

하단 회로는 중앙에 적절한 코일(Inductance)과 캐패시터(Capacitor)를 설치한다. 그림에 표시된 스위치 "A"를 연결, 차단하면 이를 통하여 출력 전압을 조절할 수 있을 뿐 아니라 손실되는 에너지를 최소화할 수 있다.

2. LDC 역할

기존 차량의 충전 장치인 발전기는 엔진과 벨트로 연결되어 있다. 만일 엔진이 정지(아이들 스톱)한 경우 12V전원을 안정적으로 공급할 수 없다. 또한, 발전기는 주위 온도가 상승하면 출력이 감소하는 특징이 있다.

HEV에 적용된 LDC 시스템은 고전압 배터리에 연결되어 엔진 작동 여부와 무관하게 12V 전원을 안정적으로 공급할 수 있으며 주위 온도가 변하더라도 일정 수준의 출력 전압을 얻을 수 있는 장점이 있다.

기존 12V발전기가 없어도 저 전압을 만들 수 있기 때문에 발전기로 동력 손실을 줄일 수 있어 연비가 좋아진다.

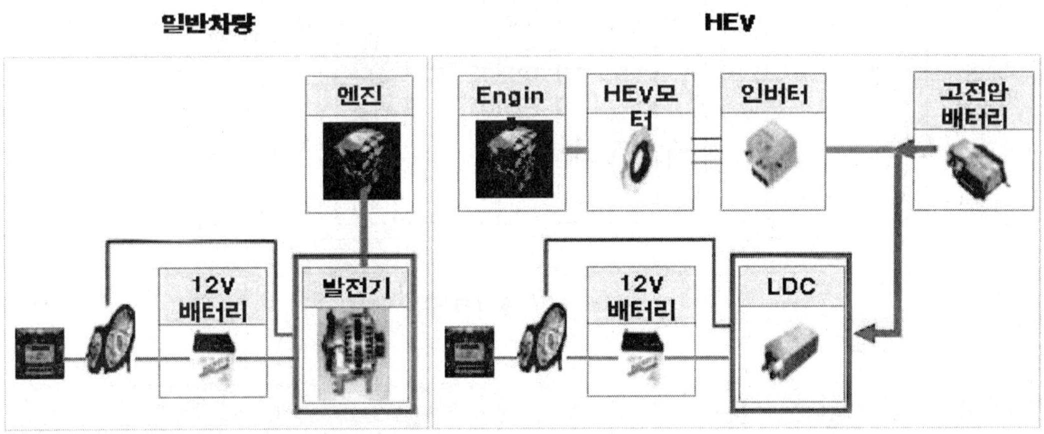

	발전기	LDC (Low voltage DC-DC Converter)
입력	엔진(기계적 연결)	고전압 배터리 (전기적 연결)
출력	12V 배터리/12V 차량부하	←
기능	12V 배터리충전/12V 차량부하 공급	←
흐름	엔진→ 발전기 → 12V 차량부하	엔진→HEV모터/인버터→고전압배터리→ LDC→ 12V 차량부하
특징	- 엔진 OFF : 12V 공급 불가능 - 온도: 외부 온도에 따른 출력변화	- 엔진 OFF :12V 공급 가능 - 온도 : 외부 온도에 따른 출력 일정

3. LDC 작동 원리

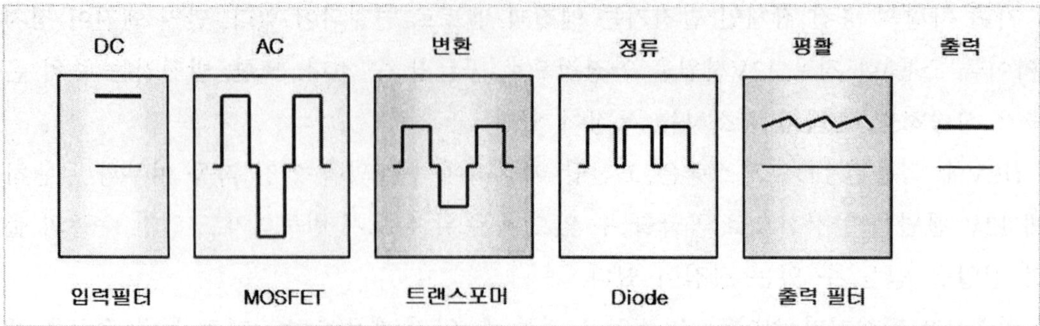

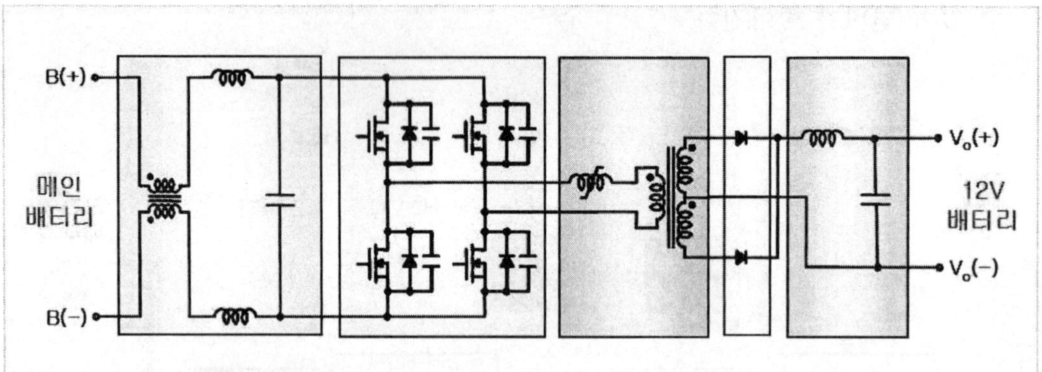

[LDC 내부 등가회로]

항목	의미
필터(입력)	고전압 배터리를 공유하는 장치들의 고전압 노이즈 및 AC성분을 제거한다.
MOSFET	인버터의 IGBT와 같은 스위칭 소자로서 고속의 스위칭이 가능하다. FET에 고전압이 인가되면서 DC 속성이 AC속성으로 변환되며 이후 트랜스포머회로, 정류회로, 및 출력필터를 통하여 DC로 변환된다.
트랜스포머 (Transformer)	1차, 2차 코일 권선수에 따라 트랜스포머 내부에서 전압이 떨어진다. 이 트랜스포머에 의해 고전압과 저전압이 전기적으로 절연된다.(1차 코일 쪽은 270V, 2차 코일 쪽은 12V)
다이오드	다이오드를 거치면서 AC 전원은 규정된 진폭 이내로 조정된다.
필터(출력)	파형이 평활하게 바뀌면서 AC전원 속성이 DC전원 속성으로 변환된다.

4. LDC 구조

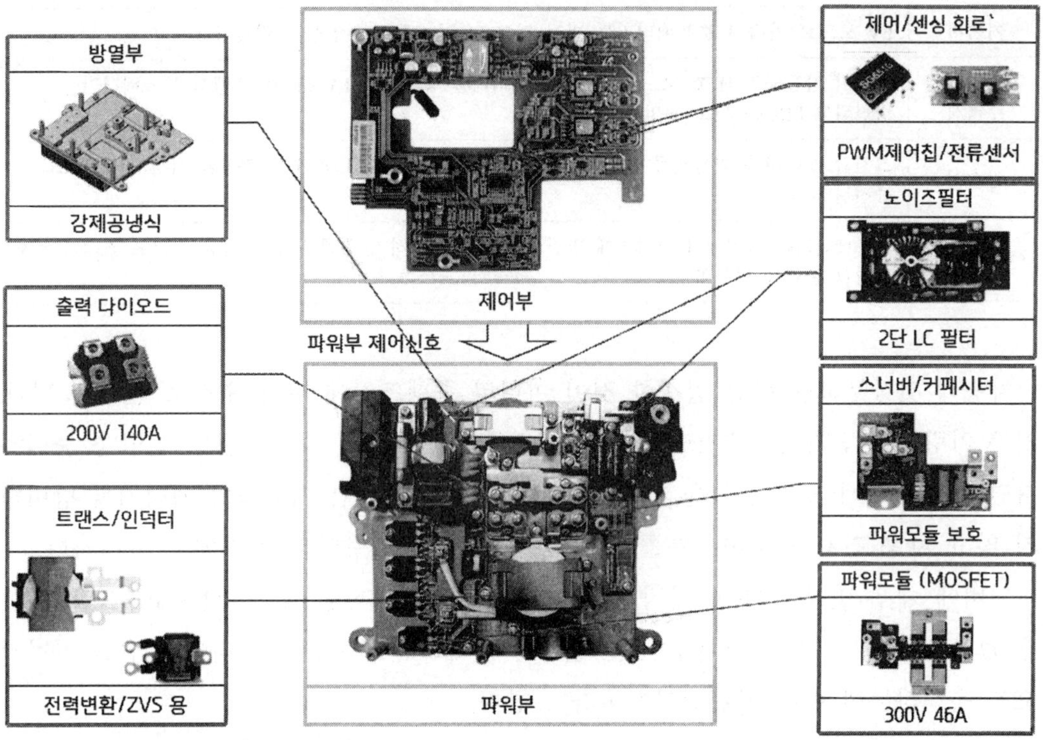

5. 전압제어

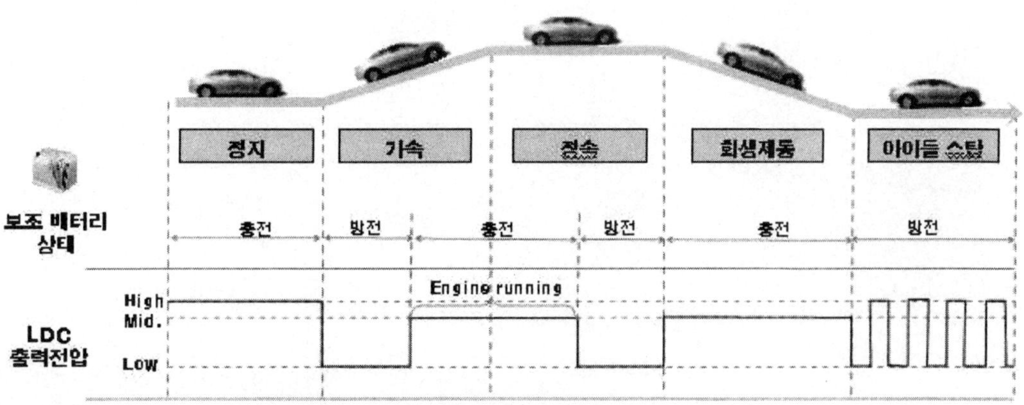

[LDC 전압제어]

항목	의미
정차시	최고 수준이 전압을 출력하여 보조배터리를 충전한다.
가속시	EV 모드로 가속시 보조배터리는 방전 되고 LDC는 최소 전압을 출력한다.
정속 주행시	엔진이 작동중인 HEV 모드에서는 보조배터리를 충전하고 EV모드로 주행시 보조배터리는 방전되고 LDC는 최소 전압을 출력한다.
감속시	고전압 배터리가 회생제동에 의해 충전되고 보조배터리는 LDC에서 출력된 적정 전압으로 충전된다.
엔진 OFF시	보조배터리는 방전되나 과다하게 방전되는 것을 제한하기 위해 특정 시간을 주기로 최대와 최소 전압값 출력을 반복한다.

차량의 전장부하는 항상 일정한 것이 아니라 주행조건에 따라 수시로 변하게 된다. 기존 차량도 마찬가지이겠지만 차량의 전장부하에 적절한 수준만큼만 전압을 출력하다면, 불필요하게 높은 전압을 지속적으로 출력하여 고전압 배터리의 에너지를 낭비하지 않고 차량 전체의 소비전류를 감소시킬 수 있어 차량연비 측면에서 유리하다.

연비에 매우 민감한 HEV 차량의 특성상 작은 연비 향상 효과(약1.3%)라도 무시할 수 없다. HCU의 명령을 받아 LDC는 전압을 출력하되 주행조건에 따라 전압을 가변적으로 출력하는데 이를 가변전압제어라고 한다.

즉, 보조배터리의 과충전 방지를 위해 LDC 출력 전압을 제한함으로써 HEV 동력성능과 연비를 개선하기 위함이다. LDC가 출력하는 전압은 차량의 주행 조건에 따라 다르다. 만일 CAN통신의 고장에 의해 HCU의 명령을 적절하게 받지 못하는 경우 LDC는 고정 전압값(예, 13.5V)을 출력한다.

제 11 장

HEV 모터 시스템

1. HEV 모터 개요

1) 하이브리드 모터

(1) 개요

전기 모터는 하이브리드 차량의 핵심 기술이다. 하이브리드 모터 시스템은 2개의 전기 모터를 장착하고 있다. 이러한 모터는 드라이브(구동) 모터로서 주 전원과 기존 엔진에서 스타터 모터와 알터네이터(발전기) 역할을 하는 HSG로 사용된다. 구동 모터는 차량을 이동시키고 운전 중 소음과 진동, 소란스러움(NVH)을 낮게 만들어 주고, 연료 효율성을 높여준다.

전기 모터는 전원 출력을 높이기 위해 가속페달을 밟거나 연료 효율 모드에서 엔진이 작동하고자 할 때 엔진을 도와주고 감속시나 고전압 배터리를 충전하기 위해 제동할 때 발전기(제네레이터)의 역할을 한다. 하이브리드 스타터 제네레이터(HSG)는 차량이 운행 중일 때 엔진을 시동 한다.

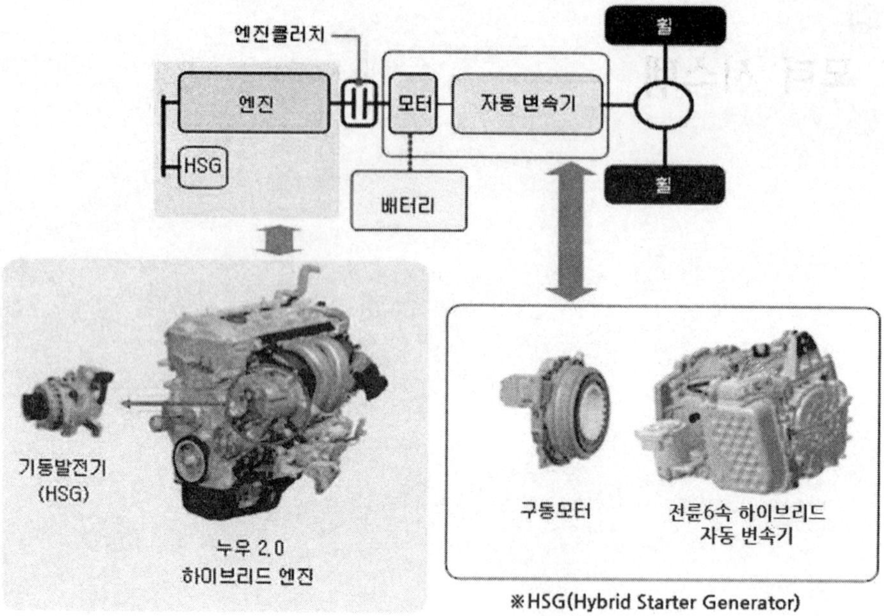

(2) 제원

구분		HEV 구동 모터	HSG (기동 발전기)
자석 극 수/코어 수		16극 24슬롯	6극 36슬롯
출력 특성	최대 출력	35kW	8.5kW
	최대 회전수	5,500rpm	15,000rpm
	최대 토크	205Nm	43.2Nm
구성품 특성	영구자석	고 에너지 희토류계	고 에너지 희토류계
	위치센서	레졸버	레졸버
	센서 커넥터	8P (위치센서, 온도센서) 통합형	10P (위치센서, 온도센서) 통합형

■ 희토류란?

란탄(lanthanum), 세륨(cerium), 디스프로슘(dysprosium) 등의 원소를 일컫는 말로 희귀 광물의 한 종류다.

희토류는 화학적으로 안정되면서도 열을 잘 전달하는 성질이 있어 삼파장 전구, LCD 연마 광택제, 가전제품 모터자석, 광학렌즈, 전기차 배터리 합금 등의 제품을 생산할 때 쓰인다.

(3) 구동 모터의 역할

구동모터는 차량 출발 또는 저속과 정속 구간에서 모터로만 차량을 운행하는 전기차 모드(HEV 모드)에서 구동출력을 발생하는 역할을 하며, 하이브리드(HEV 모드)에서는 엔진 출력을 보조하는 역할을 수행한다. 또한 감속시나 제동시에는 감속에너지를 전기에너지로 전환하는 발전기는(회생제동 모드)에 의해 배터리로 충전한다.

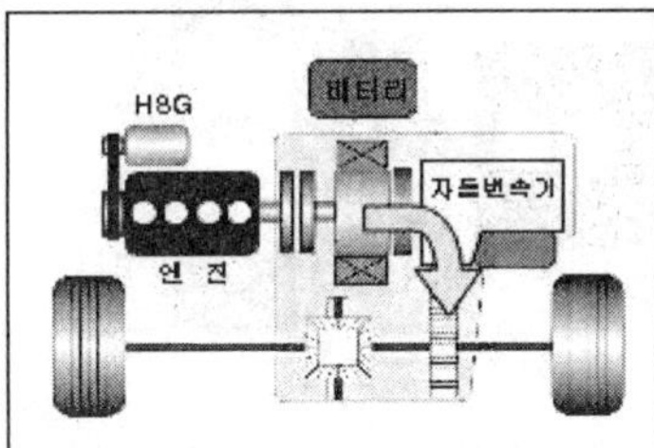	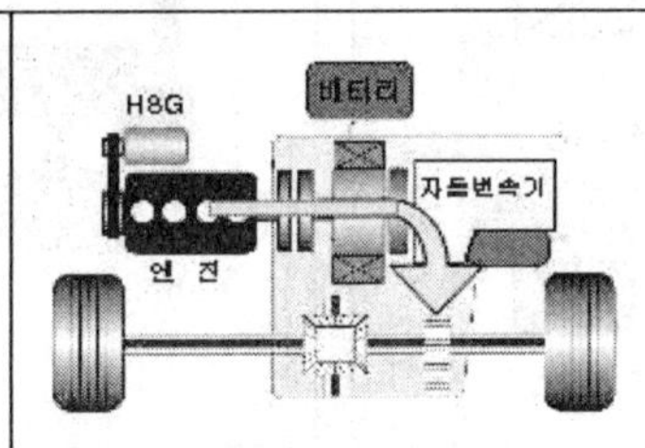	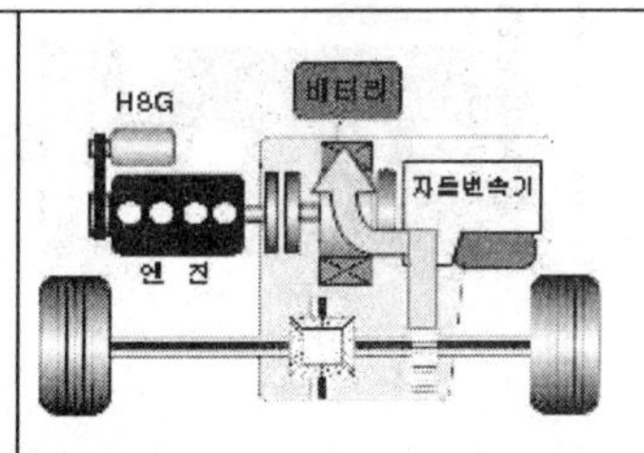
전기차 모드: 전기모터만 사용	하이브리드 모드: 엔진 + 모터 사용	회생제동 모드: 전기에너지 저장

(4) HSG의 역할

① 시동제어 : 엔진 시동과 발전기능을 수행

② 엔진속도제어 : 엔진속도와 모터속도를 동기화하여 엔진 동력을 변속기에 전달.

③ 소프트 랜딩 제어 : 시동을 OFF할 엔진 진동 최소화로 소프트랜딩 제어 수행

④ 발전제어 : 고전압 배터리 SOC(State Of Charg) 저하시 엔진을 시동하여 발전기 역할로 고전압배터리 충전

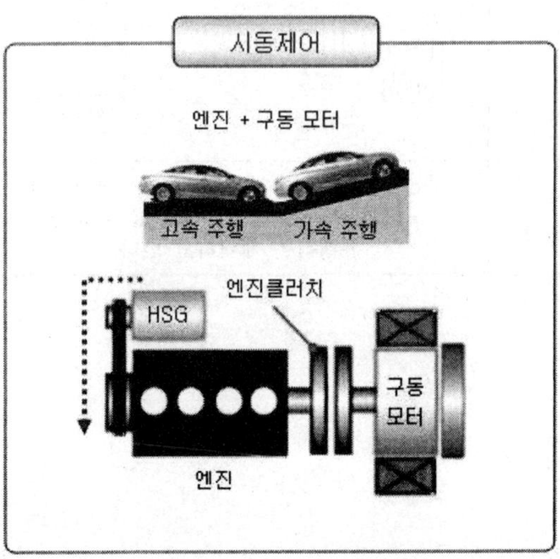

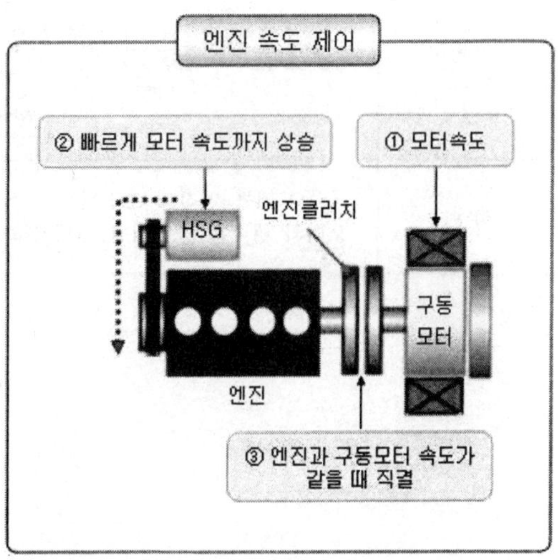

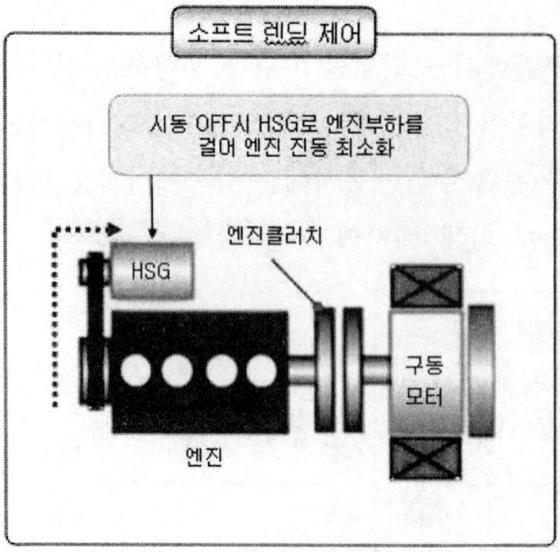

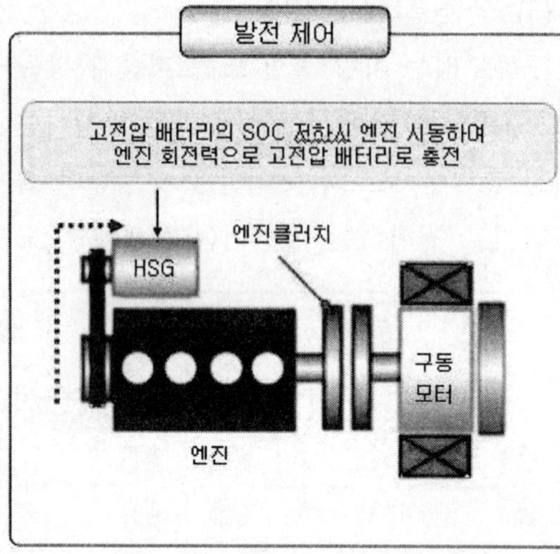

(5) 장착위치 비교

방식	FMED (Flywheel Mounted Electric Device)	TMED (Transmission Mounted Electric Device)
장작위치		
동력흐름	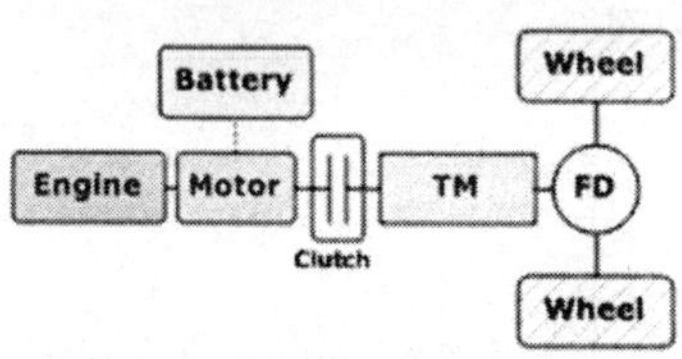	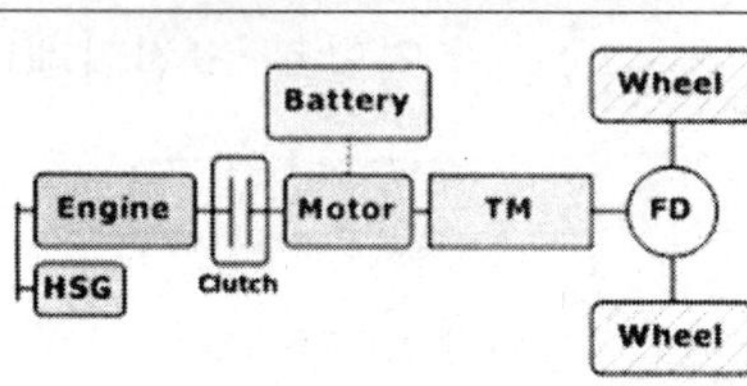
특징	구동모터는 엔진에 조립되는 방식이며 모터의 냉각은 공랭식을 채택하고 있다.	구동 모터는 변속기에 조립되는 방식이며 모터의 냉각은 변속기 오일을 이용한 유냉식을 채택하고 있다.

2. HEV 모터

1) 하이브리드 모터 구성품

(1) 구동모터의 구성품

모터는 스테이터(고정자)와 로터(회전자) 구성되어 있다. 스테이터에는 집중권 방식의 스테이터와 자석 위치를 검출하는 회전자 위치센서(레졸버), 커넥터 방식의 고전압 단자대, 그리고 모터커버로 구성되며 로터에는 고온에서도 자력이 저하되지 않는 영구자석이 매입된 로터 코어와 축을 고정하여 회전을 원활하게 하는 베어링으로 구성되어 있다.

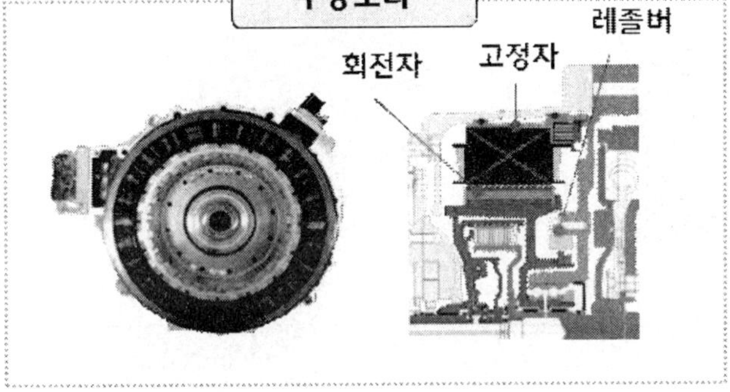

구동모터

(2) 스테이터 코일

■ 집중권 방식

한 개의 고정자에 코일을 집중적으로 감는 방식이며 분포된 방식에 비해 밀도가 크다고 할 수 있으며 모터의 저속 운전에서 분포된 방식보다 큰 토크를 발생 시킬 수 있는 장점이 있으나 코일의 양이 많이 들어가는 단점이 있다.

스테이터(고정자)

(3) 온도센서

모터의 성능 변화에 가장 큰 영향을 주는 요소는 모터의 온도이다.

모터가 과열되면 영구자석 및 고정자 코일 변형 및 성능이 현저하게 저하된다. 이를 방지하기 위하여 모터 내부에 온도센서를 장착하여 모터 온도에 따른 제어를 하도록 되어 있다.

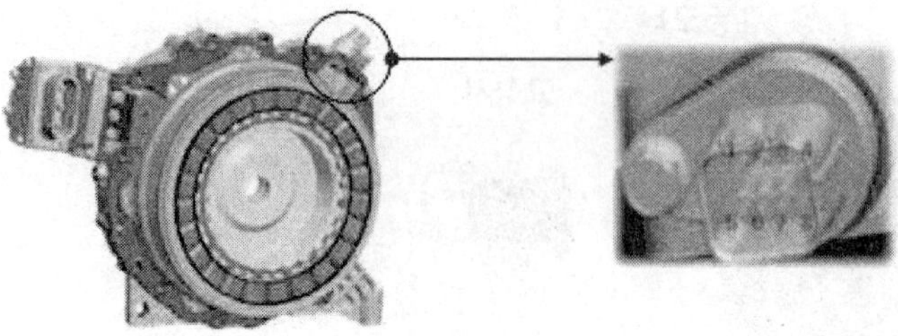

핀 번호	항목
1	위치센서 +
2	위치센서 81
3	위치센서 82
4	온도 센서 전압
5	위치센서 -
6	위치센서 83
7	위치센서 84
8	온도 센서 접지

항목	핀 번호	규정 저항값	비고
온도센서 저항	핀 번호 4↔8 측정	126.8 kΩ ± 5%	20℃

구동모터 출력제한

170℃부터 출력제한 시작 →185℃ 출력정지

185℃ 이상
구동모터 과열(P0A2F)

(4) 회전자 위치센서(레졸버)

엔진 ECU는 CMPS센서를 이용하여 피스톤의 상사점(TDC)을 검출하고 상사점에서 스파크 플러그에 점화를 시켜 엔진으로부터 가장 큰 힘을 얻고 있다.

MCU또한 모터를 가장 큰 힘으로 제어하기 위해서는 회전자의 위치를 정확하게 알아야만 한다. 즉, 회전자의 위치 및 속도 정보로 MCU가 가장 큰 토크로 모터를 제어하기 위해 위치센서(레졸버)가 필요하다.

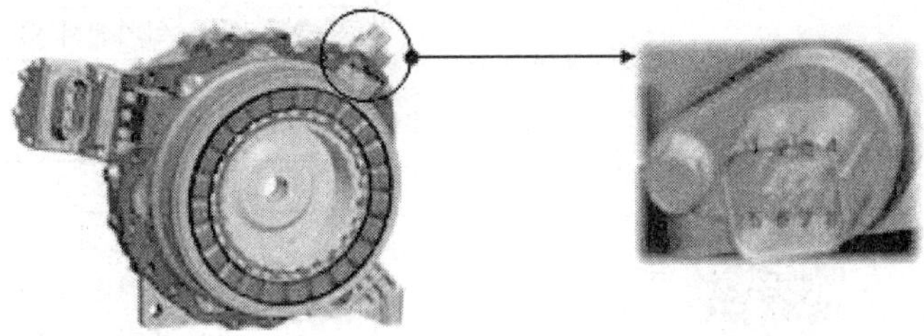

핀 번호	항목
1	위치센서 +
2	위치센서 81
3	위치센서 82
4	온도 센서 전압
5	위치센서 -
6	위치센서 83
7	위치센서 84
8	온도 센서 접지

항목	핀 번호	규정 저항값	비고
회전자 위치센서 (레졸버)	핀 번호 1↔5	11.7Ω ± 10%	20~30℃
	핀 번호 2↔6	32Ω ± 10%	
	핀 번호 3↔7	27Ω ± 10%	

(5) HSG의 구성품

HSG는 스테이터(고정자)와 로터(회전자)로 구성되어 있다. 스테이터에는 자석 위치를 검출하는 레졸버(위치센서)가 있으며 로터에는 고온에서도 자력이 저하되지 않는 영구자석이 매입되어 있다.

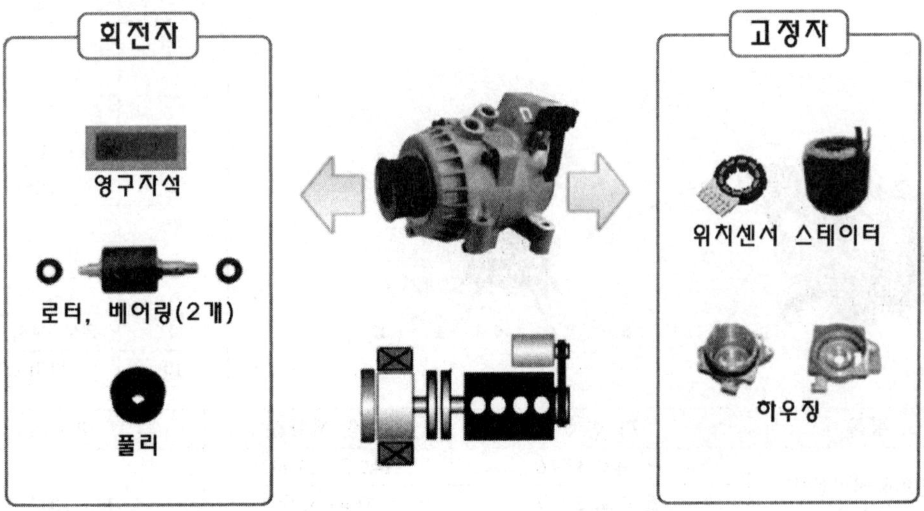

① 온도센서

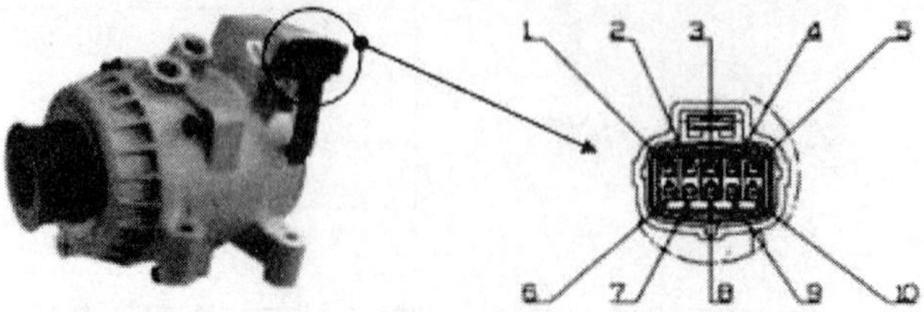

핀 번호	항목
1	위치센서 +
2	위치센서 81
3	위치센서 82
4	온도 센서 전압
5	실드 +
6	위치센서 -
7	위치센서 83
8	위치센서 84
9	온도 센서 접지
10	실드 -

항목	핀 번호	규정 저항값	비고
온도센서 저항	핀 번호 4↔9 측정	126.8 kΩ ± 5%	20℃

HSG 출력제한

150℃부터 출력제한 시작 →185℃ 출력정지

185℃ 이상
HSG 과열(P0A3B)

② 레졸버

MCU가 가장 큰 토크로 모터를 제어하기 위해 회전자 위치센서(레졸버)가 필요함

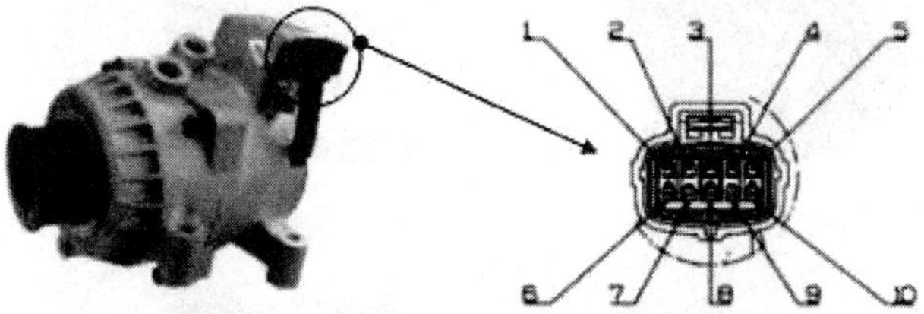

핀 번호	항목
1	위치센서 +
2	위치센서 81
3	위치센서 82
4	온도 센서 전압
5	8HIELD
6	위치센서 -
7	위치센서 83
8	위치센서 84
9	온도 센서 접지
10	8HIELD

항목	핀 번호	규정 저항값	비고
회전자 위치센서 (레졸버)	핀 번호 1↔6	14.2Ω~17.4Ω	20 ~ 30℃
	핀 번호 2↔7	21.6~32Ω	
	핀 번호 3↔8	26.1~32Ω	

2) 모터의 작동원리

HEV 구동 모터는 소형 고효율 모터로서 광범위한 속도영역을 조절하여 운전이 가능한 높은 효율의 영구 자석형 동기모터를 사용하고 있다.

영구 자석형 동기모터는 내부에 영구자석을 매입한 구조로서 고효율 운전이 가능하기 때문에 최근 에너지 절약 용도로 적용 범위가 급속히 확대되어 전기자동차, 세탁기, 에어컨 등의 가전제품에 이르기까지 폭넓게 사용되고 있다.

고정자 코일에 감겨진 권선 코일에 MCU에서 3상 교류 전원을 흘려주어 회전자계가 형성되면 회전자에 형성된 자계와 전자기적 상호작용을 하여 회전 토크가 발생하며, 이 힘으로 모터가 회전하게 된다. 고정자에 인가되는 회전자계의 속도와 회전자의 실제 회전속도가 같기 때문에 동기 모터라고 한다.

(1) 3상 교류(AC)모터의 작동

3개의 코일을 각각 120℃ 간격을 두고 배치하여 1회전에 3개의 상을 동시에 만드는 방법으로 모터의 사이즈를 줄일 수 있고, 직류모터와 단상 모터에 비해 효율이 높아지기 때문에 하이브리드 모터로 많이 사용된다.

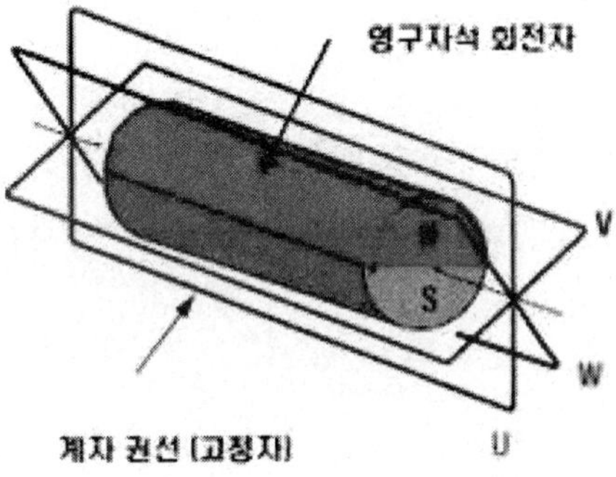

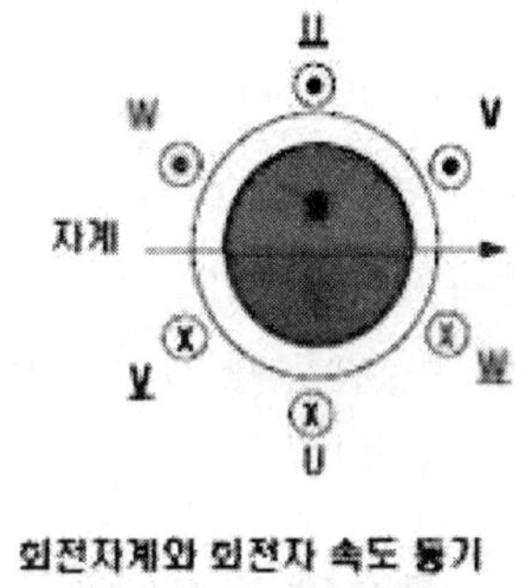

[동기모터]

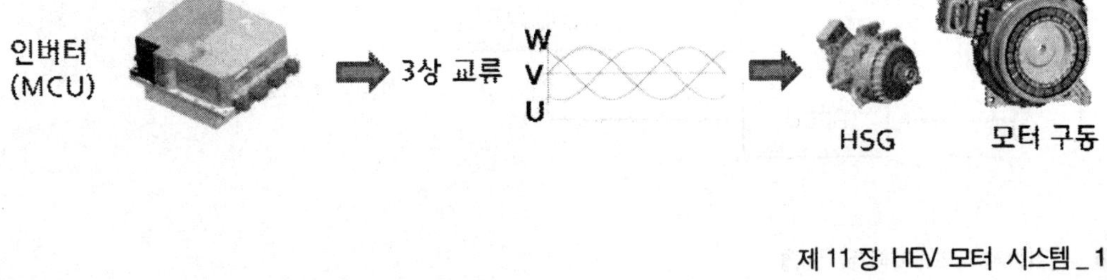

3) 모터의 냉각시스템

(1) 구동모터

구동모터는 자동 변속기와 같이 설치되어 자동변속기 오일을 통해 냉각되는 유냉식을 사용한다. ATF는 오일 레벨만큼 모터 하부에 채워져 있다. 오일의 흐름은 오일 쿨러로부터 냉각된 ATF가 모터 외주 면을 따라 흐르면서 모터를 냉각시킨다. 모터를 냉각 시킨 오일이 변속기로 유입되어 유압형성 및 윤활을 하며 오일쿨러로 유입된다.

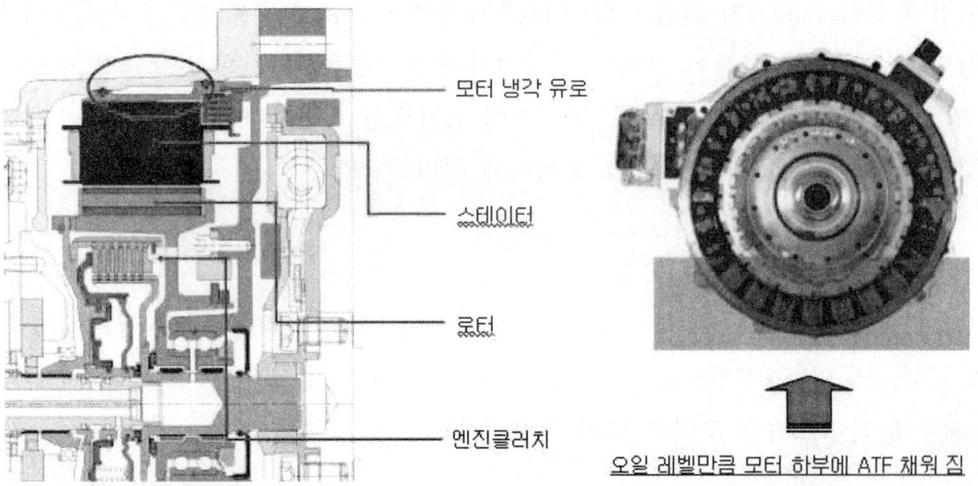

(2) 기동발전기(HSG)

HSG의 보호를 위해 별도의 전동식 수냉 시스템인 EWP 냉각 시스템을 통해 HSG와 HPCU를 냉각하도록 되어 있다. 엔진 냉각 시스템과는 별개로 분리되어 있으며 부품 교환 시에는 반드시 공기빼기 작업을 수행해야 한다.

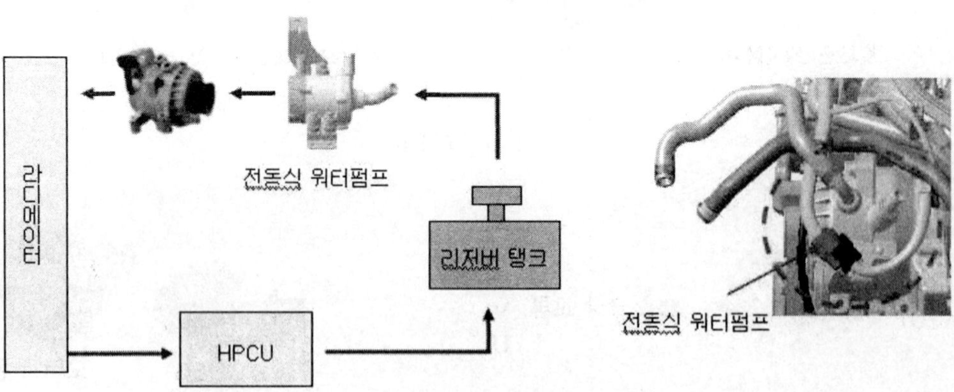

4) 모터점검

(1) 구동모터 점검

핀 번호	항목
1	레졸버 +
2	레졸버 61
3	레졸버 62
4	온도 +
5	레졸버 -
6	레졸버 63
7	레졸버 64
8	온도센서 -

항목	점검 부위		규정값	비고
저항	전원선	U - V	평균값 ±5% mΩ	20 ~ 30℃
		V - W		
		W - U		
	온도센서	핀 번호 4 - 8	126.8 kΩ ± 5%	20℃
	위치센서 (레졸버)	핀 번호 1 - 5	11.7 Ω ± 10%	20 ~ 30℃
		핀 번호 2 - 6	32 Ω ± 10%	
		핀 번호 3 - 7	27 Ω ± 10%	
절연저항	모터 하우징 접지	U, V, W	10MΩ 이상	
		위치 센서	10MΩ 이상	
		온도센서	10MΩ 이상	

(2) HSG 점검

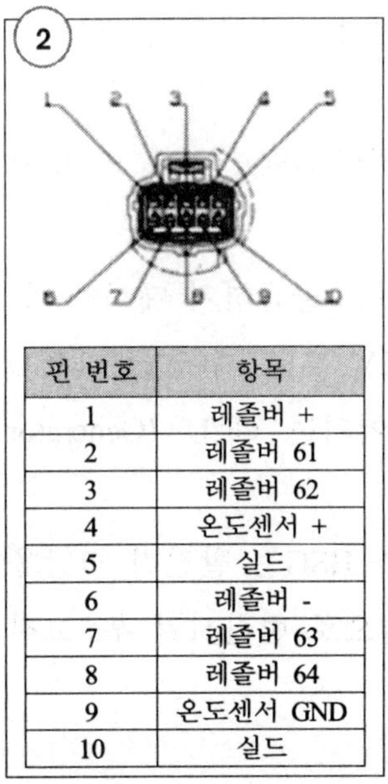

핀 번호	항목
1	레졸버 +
2	레졸버 61
3	레졸버 62
4	온도센서 +
5	실드
6	레졸버 -
7	레졸버 63
8	레졸버 64
9	온도센서 GND
10	실드

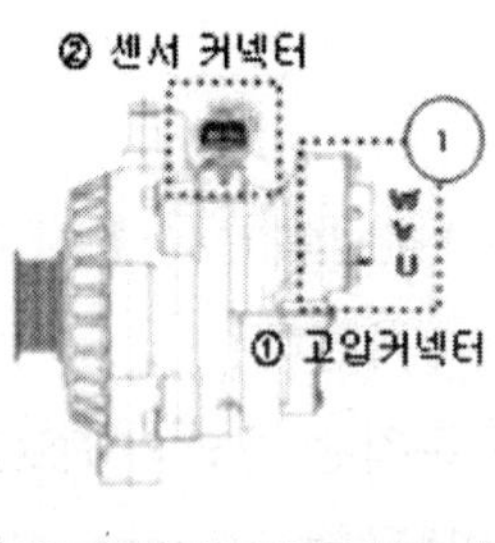

항목	점검 부위		규정값	비고
저항	전원 공급선	U - V	95 ~ 106 mΩ	20 ~ 30℃
		V - W		
		W - U		
	온도센서	Pin 4 ~ 9	143 ~ 71 kΩ	20 ~ 30℃
	위치센서 (레졸버)	U - V - W	1 MΩ↑	
		핀 번호 1 ~ 6	14.2 ~ 17.4 Ω	20 ~ 30℃
		핀 번호 2 ~ 7	26.1 ~ 32 Ω	
		핀 번호 3 ~ 8	26.1 ~ 32 Ω	
절연저항	하우징/커버 (접지)	U - V - W	10 MΩ 이상	
		위치센서	1 MΩ 이상	
		온도센서	1 MΩ 이상	

(3) 회전자 위치센서(레졸버) 보정 방법

회전자 위치센서 보정작업은 모터의 생산 및 조립시 발생하는 모터의 회전자와 고정자의 하드웨어 편차를 인식하는 작업으로 이 작업을 통하여 ECU는 모터의 회전자의 위치를 정확하게 알 수 있다. 보정작업은 모터 및 인버터 교환시 자기진단 장비를 이용하여 레볼버 보정 작업을 실시해야 한다.

① MCU 교환 시

② 구동모터 교환 시

③ HSG 교환 시

3. 모터 제어기(MCU)

1) 개요

(1) MCU 개요

MCU(Motor Control Unit)는 HPCU통합 제어기 중 하나로, 인버터와 컨버터의 역할을 수행한다.

① DC-AC 인버터 : 인버터의 역할은 고전압 배터리의 직류(DC)전원을 3상 교류(AC) 전원으로 변환하여, 모터와 HSG에 고전압 전력을 공급하는 것이다.

이 때 MCU는 HCU와 CAN통신으로 모터와 HSG의 속도와 토크를 최적으로 제어한다.

MCU의 주된 목적은 모터와 HSG에 전력을 공급하기 때문에, 일반적으로 인버터라고 부른다. 보통 HEV 모터 제어기는 MCU (Motor Control Unit, 인버터1) HSG제어기는 GCU (Generator Control Module, 인버터2)라 한다.

② AC-DC 컨버터 : 컨버터의 역할은 감속과 제동시, 모터와 HSG는 발전기 역할을 하여 3상 교류(AC)전원을 직류(AC)전원으로 변환시킨 후, 고전압 배터리를 충전한다.

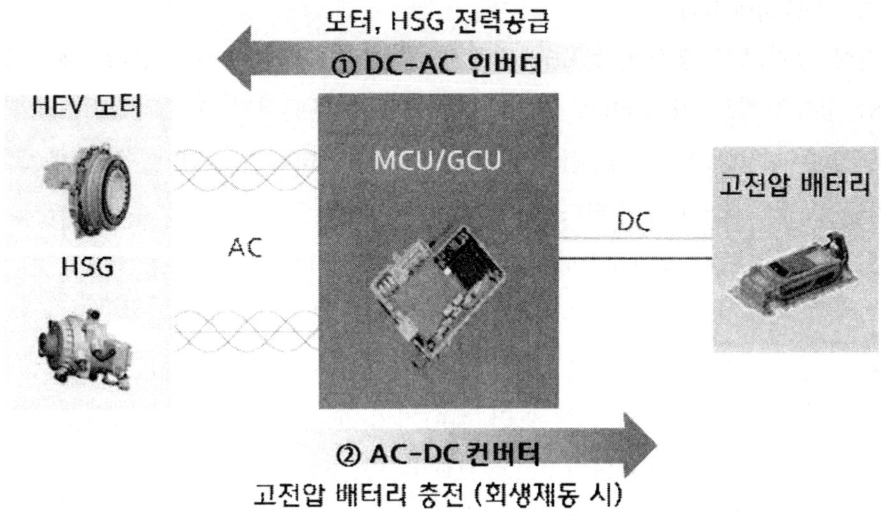

2) 모터 제어기(MCU : Motor Control Unit) 구성

(1) 주요 구성품

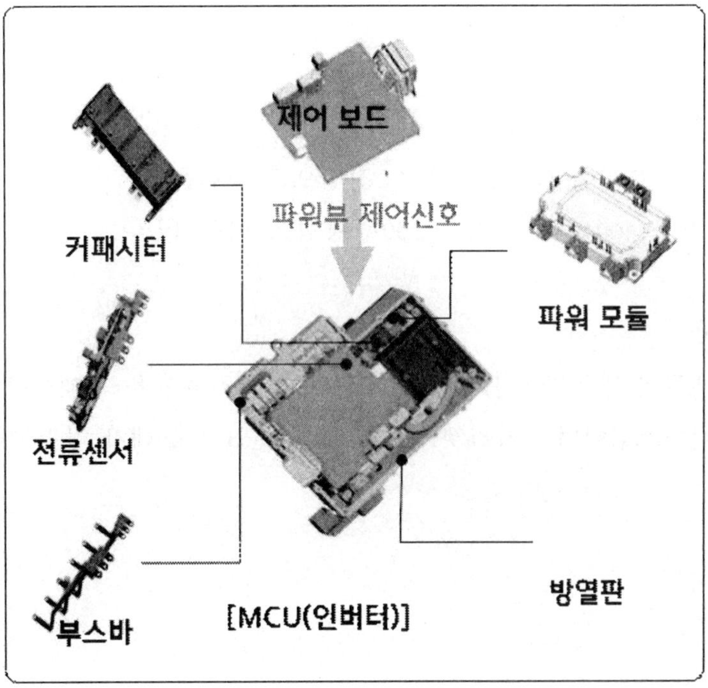

① 커패시터(Capacitor)

전류 저장 장치로서 평소에 전류를 저장해 두었다가 전압이 불안정 할 때 이를 보정하는 전압 평활장치로 최대 600V, 약 600μF 용량의 콘덴서가 적용되었다. 커패시터의 특성으로 인해 고전압 배터리를 탈거 하더라도 커패시터에 잔존해 있는 전류가 완전히 방전되려면 일정 시간이 소요된다.

■ 안전 플러그 탈거 후 60V 이하로 떨어지려면 최대 5분 소요

② 전류센서

모터에 흐르는 전류를 감지한다. 모터 제어기가 모터로 입력되는 전류를 감지해 모터의 출력을 제어하는데 사용된다. 구동 모터용 및 HSG용의 용량이 서로 다르며 전류센서는 파워 모듈에 HPCU에 내장장착되어 있다.

③ 제어보드

하나의 CPU가 2개의 모터(구동 모터, HSG)를 제어한다.

모터 제어 이외에 인버터, 파워 모듈의 과열보호, 역회전 금지, 고장 감지, 모터 온도 보상 회로 등의 부가 기능이 있다.

④ 파워 모듈

고속 스위칭을 통하여 DC 전원을 AC전원으로 바꿔준다.

구동 모터 용은 400A, HSG 용은 200A 용량이 적용되었다.

⑤ Heat sink

알루미늄 재질의 방열판이 HPCU에 적용되어, 냉각효율을 최대화하였다.

수냉식 냉각시스템이며, 가스켓으로 조립되어 있어 분해가 불가능하다.

3) 모터 제어기 입 · 출력 요소

(1) 회로구성

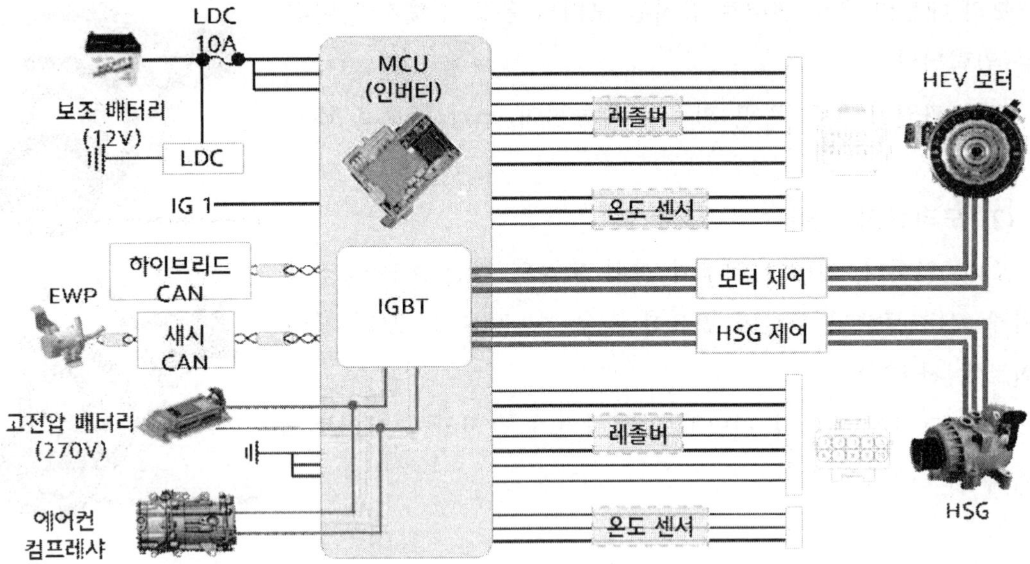

MCU는 고전압 배터리의 DC전원을 AC전원으로 변환시켜 HEV 모터와 HSG를 구동시킨다. 또한 레졸버 센서와 온도 센서의 신호값을 받아 HEV 모터 & HSG의 온도와 회전자의 위치를 파악하여 최적으로 제어한다. 감속 혹은 제동 시에는 HEV모터와 HSG는 발전기 역할을 수행하여, AC전원을 DC전원으로 변환시켜 고전압 배터리를 충전시킨다.

또한 MCU를 구동시키기 위해 보조 배터리의 전원과 차체 접지가 연결되어 있다. 따라서 보조 배터리가 방전될 경우 MCU 뿐 아니라 제어 모듈들은 구동할 수 없다. 그리고 EWP와 하이브리드 CAN 통신을 통해 HPCU와 HSG를 냉각시킨다.

4) MCU 제어

(1) 모터과열 보호

모터 내부의 온도 센서로 감지된 모터의 온도 정보가 인버터로 입력된다.

모터 과열시 모터 과열 회로가 작동하여 모터를 보호한다.

(2) 모터토크 제어

모터, 인버터, 인버터 내부의 파워 모듈의 과열 또는 고장에 의해 모터 토크의 제한이 필요한 경우, 이 정보 는 모터 제어 회로에 전송된다.

또한 고전압 배터리 전압값도 인버터가 감지하여 모터토크 제어 회로에 입력된다.

(3) 인버터 과열 보호

파워 모듈 내부의 온도센서를 통하여 인버터 온도가 감지되고 한계점 보다 높을 경우 인버터Inverter 과열 보호 회로가 작동한다.

예를 들어, 엔진이 정지된 상태라도 인버터의 온도가 한계점 이상일 경우 인버터의 요청에 의해 냉각 팬이 작동될 수 있다.

5) 모터 제어기 냉각 시스템

(1) 냉각 라인

하이브리드 차량을 제어하는 핵심부품인 HPCU 내부에는 다량의 반도체 소자가 적용되어 있으며, 작동시 열 발생을 피할 수 없다. 특히 고전압에 직접 연결되어 열 발생량이 기존 내연기관 차량의 전장부품 보다 더 높은 편이며 과열은 각 제어기의 효율을 떨어뜨리고 적절한 동작 제어를 제한한다. 또한 반도체의 특성 상 일정 온도 이상의 고온에서는 도체가 되어 버릴 수 있어(전기적으로 항상 ON) 정상적인 작동이 불가능

할 수 있다. 따라서 HPCU 관련 부품을 적절히 냉각 시켜 주는 것이 매우 중요하며 이를 위해 기존 엔진 냉각 라인과는 별도로 수냉식 냉각 라인이 설치되어 있다. 엔진 냉각 라인과 공용으로 사용하지 않는 이유는 기계적인 내연기관의 냉각 온도구간과 고전력 반도체 부품의 냉각 온도 구간이 서로 다르기 때문에 공용으로 활용할 수 없다. 엔진 냉각수는 100℃를 오버히트(Overheat)로 간주하지만 HPCU는 75℃ 이상을 HPCU의 정상 작동을 제한하는 온도로 간주한다.

인버터가 받는 온도의 영향을 구체적으로 살펴보면, 93℃에서 정격 출력의 약 80%를 출력하는데 95℃부터 큰 폭으로 출력이 제한되기 시작하여 97℃가 되면 인버터의 출력이 정지된다.

LDC의 경우에는 온도에 더욱 민감하여 65℃까지는 정격 출력의 100%를 출력하지만 75℃에서 약 60%, 80℃에서 약25%로 출력이 제한되며 85℃에 도달하면 LDC의 출력이 정지된다.

HPCU의 냉각을 위해 전동식 워터펌프가 신규로 적용되어 MCU에 의해 구동된다. 그림에서 보는 바와 같이 별도의 냉각라인에는 HSG 냉각도 포함된다. 엔진 냉각 라인과 분리되어 있으므로 별도의 냉각수 리저버가 HPCU 근처에 설치되어 있다.

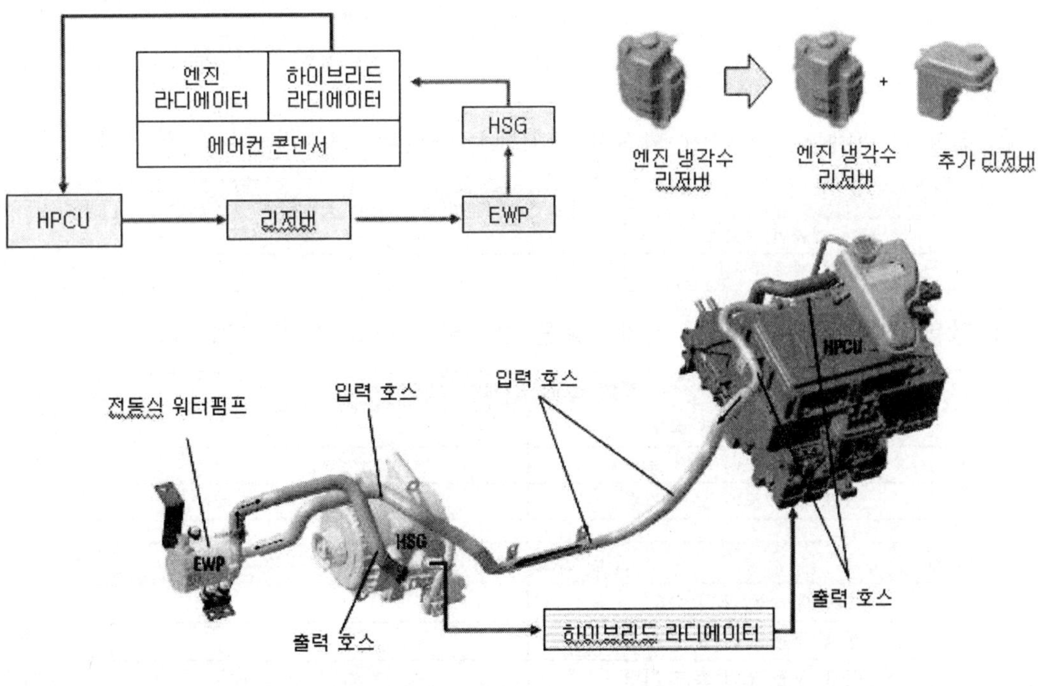

6) 구동모터 실습

- 구동모터
- 디지털 멀티미터
- 오실로스코프(진단스캐너)
- 하이브리드 차량

(1) 단품 저항 실험

항 목	점검 부위		규 정 값	측 정 값
저항	구동모터	U - V	평균값±5% MΩ	
		V - W		
		W - U		
	온도센서		126.8kΩ ±5%	
	위치센서	센서1	11.7Ω ±5%	
		센서2	32Ω ±5%	
		센서3	27Ω ±5%	

(2) 절연저항

항 목	점검 부위		규 정 값	측 정 값
절연저항	모터 하우징 접지	U, V, W	10MΩ	
		위치센서	10MΩ	
		온도센서	10MΩ	

(3) 작동실험

① 전용 스캐너를 이용하여 회전자 위치센서(레졸버) 보정작업을 수행한다.

	보 정 전	보 정 후
모터 레졸버 오프셋		
모터 레졸버 cal		

② 전용 스캐너를 이용하여 강제구동을 실시하고 다음 값을 측정한다.

모터 스피드 제어 모드	
현재 구동 모터 속도	
현재 구동 모터 출력 토크	
목표 구동 모터 토크 지령	

모터 토크 제어 모드	
현재 구동 모터 속도	
현재 구동 모터 출력 토크	
목표 구동 모터 토크 지령	

제 12 장
공조 시스템

1. 공조시스템 개요

자동차의 공조 장치는 내·외기 덕트, 블로워, 증발기(Evaporator), 히터의 4개 부분으로 구성되어 인스투르먼트 패널 내에 장착되어 있다. 내외기 덕트를 통하여 블로워부에 유입된 공기는 증발기 제습 냉각되어 히터부에서 재가열되어 적정한 온도의 바람을 차 실내로 보내어 쾌적한 온도, 습도 조건으로 유지시키는 역할을 한다.

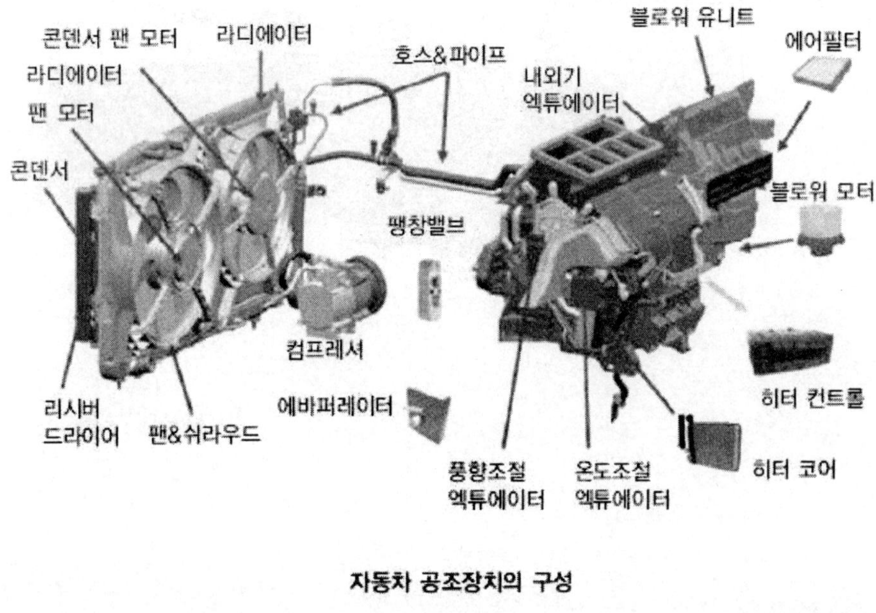

자동차 공조장치의 구성

하이브리드 차량의 공조 시스템은 전자동 에어컨(FATC)으로 실내 냉/난방성능 향상을 위한 전동식 컴프레서를 적용하여 글로벌 이슈가 되는 환경문제와 지구 온난화 방지라는 시대적 요청에 부흥하여 CO2 배출을 최소화하기 위해 연료전지 및 회생제동 등을 통한 에너지소비 저감과 절감된 에너지를 효과적으로 저장하고 저장된 에너지의 효과적인 사용을 통해 환경문제 해소 및 화석연료 최소화를 실현한 전동식 구동원의 공조용 압축기를 사용 하였다.

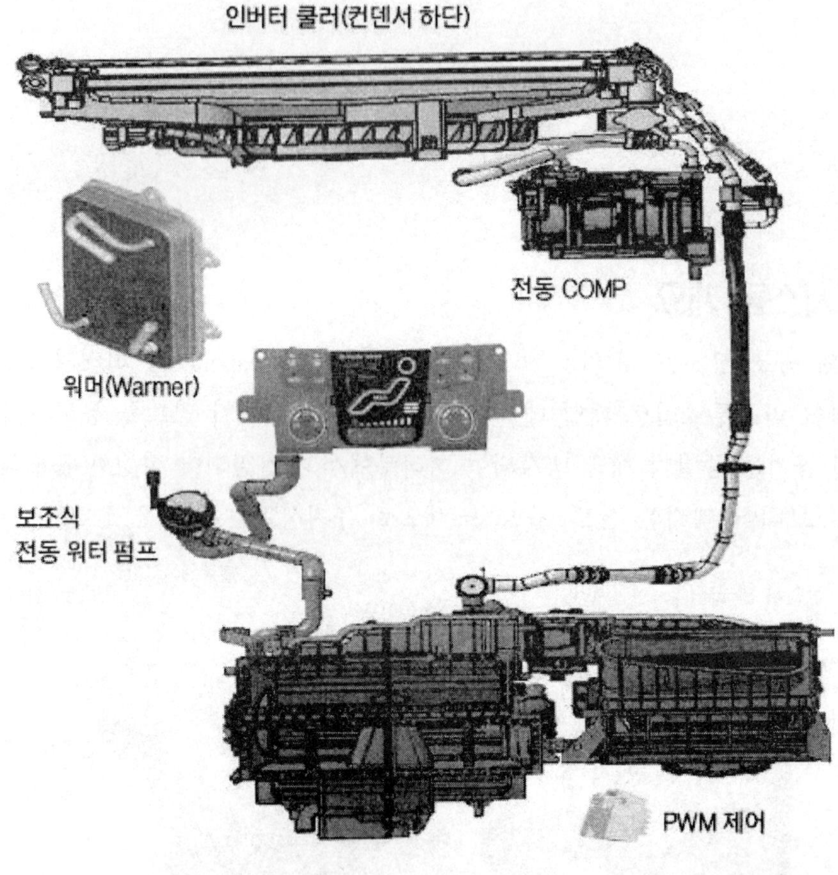

2. 시스템 구성

1) 시스템 구성도

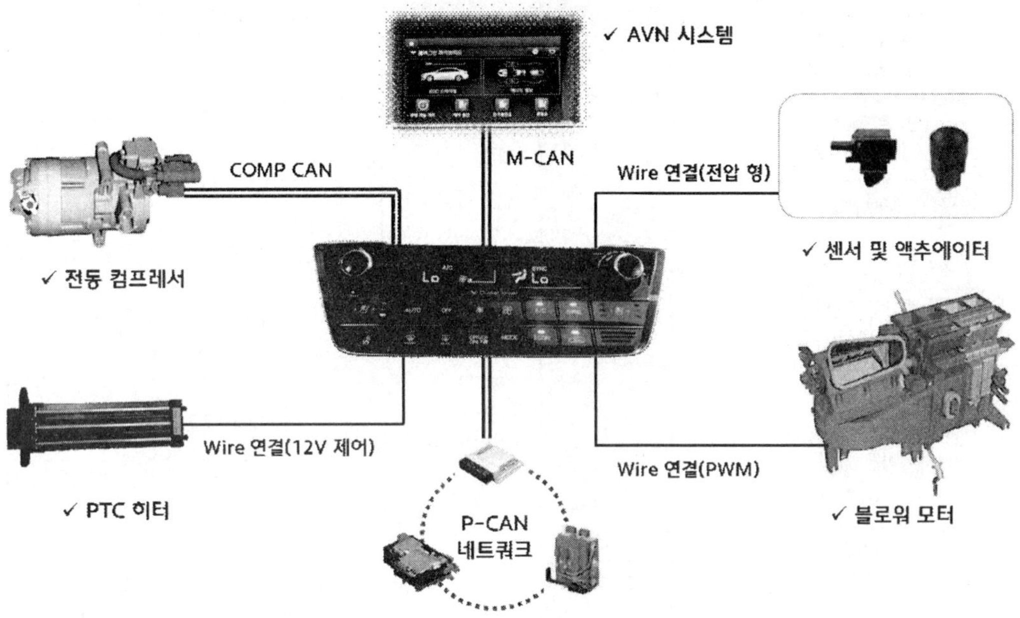

2) 입 · 출력 구성

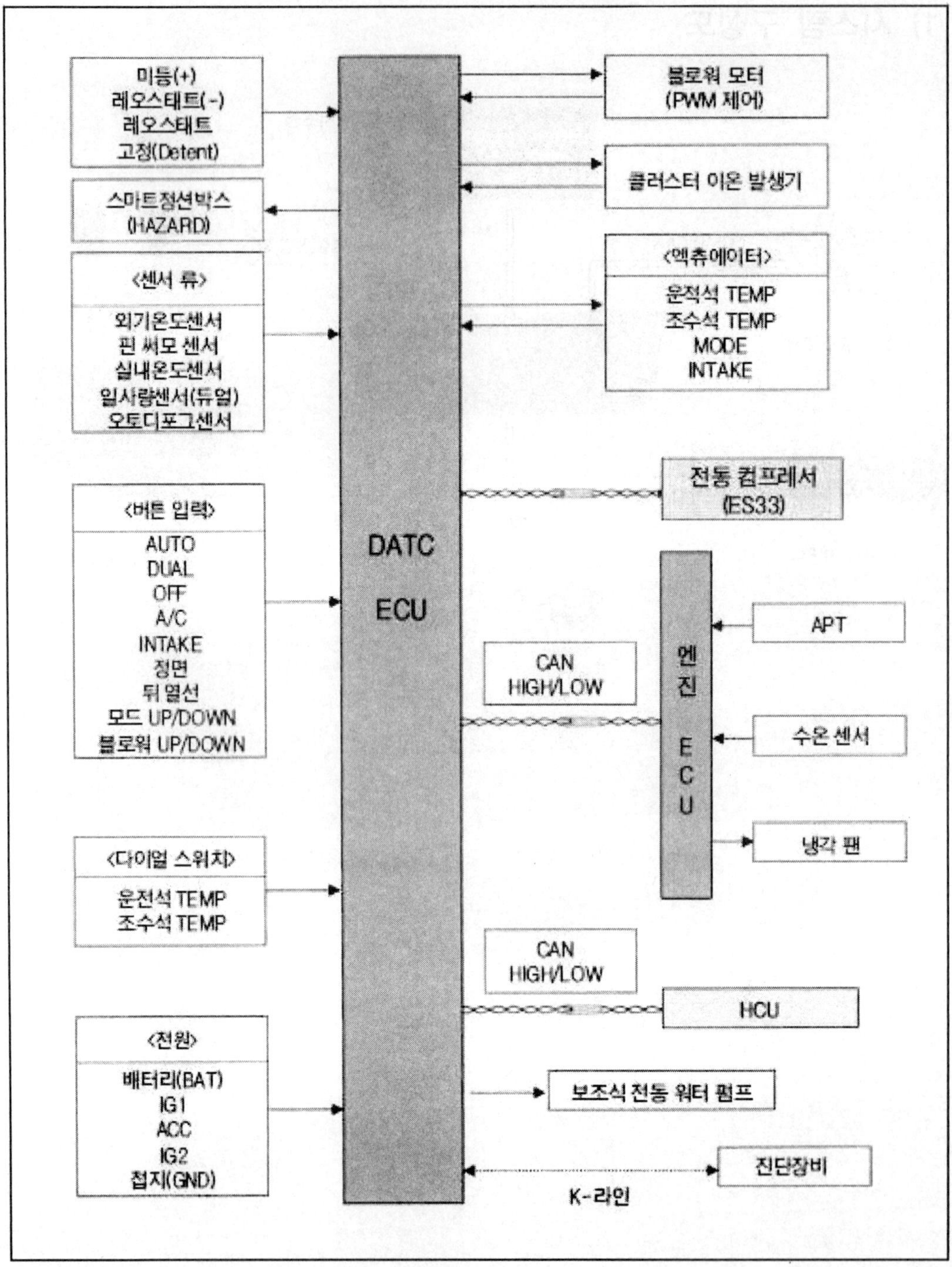
미등(+)
레오스태트(-)
레오스태트
고정(Detent)
스마트정션박스
(HAZARD)
<센서 류>
외기온도센서
핀 써모 센서
실내온도센서
일사량센서(듀얼)
오토디포그센서
<버튼 입력>
AUTO
DUAL
OFF
A/C
INTAKE
정면
뒤 열선
모드 UP/DOWN
블로워 UP/DOWN
<다이얼 스위치>
운전석 TEMP
조수석 TEMP
<전원>
배터리(BAT)
IG1
ACC
IG2
접지(GND)
DATC
ECU
블로워 모터
(PWM 제어)
클러스터 이온 발생기
<액츄에이터>
운전석 TEMP
조수석 TEMP
MODE
INTAKE
전동 컴프레서
(ES33)
CAN
HIGH/LOW
엔진
ECU
APT
수온 센서
냉각 팬
CAN
HIGH/LOW
HCU
보조식 전동 워터 펌프
진단장비
K-라인

3. 전동식 컴프레서(Electric Scroll)

1) 개요

하이브리드 전기자동차의 컴프레서는 기존 차량(가솔린)에 적용되었던 외부제어 용량 가변 제어 타입과 비교시 제어 방식과 컴프레서 내부 구조에 많은 차이가 있다.

기존 용량 가변 컴프레서(VSX 타입)의 경우 용량 가변 제어밸브가 전자 솔레노이드 밸브(ECV : External Control Valve)가 적용되어, DATC 컨트롤 모듈의 전기적인 신호에 의해 컴프레서 내부 사판의 경사각이 제어가 이루어졌다면, HEV의 경우 고전압 배터리(270V)의 전원을 공급 받아 컴프레서에 전류량을 제어하여 구동 RPM을 변화하며, 냉방성능을 제어 한다.

2) 기계식 대비 HEV 컴프레서 비교

구분	엔진벨트 구동방식의 기계식 컴프레서	고전압 모터 구동방식의 전동식 컴프레서
특징	- 화석연료 기반의 에너지 사용 - 내연기관/Mild Hybrid 차량용 - Open 타입 - 클러치 일체형 - 용량 제어시 엔진 회전수에 연동됨	- 전기 기반의 에너지 사용 - 연료전지차/전기자동차용 - 반자동 - 밀폐타입 - 모터/인버터 일체형 - 엔진 회전수와 무관하게 용량을 제어
장단점	- 용량 산정 기준 : 아이들 회전수→크기大 - 자가 진단코드 없음 - 용량 가변은 성능 저하를 야기함 - 엔진의 회전을 이용→장착위치 제한 - 클러치 및 허브→상대적으로 저가	- 용량 산정 기준 : 정격 회전수→크기小 - 자가 진단 코드 내장→신뢰성 확보 - 용량 가변에 의한 성능 저하가 거의 없음 - 장착위치 선정에 제한이 적음 - 모터 및 인버터 일체형→고가
차량연비 개선효과	- Scroll 압축기를 이용한 고효율화 - 차량의 주행조건에 관계없이 외기조건에 따라 항상 최적의 회전수로 압축기 구동	- 동일한 열부하 영역에서 압축기 가동율 최소화 - 전자제어식 압축기는 엔진구동 압축기 대비 10% 이상의 연비 저감 효과 기능

3) 시스템 구성

(1) 전동식 컴프레서 레이아웃(고전압 케이블)

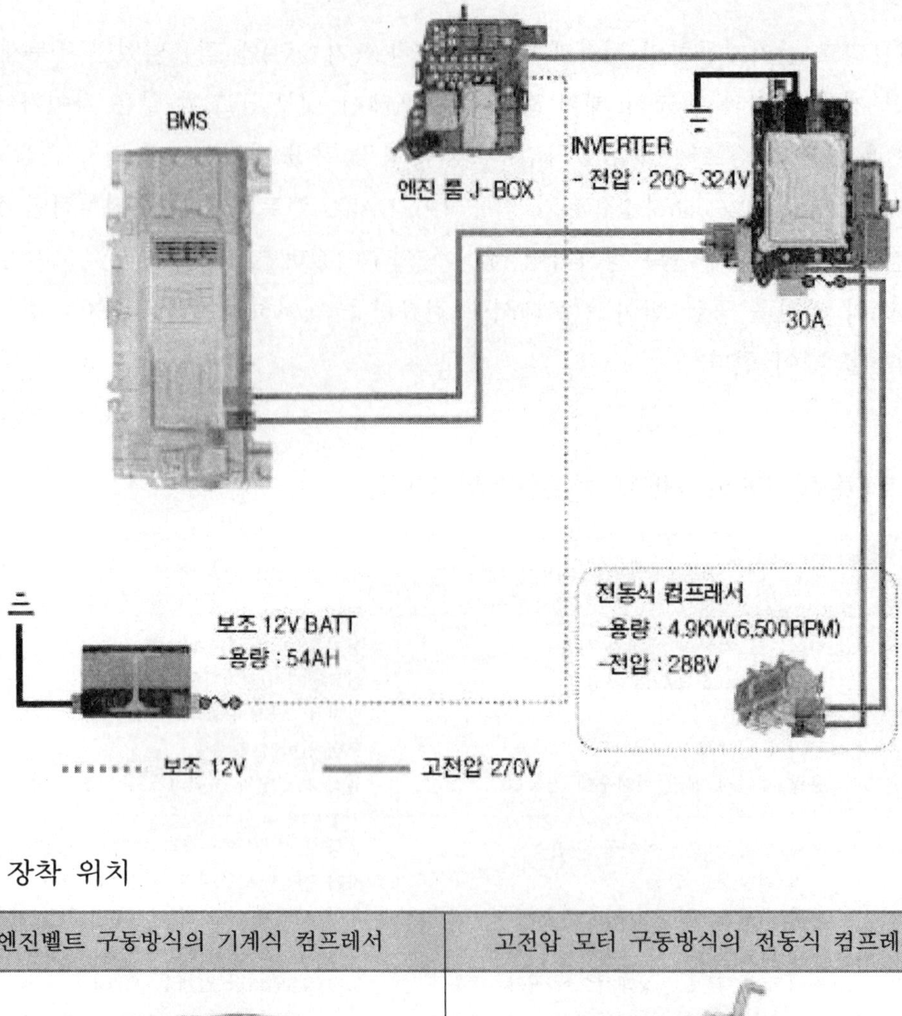

(2) 장착 위치

엔진벨트 구동방식의 기계식 컴프레서	고전압 모터 구동방식의 전동식 컴프레서
	 ※ 실린더 블록 하단부/구동 벨트 없음.

4) 구조 및 사양

(1) 외부 구조 및 사양

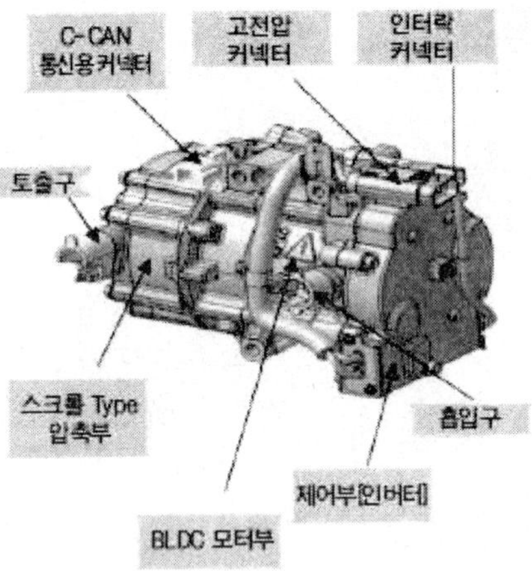

구분		쏘나타 누 엔진용
냉방 성능[kW]		4.3~6.5
정격 소비 전력[kW]		4.5
정격 전압 (작동가능전압)		288V(190~320V)
모터	Type	분포권/IPM
	크기	Φ96/50L
인버터		센서리스 벡터 제어
압축기	크기	Φ123/221L
	회전수[RPM]	1000~7000
	중량	7.8Kg

5) 전동식 컴프레서 제어 방식

(1) 기계식 작동 원리

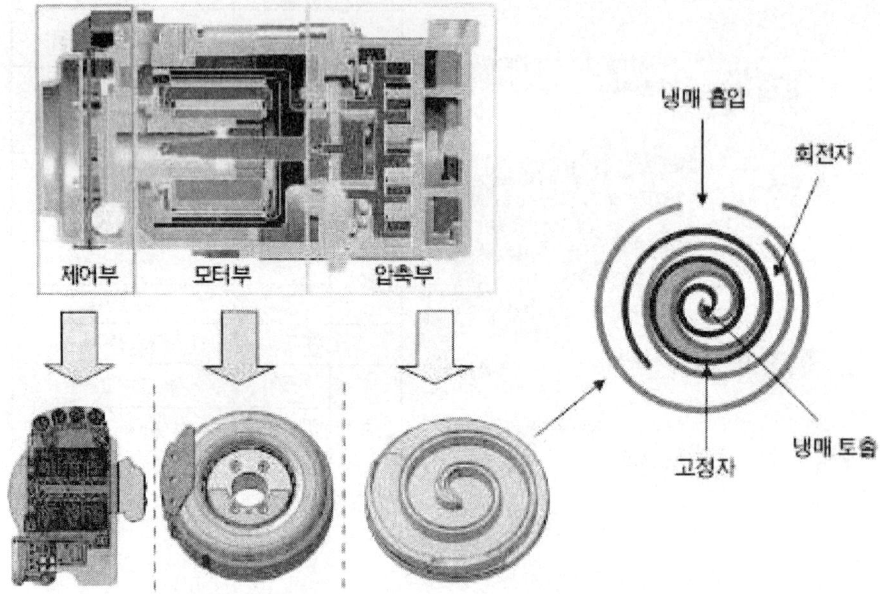

구분	내 용
압축부	- 구동용 샤프트가 편심된 드라이브 부싱에 동력을 전달하고, 선회 스크롤이 편심 선회운동을 하여 고정 스크롤과 순차적으로 냉매를 압축 후, 고정 스크롤 중앙부에 위치한 토출구로 고압의 냉매를 토출함 - 주요 부품 : 고정/선회스크롤, 자전방지기구, 부싱 등
모터부	- 스테이터에 생성된 자기장과 로터의 영구자석 자기장 사이에 발생하는 토오크를 이용하여 샤프트에 회전동력을 전달함 - 주요부품 : 스테이터, 로터, 인슐레이터, 마그네틱 등
제어부	- 차량에서 인가된 직류전원을 요구되는 가변전압 및 가변주파수의 교류전원으로 변환시켜 모터의 회전속도를 제어하는 장치 - 주요부품 : PCB, 고전압 캐패시터, 인버터(스위칭 파워) 등

(2) 제어 흐름도

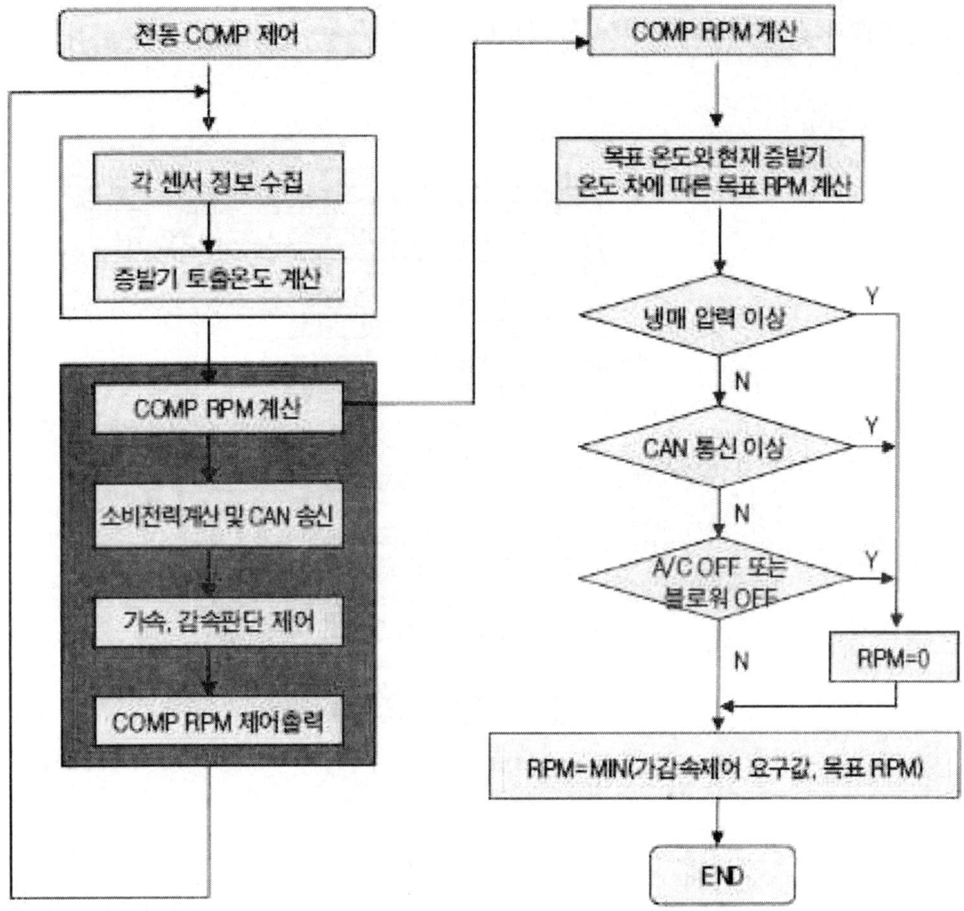

■ 제어 흐름도 의미 설명

▸ 전동 컴프레서 독립제어 및 냉방 속효(빨리 나타나는 효과) 제어 가능

- 엔진과 무관하게 컴프레서 RPM제어가 가능

- 증발기 목표온도 수렴을 위한(허용전압 內) 제어가능

▸ 소비전력 연산 및 제어 기능

- 컴프레서 소비 전력을 연산 출력 가능

- HCU의 요구에 따라 소비전력 제한이 가능

▸ 컴프레서 RPM제어

- 에어컨 ECU는 증발기 온도센서의 값에 기초해서 컴프레서의 목표 RPM을 계산

(3) 냉방제어

냉방장치는 냉매가 각 부품 사이를 순환하면서 액체→기체→액체로 연속적으로 변하여 냉방효과를 발휘할 수 있도록 해준다.

① 냉매순환경로

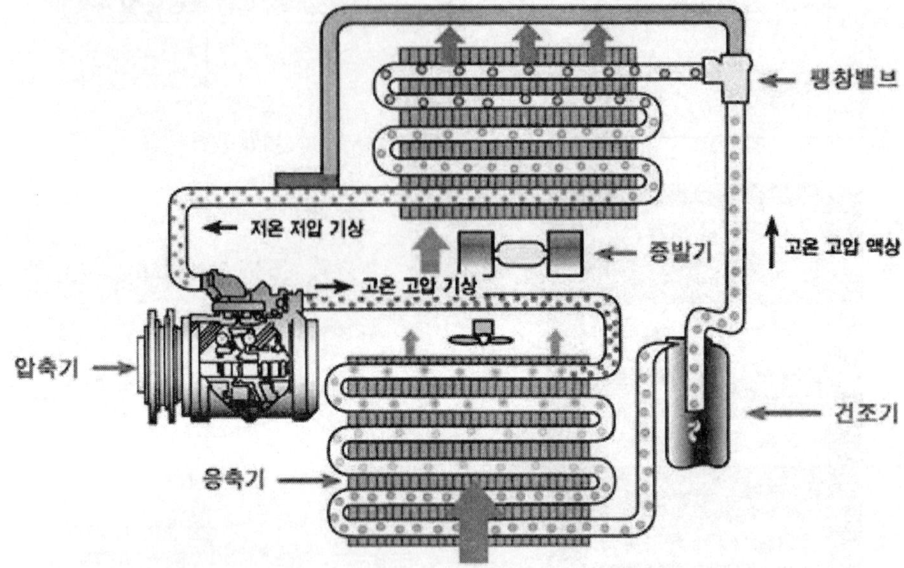

[냉매 순환 경로]

② 냉매 제어

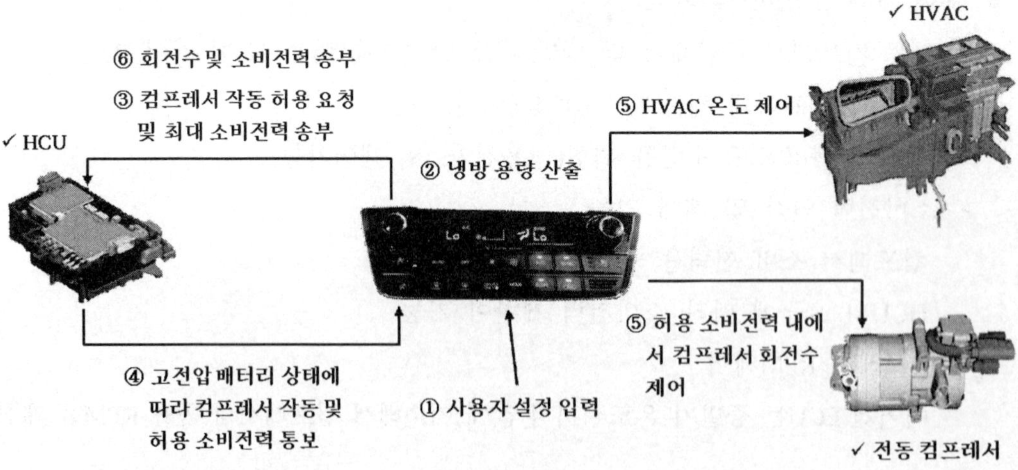

③ 난방제어

온수식 난방장치는 송풍기(blower)와 모터, 열 교환기, 온풍의 출구를 개폐시키는 댐퍼로 구성되어 있다.

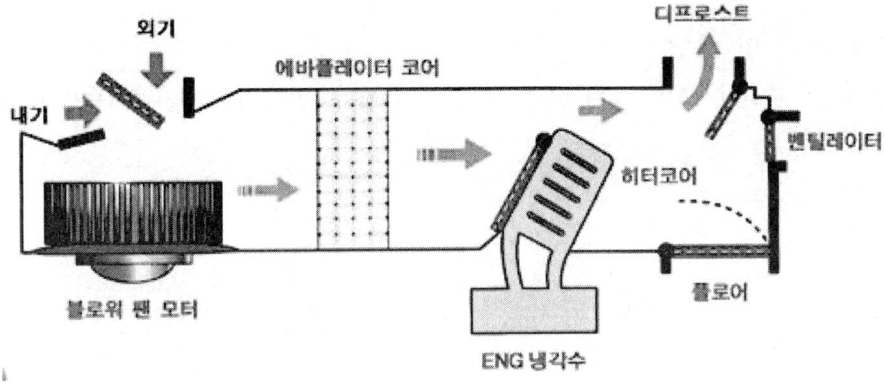

- 엔진 열 사용
- 보조 PTC 히터 적용

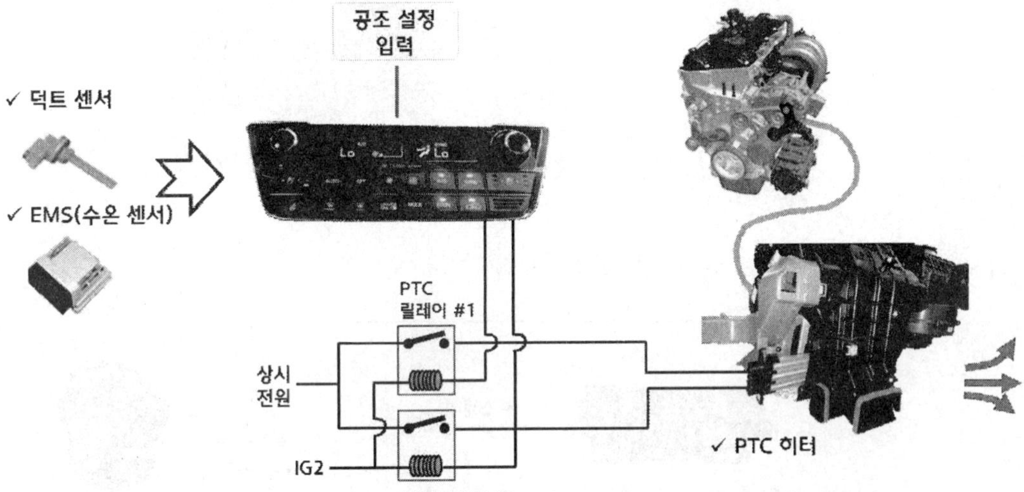

4. 주요단품 점검

1) 블로워 모터 PWM 제어

(1) 주요 기능 및 사양

컨트롤 듀티 제어에 따라 모터 단수 제어 (듀티비 : 펄스 ON 시간과 OFF 시간의 비)

구분	타 입
타입	PWM 제어 방식
작동전압	8V ~ 18V
장착위치	HVAC 블로워 유닛

(2) 단품 형상 장착 위치

단품 형상	장착 위치

(3) PWM 모듈 작동 원리 및 점검 방법

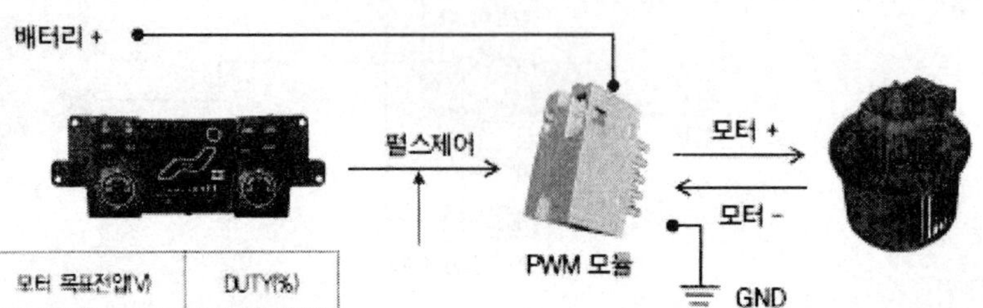

블로워 단수	모터 목표전압(V)	DUTY(%)
1단	3.4(3.8)	22(25)
2단	4.6	32
3단	5.9	43
4단	7.2	53
5단	8.3	63
6단	9.5	73
7단	11.3	85
8단	B+	90

※ BATT전압 13.5V입력 기준 : A/C ON시,
1단 MOTOR 목표전압(V) 3.8V로 제어

※ 블로워 단수 별 DUTY 출력으로 모터를 제어한다.

2) 보조식 전동 워터펌프 제어

(1) 적용 사유 및 사양

HEV 차량의 경우 엔진 정지 시 엔진구동 워터 펌프 정지함, 이때 히터 코어로 냉각수를 전달하여 난방을 하는 장치 필요

구 분	사양	비고
타 입	전동식	
용 량	15LPM @0.07bar	
장착위치	변속기 상단	

(2) 단품 형상 장착 위치

<table>
<tr><th>단품 형상</th><th>장착 위치</th></tr>
<tr><td>
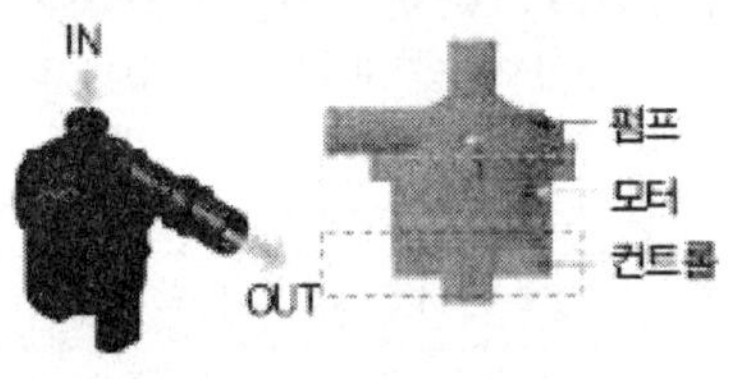

◆특징
- 펌프부 : 임펠라+마그넷 일체형
- 모터부 : BLDC 모터
</td><td>
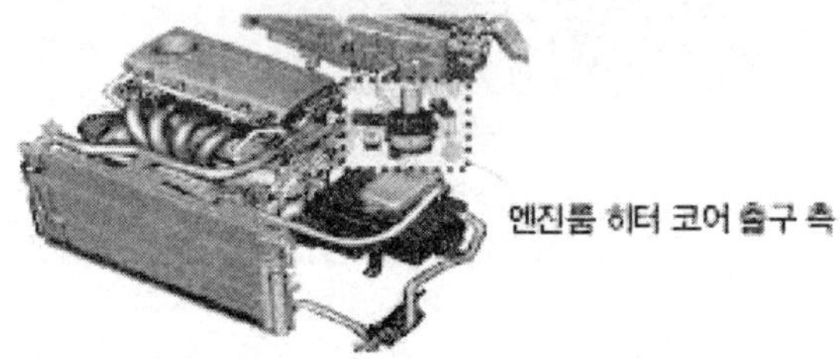

※ 변속기 상단부 위치
</td></tr>
</table>

(3) 작동 원리

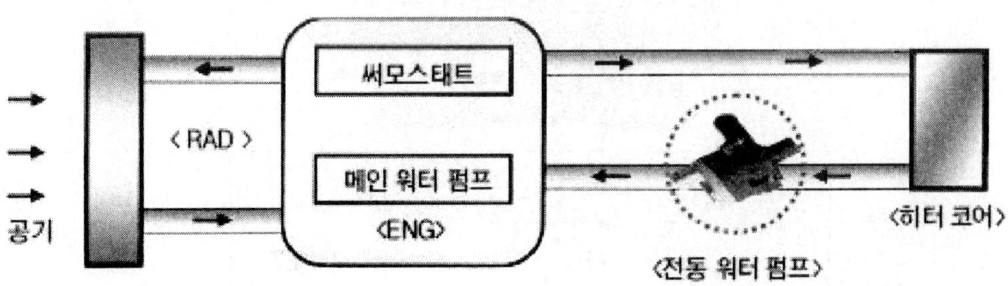

■ 작동원리 : 하이브리드 차량의 경우 엔진 정지 시 기계식 W/Pump가 정지되면, 실차의 난방을 위하여 보조식 전동 워터 펌프가 작동되어 히터 코어로 냉각수를 전달하는 장치

(4) 진입 및 조건

난방 조건에서 엔진 정지(EV 모드, 엔진 정지 상태) 시 히터 코어로 냉각수가 순환되도록 별도의 보조식 전동 워터 펌프를 작동시킨다.

① 진입 조건(AND조건)

▸ EV 모드(Engine Stop)인 경우, 블로워 ON 시, 냉각수 70℃ 이상, HEV 준비일 경우

② 작동 사양 : 워터 펌프 릴레이신호 On 출력(W/Pump 작동)

③ 해제 조건 : 진입 조건에서 한 조건이라도 벗어날 경우

3) ECON 기능 제어

ECON 스위치 위치	기 능
 ※ ECON 스위치	- ECON ON/OFF에 따라 증발기 온도에 의한 A/C ON/OFF 제어온도를 가변하는 기능 - IGN ON시 항시 ECON ON 선택 (ECON 해제기능 : AUTO 누른 상태에서 3초 이내 ECON 버턴을 5회 이상 누름

항 목	일반 모드	ECON 모드
증발기 제어온도 (표면온도)	목표 온도 : 3~6℃	■ 목표 온도 : 5~10℃ - 증발기 표면 온도를 높게 제어하여 컴프레서 구동 부하를 줄임

구분	YF HEV	비고
컨트롤 형상		
커넥터 사양	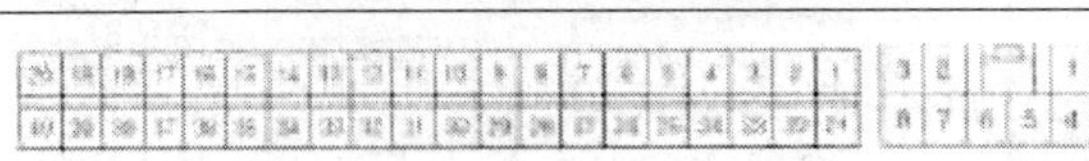 KET KET	
COMP 제어	전동식 COMP 제어 (COMP CAN 제어)	ESC33
블로워 모터 제어	PWM 제어 (Duty 제어)	오토8단
기타	보조식 전동 워터 펌프 제어 인버터 쿨러 (Inverter Cooler) ATF 워머 (Warmer)	신규적용

5. 정비시 주의사항

1) 오일 충전 관련

(1) A/C 냉매 충진 시, 전동압축기 전용 오일(PVE 혹은 POE) 사용할 것.

▸ 기존 기계식 압축기의 PAG 오일 사용 시, 체적 저항률이 저하되어 누설전류 발생 가능함.

(2) 적정 오일량을 충진할 것

▸ 오일 과충진 경우 : 냉방성능 저하.

▸ 오일 부족충진 경우 : 구동부 마찰 증가로 파손 우려됨.

2) 고전압 사용 관련

(1) 엔진 ON 상태 시, 전동압축기 고전압 커넥터 임의 분해하지 말 것.

▸ 하기의 인터 락 기능을 커넥터 단자상의 안전 장치로 구성하였으나, 주의 요구됨.

인터 락 구성

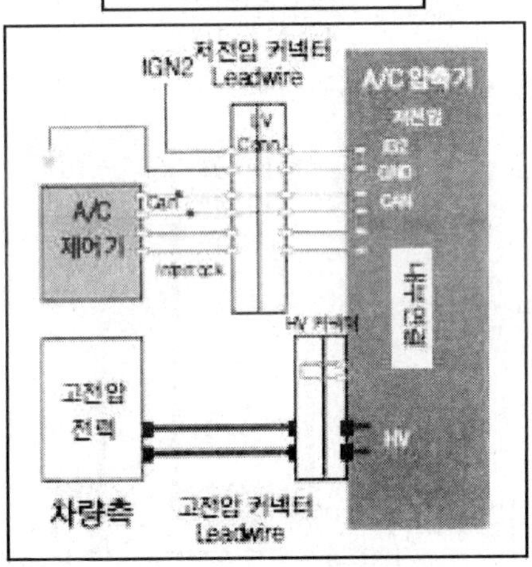

암 커넥터 인터락
[차량측]

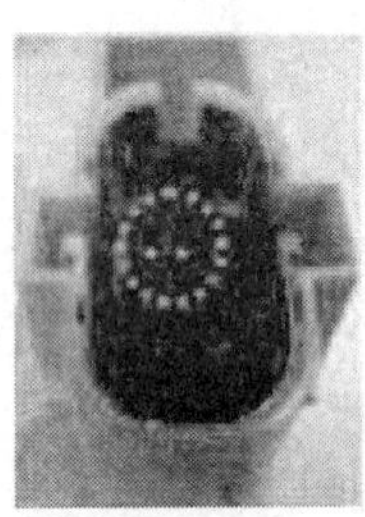

수 커넥터 인터락
[압축기]

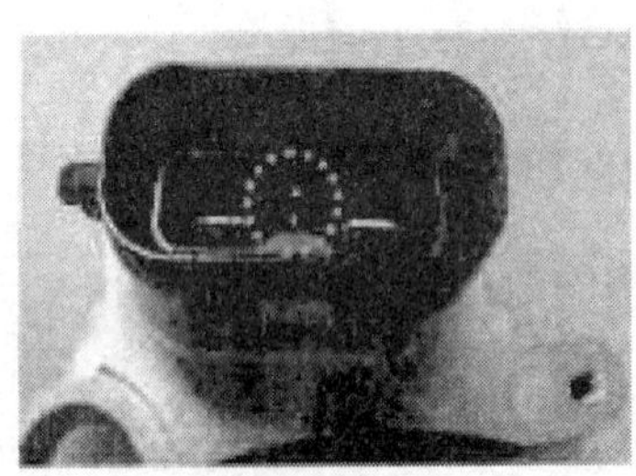

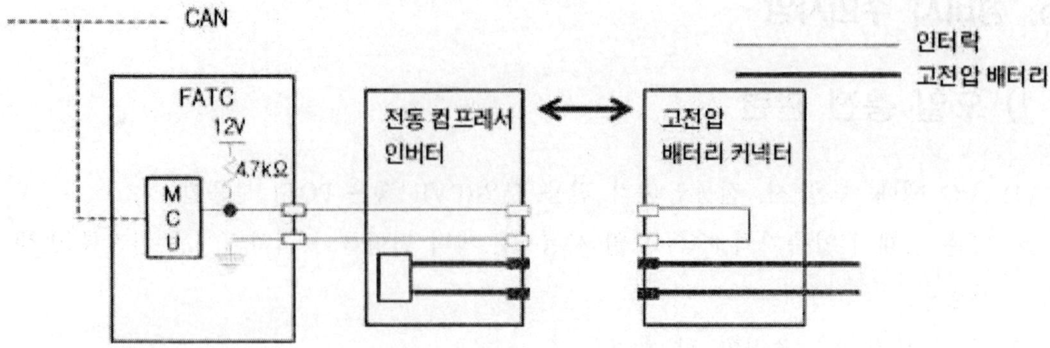

※ 전동 컴프레서 인버터로 입력되는 차량의 고전압 라인의 연결 상태를 확인하여, 그에 대한 정보를 HCU로 송신한다.

6. 에어컨 작동회로

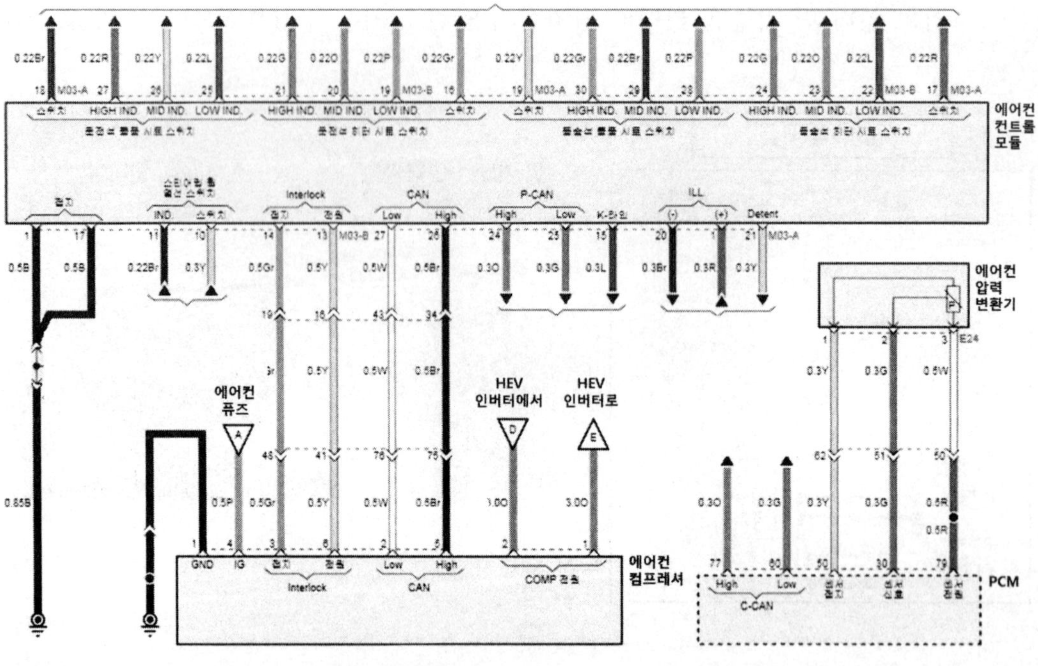

제 13 장

VESS (Virtual Engine Sound System)

1. 개요

HEV(Hybrid Electric Vehicle)차량의 모터구동 주행이나 정차 시 일반 차량에 비해 소음이 적거나 없으므로 차량 접근에 대한 보행자의 인지가 어려워 보행자는 위험에 노출될 수 있다. 이에 대한 대책으로 차량 외부에 장착된 스피커를 통해 가상 사운드(Virtual Sound)를 작동하여, 보행자에게 차량접근을 경고함으로써 사전에 사고를 예방시켜주는 안전 장치이다.

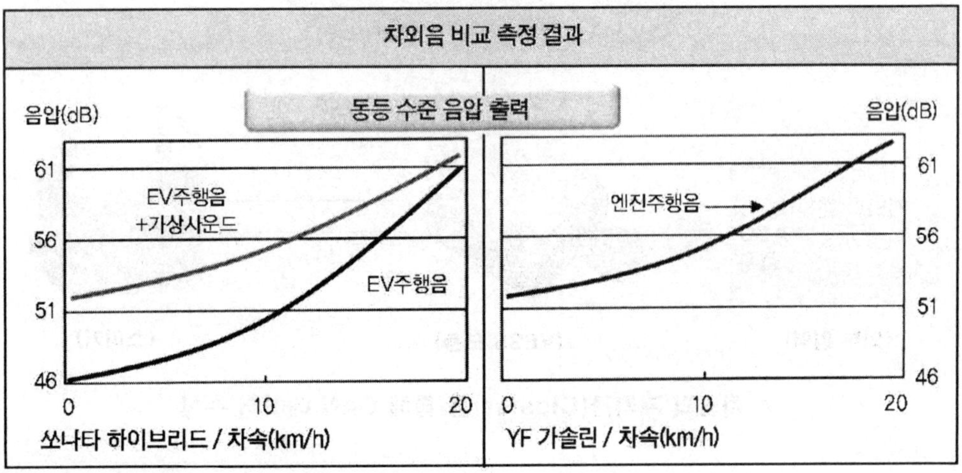

※ 음원 : 엔진 유사음을 차속 연동 출력(20km/h 이하)

2. VESS 동작조건

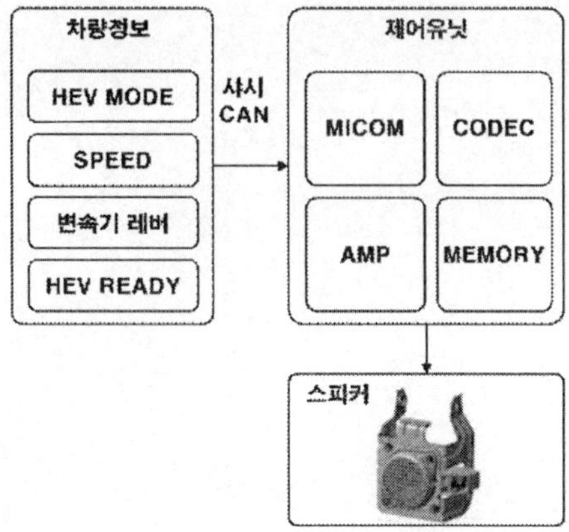

3. 통신 구성도

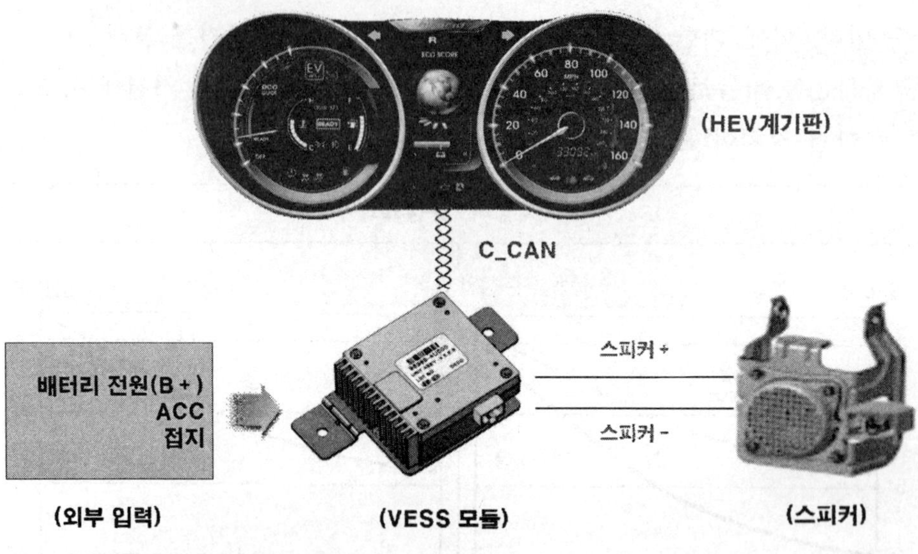

※ 차량의 계기판(Cluster)를 통해 CAN 데이터 수신

4. CAN 데이터 상세 내용

CAN 데이터	데이터 상세 내용
차속 수신	차속 20Km/h이상 시(Motor 구동 -> Engine 구동) 최저 동작속도: 0.5Km/h ~ 최대 동작 속도 : 20Km/h
변속레버 위치 수신	변속 레버 위치 상태 "P" 위치 데이터 수신 "P" 상태 시 가상 엔진음 동작 금지(R, N, D 위치에서만 동작)
HCU 데이터 수신	엔진 구동 시 가상 엔진 음 동작 금지 READY(EV 모드) 상태에서만 동작
사용전원 및 동작전원	사용전원: B+ 동작전원: ACC 이상

5. 효과

VESS(가상 엔진 사운드 시스템)은 하이브리드 시스템이 작동할 때 엔진 소리를 발생시킨다.

가상 엔진 사운드는 차량이 하이브리드 주행시 엔진 소리가 없기 때문에 보행자가 차량 소리를 들을 수 있게 하는 것이며, VESS는 차량 속도 0.5 ~ 20km/h에서 작동한다.

제 14 장

AFF(Active Air Flap)

1. 개요

액티브 에어 플랩 시스템은 전방 범퍼그릴 안쪽에 개폐 가능한 Flap(플랩, 덮개)을 설치해, 차량의 냉각이 불필요한 경우 차량 내부로 유입되는 공기를 차단하여 주행 저항을 감소시키고 공력(Aerodynamic, 공기역학) 성능을 개선하여 차량의 연비를 향상시키는 장치다.

이 시스템은 냉각수 및 엔진 오일의 온도 변화에 따라 차량의 냉각 필요 여부를 판단하고, 냉각이 필요한 경우에만 외부 공기가 유입되도록 작동한다.

주요 효과는 차량 주행 저항 감소 및 엔진 작동 조건 개선에 따른 연비 개선과 엔진 예열(Warm-Up) 시간 단축에 의한 오염 물질 배출 저감 등이다.

주행 시 범퍼그릴을 통해 유입되는 외부 공기는 라디에이터에서 엔진 냉각수와 열교환을 하며 엔진의 과열을 막는 중요한 역할을 한다. 하지만 실제 차량의 운행 조건에서는 외부 공기 유입을 통한 엔진의 냉각이 필요한 상황은 극히 제한적이다.

엔진의 냉각이 필요 없는 대부분의 상황에서는 유입되는 공기가 차량의 운행에 대해 저항으로만 작용하여 공력 성능 및 연비에 악영향을 주며, 시동을 걸자마자 엔진이 차가운 상태에서 불필요한 공기가 유입 되면, 엔진이 최적으로 작동될 수 있는 온도에 도달하는 시간을 지연시켜 연비의 손실과 함께 엔진 냉각 시 오염 물질 배출을 증가시키게 된다.

엑티브 에어 플랩 시스템은 이러한 불필요한 외부 공기의 유입을 차단하여, 차량의 효율성을 증대시키기 위한 친환경·지능형 시스템이다.

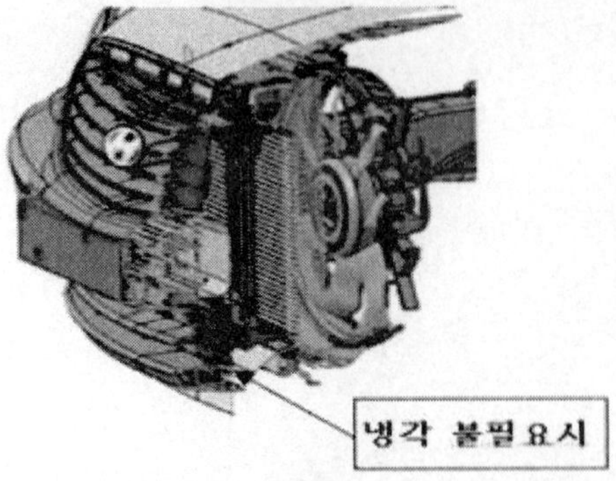

<Flap 닫힘>

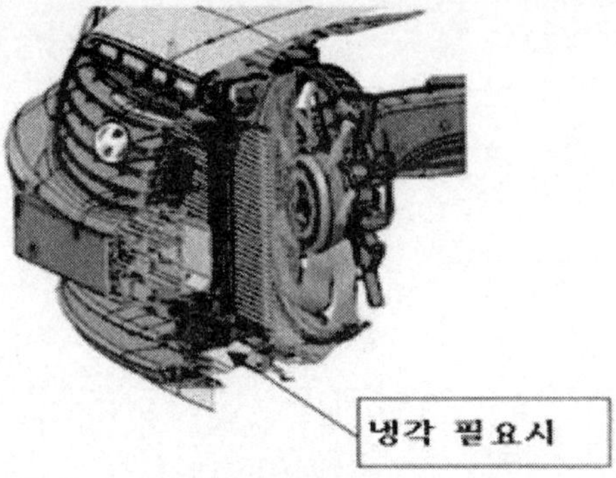

<Flap 개방>

2. 주요 기능

(1) 엔진 룸 주요 부품의 온도(엔진 냉각수온, A/T 오일 온도, 모터 인버터 온도, HSG 인버터 온도, LDC 온도)를 고려하여 고온 시 냉각을 위하여 Flap 을 개방한다.

(2) 에어컨 동작 시 냉매 압력 보호를 위하여 Flap 을 개방한다.

(3) 고속 주행 시 Flap 을 닫아 공기 저항을 줄여 연비를 개선한다.

(4) 냉 시동 시 Flap을 닫아 엔진 Warm-Up 속도를 빠르게 한다.

항목	목표	결과	비고
연비	정속연비 2% 개선	인증연비 1.8% 개선 정속연비(100KPH) 3~4% 개선	Close만 해당
공력성능(Cd)	Cd=0.015 ↓	Cd=0.012 ↓	0.312 / 0.274
난방성능	미장착 차량대비 성능 향상	성능향상 엔진 온도 ↑, 배기가스 ↓	초기 시동 시 닫힘

■ Cd : Coefficient Drag

3. AF 입,출력 블록 다이어그램

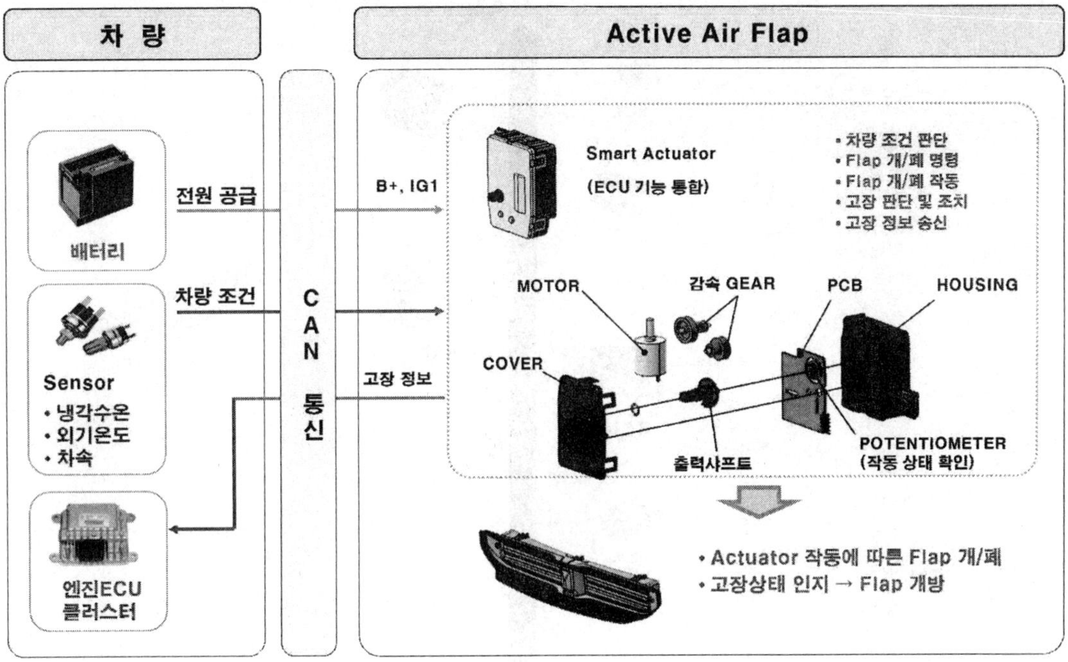

4. 시스템 주요 제어 구성요소

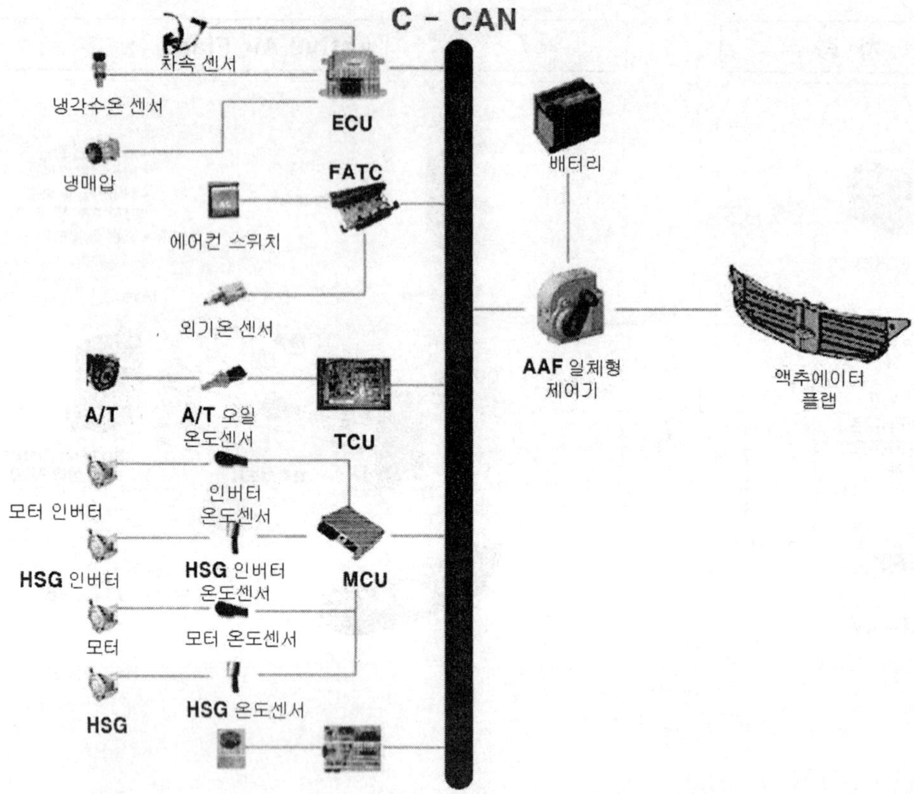

AAF 제어기가 섀시 CAN(C_CAN) 을 통해 EMS, FATC, TCU, MCU, LDC로 부터 각종 차량 조건을 입력 받아 제어 조건을 판단하여 모터를 제어하여 AAF 을 제어한다.

5. 경고문구 및 경고등

경고 문구	경고 등 (서비스 램프)

제 15 장
HCU (Hybrid Control Unit)

1. 개요

하이브리드 컨트롤 시스템은 전체 하이브리드 시스템 제어용 컨트롤 모듈인 HCU (Hybrid Control Unit)을 중심으로 엔진(ECU), 변속기(TCM), 고전압 배터리(BMS ECU), 하이브리드 모터(MCU), 저전압 직류 변환 장치(LDC) 등의 각 시스템 컨트롤 모듈과 CAN 통신으로 연결되어 있다. 이 외에도 HCU는 시스템 제어를 위해 브레이크 스위치, 클러치 압력 센서 등의 신호를 이용한다.

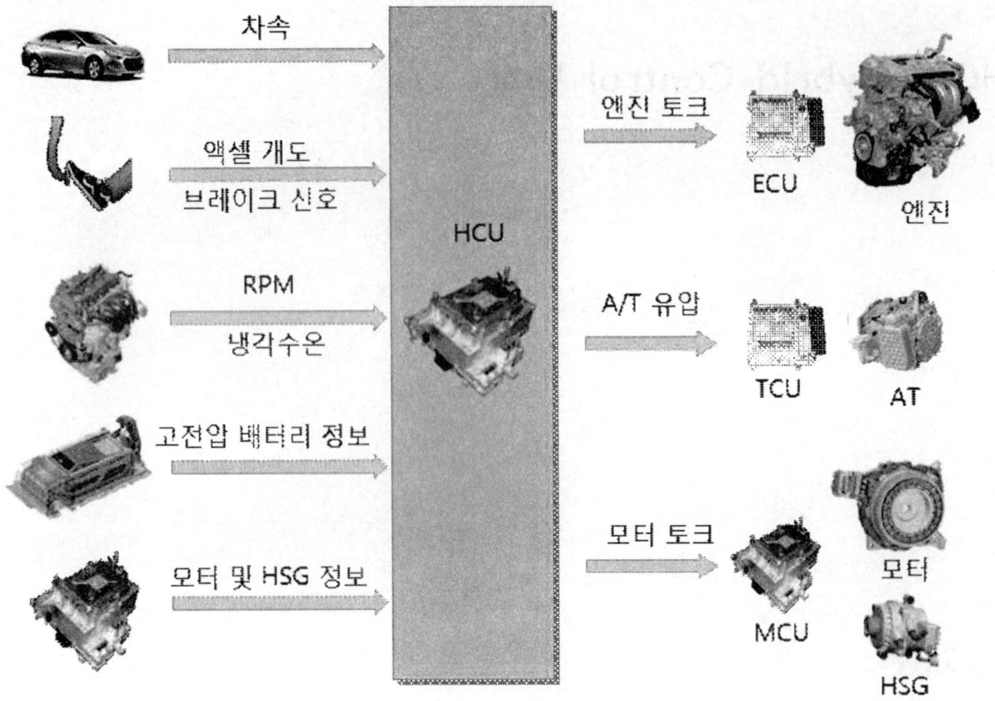

참고

- HCU : 하이브리드 컨트롤 유닛
- ECM : 엔진 컨트롤 모듈
- TCM : 자동변속기 컨트롤 모듈
- BMS ECU : 배터리 제어 시스템 ECU
- MCU : 모터 컨트롤 유닛
- LDC : 저전압 직류 변환 장치
- OPU : 오일 펌프 유닛
- EWP: 전기식 워터 펌프
- VESS : 가상 엔진 사운드 시스템
- AAF : 액티브 에어 플랩
- AHB : 액티브 유압 부스터
- TPMS : 타이어 공기압 모니터링 시스템
- MDPS : 전자식 파워 스티어링
- ESC : 차체 자세 제어 장치
- SRSCM : 에어백 컨트롤 모듈
- FATC : 풀 오토 에어컨

2. HCU 냉각

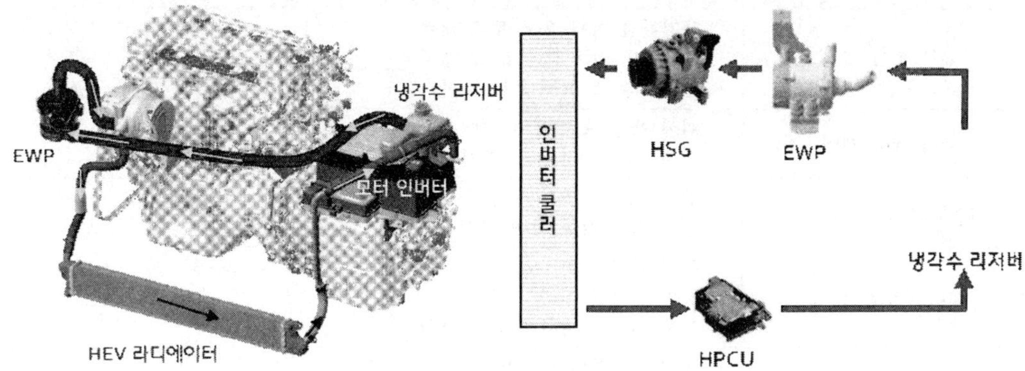

HCU는 고전압에 직접 연계되어 열 발생량이 기존 내연기관 차량의 전장부품 보다 높은 편이며 과열은 각 제어기의 효율을 떨어뜨리고 적절한 동작 제어를 제한한다. 또한 반도체의 특성 상 일정 온도 이상의 고온에서는 도체가 되어버릴 수 있어(전기적으로 항상 ON) 정상적인 작동이 불가능할 수도 있다.

따라서 HCU 관련 부품을 적절히 냉각 시켜 주는 것이 매우 중요하며 이를 위해 기존 엔진 냉각 라인과는 별도로 EWP (Electric Water Pump) 즉, 전동식 워터 펌프를 이용하는 수냉식 냉각 라인이 설치되어 있다. 기존 엔진 냉각 라인을 공용화하지 않는 것은 기계적인 내연 기관의 냉각 온도 구간과 고 전력 반도체 부품의 냉각 온도 구간이 서로 다르기 때문이다.

3. HCU 주요 기능

항 목	기능
요구 토크 결정	운전자의 미세 요구 토크 계산 운전자의 가속/감속 토크 계산 운전자의 총 요구 토크 계산
회생 제동 제어	회생 제동 요구 토크 제어 회생 제동 측정 토크 계산
EV/HEV 모드 결정	엔진 크랭크 조건 결정 엔진 목표 작동 상태 결정
배터리 SOC 균형	전기 파워 제한 충방전 파워 결정 보조 시스템 파워 제한과 보정
엔진 작동 시점 결정	공회전 부하에서 엔진 목표 속도 결정 부분적 부하에서 엔진 목표 토크 결정 최대 부하에서 엔진 목표 토크 결정 엔진 정지 또는 수동적 구동 상태에서 엔진 목표 토크 결정
공회전 / 주행 충전 제어	공회전 충전 제어 주행 중 충전 제어
엔진 시동 / 정지 제어	크랭크 방식 선택 엔진 크랭킹 속도 제어 연료 분사 제어 엔진 정지 제어 엔진 Firing Complete Determination
엔진 클러치 맞물림/ 슬립/ 해제 제어	동기화 맞물림 제어 Launch Engage Control 엔진 브레이크 맞물림 제어 변속시 맞물림 해제 제어
토크 협동 제어	일시적 상태에서 엔진 토크 요구 일시적 상태에서 모터 엔진 토크 요구 일시적 상태에서 모터 제너레이터 토크 요구
토크 발생 제어	토크 증가/감소 결정
쇼크 억제 제어	포물선형 토크 제한 변속 보조 제어 엔진 클러치 슬립 제어 비틀림 억제 제어
시스템 제한 제어	배터리 충방전 제한 제어 엔진, 하이브리드 구동 모터, HSG 토크 제한 제어
토크 모니터링	하이브리드 파워트레인 토크 모니터링
페일-세이프	하이브리드 컨트롤 시스템 페일-세이프 제어
보조 시스템 제어	전기식 오일 펌프 제어 LDC의 가변 전압 제어 A/C & 히터 제어 브레이크 부스터 제어 계기판 표시

4. 브레이크 스위치

브레이크 스위치는 브레이크 페달에 장착되어 있으며 정지등과 HCU와 연결되어 있다. 브레이크 스위치는 브레이크 페달의 밟음 또는 해제 상태를 감지하여 HCU로 그 신호를 전송한다.

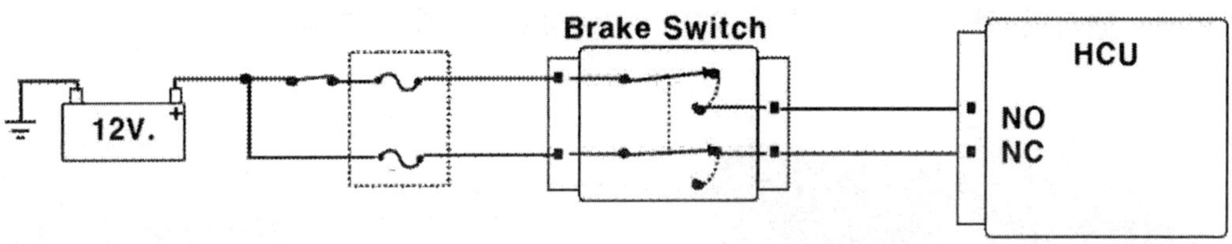

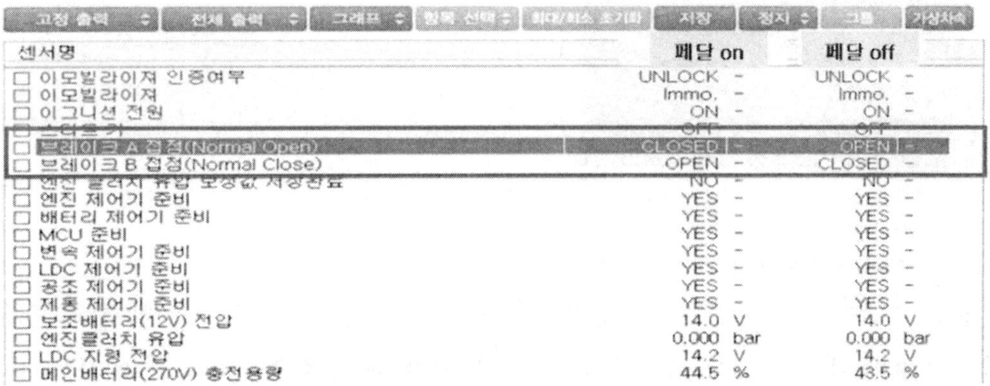

센서명	페달 on		페달 off	
이모빌라이저 인증여부	UNLOCK	-	UNLOCK	-
이모빌라이저	Immo.	-	Immo.	-
이그니션 전원	ON	-	ON	-
스타트 키	OFF	-	OFF	-
브레이크 A 접점(Normal Open)	CLOSED	-	OPEN	-
브레이크 B 접점(Normal Close)	OPEN	-	CLOSED	-
엔진 클러치 유압 보상값 저장완료	NO	-	NO	-
엔진 제어기 준비	YES	-	YES	-
배터리 제어기 준비	YES	-	YES	-
MCU 준비	YES	-	YES	-
변속 제어기 준비	YES	-	YES	-
LDC 제어기 준비	YES	-	YES	-
공조 제어기 준비	YES	-	YES	-
제동 제어기 준비	YES	-	YES	-
보조배터리(12V) 전압	14.0	V	14.0	V
엔진클러치 유압	0.000	bar	0.000	bar
LDC 지령 전압	14.2	V	14.2	V
메인배터리(270V) 충전용량	44.5	%	43.5	%

5. 클러치 압력센서

엔진 클러치는 하이브리드 구동 모터 내측에 장착되어 있으며, 유압에 의해 작동된다. 엔진 클러치는 엔진의 구동력을 변속기에 기계적으로 연결하거나 해제하며, 클러치 압력 센서(CPS)는 이 때의 오일 압력을 감지한다. HCU는 이러한 신호를 이용하여 차량의 구동 모드(EV 모드 또는 HEV 모드)를 인식할 수 있게 된다. 클러치 압력 센서(CPS)는 변속기 하우징의 전기식 오일 펌프(OPU) 옆에 장착되어 있다.

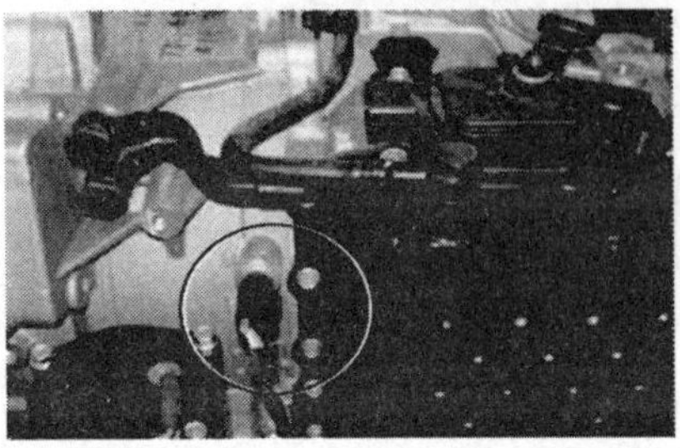

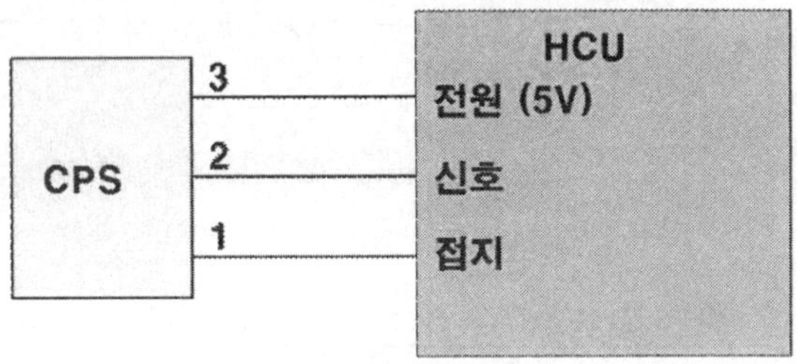

(1) 클러치 압력센서 보정 방법

HCU는 엔진의 동력이 변속기에 연결될 때의 충격을 최소화하기 위해 클러치 양쪽의 접촉점에 대한 학습을 필요로 한다. 이에 따라 엔진, 하이브리드 구동 모터, HCU, CPS를 장착 한 후 에는 반드시 클러치 압력 센서 보정을 실시해야 한다.

(2) 클러치 압력센서 보정 조건

1. 하이브리드 모터 및 HSG 레졸버 보정: "완료" 상태
2. "READY" 램프 ON
3. "P" 단
4. 오일 온도: 20 ~ 110℃
5. SOC: 23 ~ 90%
6. DTC 진단 코드 없음
7. APS, Brake 미조작

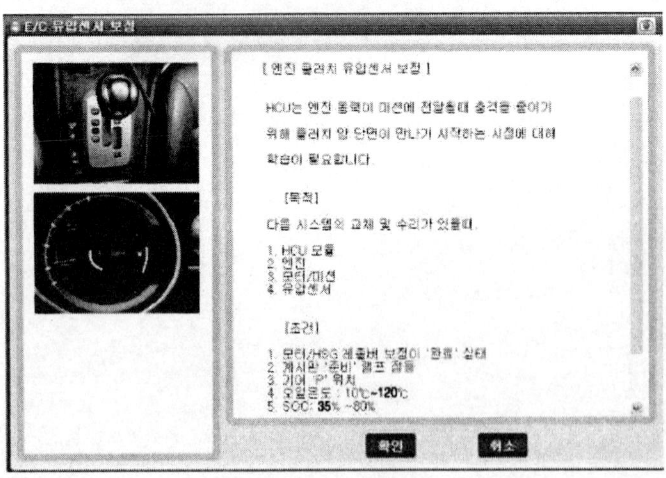